DIGITAL
LANDSCAPE
ARCHITECTURE
NOW
U0270562

现代数字化景观建筑

[英] 纳迪亚·阿莫罗索 著

费 腾 译

中国建筑工业出版社

著作权合同登记图字：01-2014-6396号

图书在版编目（CIP）数据

现代数字化景观建筑／（英）纳迪亚·阿莫罗索著；费腾译.
—北京：中国建筑工业出版社，2016.10
ISBN 978-7-112-17705-9

Ⅰ.①现… Ⅱ.①纳…②费… Ⅲ.①景观设计－计算机辅助设计
Ⅳ.①TU986.2-39

中国版本图书馆CIP数据核字（2016）第159607号

Published by arrangement with Thames & Hudson Ltd, London

This edition first published in China in 2016 by China Architecture & Building Press, Beijing

本书由英国Thames & Hudson Ltd出版社授权翻译出版

责任编辑：程素荣
责任校对：李美娜　张　颖

现代数字化景观建筑
［英］纳迪亚·阿莫罗索 著
费　腾 译
*
中国建筑工业出版社出版、发行（北京西郊百万庄）
各地新华书店、建筑书店经销
北京锋尚制版有限公司制版
北京顺诚彩色印刷有限公司印刷
*
开本：889×1194毫米　1/20　印张：15⅕　字数：462千字
2016年10月第一版　2016年10月第一次印刷
定价：138.00元
ISBN 978－7－112－17705－9
（26997）

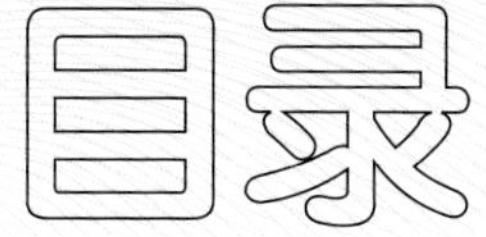

目录

序言

乔治·哈格里夫斯
（George Hargreaves）

景观设计领域正发生着翻天覆地的变化，这些变化既包括在设计内容上的推陈出新，又包括表达工具上的日新月异。近年来设计实践中所追求的趋势是对生态学和可持续设计的不断深入研究，同时设计师们针对公共景观方案的经济性也进行了深入的探索；在近20年间，作为景观设计表达手段的数字化工具发生了多种多样的演变，新的版本和新的软件不断问世。许多老的从业人员（天哪，我就是“老的从业人员”其中之一）还能够记起刚刚接触数字化工具时候的场景，我们花费了很多时间去调整透视的角度，尝试掌握绘画技术，以及模型的设计与制作。事后看来，我们理解了形式和技术的明显关系。

用传统的简单技术能够很容易绘制出美丽如画的风景或者是充满现代感的直线景观，但是当我们的方案更加复杂，需要进行复杂形体和结构的模拟和建造时，我们就会遇到技术模拟的局限性。在我们的案例中，我们开始采用黏土来作为设计的辅助工具，对我们的构思和形式进行设计和建模。而后在20世纪90年代的早期到中期，在一些设计公司开始使用计算机辅助设计（CAD）作为主要设计方式。在使用CAD的过程中我们发现，计算机辅助工具不仅能够绘制简单的平面图和剖面图，还能够对项目三维空间中的细节进行研究。在这一过程中，计算机工具的应用已经从最初的设计到研究，逐步演变成为设计策略、深化设计细部的重要工具，成为反映设计思想的必要方法。

时至今日，到本书出版的时候，数字化技术已经得到了广泛的普及和应用，基本上所有景观建筑师都在日常的设计工作中普遍应用着数字化软件。除了极少数人仍然在使用传统的模型工具及绘图工具，大多数人都在使用数字技术来推敲方案。数字化技术在方案设计中的主要应用包括以下三种情况：第一，通过材料的模拟来呈现真实的细部，在设计中采用Photoshop等软件来进行环境场景中真实植被的拼贴，以实现方案的建成效果。第二，通过材料的拼贴和透视感的建立来进行项目尺度的推敲，对项目中不同位置的比例大小提供参照，不必测试具体的长度就能够获得对空间尺度的直观感受。第三，使用数字化方法来真正参与项目的设计过程，而不是仅仅用它来对项目的成果进行表达。最后的一点应该是所有建筑师们都认可的，有时候设计师设想出形态自由的非矩形设计，传统的设计工具很难对其进行准确的表达，而利用数字化技术就能够将这些奇思妙想精确地表达出来，使充满创意的方案跃然纸上。

本书选取了大量景观建筑设计的实际案例，它们都是数字化技术应用方面最具代表性的典型设计，这些项目的设计无论在创新设计和探索探究方面均采用了先进的数字化技术，凸显了设计师具有前瞻性的设计思维，也印证了数字化技术的广泛应用前景，因此，本书是一个非常好的案例合集。通过先进的计算机3D建模应用，我们能够更为准确地计算空间需求和土方平衡情况，能够对设计方案的尺度和量化得出没有误差的结论。在设计过程的早期阶段，我们倾向于使用三维技术，广泛的数字工具包括3D Studio MAX、犀牛（Rhinoceros）、谷歌Sketchup、3D Land Desktop（3D Civil先驱）、Photoshop等，当然，还有更多其他更为专业的工具软件。这些软件帮助我们更为快速地分析复杂的设计形式，更好地理解尺度与规模，更好地完善设计的细部，实现更为开放的外部形态。这些工具帮助我们在技术、信息、高级插图和动画领域内制作富有创意的景观。

过去的20年间，景观设计数字化技术领域发生了一系列巨大的变化，并且在设计过程中所涉及的不同阶段也日渐完整。但是在项目设计、研究的各个方面、表达项目以及最终创建建设性法律文件方面，它仍然是一个简单的工具。尽管数字化工具最终不会为我们做设计，但是数字化领域扩展了我们对项目的思考和制定。

导言

纳迪亚·阿莫鲁索
（Nadia Amoroso）

《现代数字化景观建筑》一书介绍了许多世界著名的景观设计师、研究人员、艺术家以及建筑师，他们通过数字化技术对传统的景观设计提出了挑战。这些景观设计领域的专业人士非常关注环境和社会变化对景观建筑设计的影响，他们热衷于通过灵活多变的形式呈现设计方案，并在设计的不同阶段坚持对于生态和环境的关注，在多种设计方案中均体现其设计观点。

这些专业人士是景观设计界全新的一代，他们思维新颖，善于使用新技术、新方法来解决常见的设计问题。数字技术与设计实践的结合作为21世纪一个开创性的时代，它也代表着多种技术的“杂糅”和多学科“交叉”的特征。本书认为具有创新性的数字化技术能够推动传统景观设计实践向前发展，同时当下的数字技术包括软件更新、测图系统、互动展示等多种新的发展方式。这一代人是从20世纪60年代开始崭露头角的，通过分析他们的设计项目，我们能够体会到跨学科的思想和活跃的交流精神，他们关注环境，并注重技术在设计全过程中的应用，他们已经成长为景观建筑设计领域的中流砥柱。

在设计方案的过程中，景观设计师使用数字化工具对不同的形体建模方式、体态雕刻方式进行推敲和比较，对空间可行性进行多方面的积极探索，对场地所蕴含的独特性质进行深入挖掘，提出具有特色的空间表达方式，使设计功能充分满足场地条件，又兼具创新性的外在形式。这些过程既包括单体建筑项目的设计，也包括城市规划或城市设计中具有一定规模的城市空间，还包括城市、城镇、乡村的整体规划，可以说，当今的景观设计是基于历史建筑与城乡规划领域，对既往的设计研究进行重新整合的综合类学科。在20世纪，建筑学科所包含的设计领域越来越多，常常将许多近似学科的相同方面合并或并置在设计范畴内，例如园艺学、植物学、工业设计等，无论是哲学层面还是美学层面，建筑设计中都关注如何使方案既能具有完整适当的功能，又体现完备多样的技术，还能兼具自然有机的形式。因此，我们在设计中应该重点关注如何使方案兼具多方面的特质。

巴西景观设计师罗伯托·布勒·马克斯（Roberto Burle Marx，1909—1994）是一位非常有实力的景观设计师，他毕生致力于景观建筑的设计实践，他的作品创造了一个新的审美视角。布勒·马克斯的例子让后人更加清醒地认识到，景观建筑学作为一门学科，能够与建筑学科等其他相关学科有效整合，并且综合发展得更为完善。近期，对数字化渲染的需求越来越普及，更多的设计师将数字化技术应用到景观设计、园林设计中，将建筑设计与之相结合，更好地将自然界形态与设计技术融合到一起，进一步拓展了数字化技术的潜能。大家关注技术的发展，关注可持续发展，关注数字技术产业创新，有很多专家认为，数字化技术所表现出来的可行性和发展潜力令人期待，应该说，数字化作为一个新兴学科，其涵盖的内容和外延正在不断扩大，作为一门跨学科领域的新技术，它的发展将使我们所有的从业人员感到振奋。

历史

多年来，我们用于解释、理解并设计未来我们的自然和建成环境的可能性的方法发生变化了，而且近年来这种方法正成倍增长。这要归因于许多科学和技术的发展带来的机会。科技进步的力量为整个时代带来了更多的冲击，也为数字世界的扩张带来了更大的可能。数字化技术的大踏步跃进为景观设计师进行设计上的求新、求变做了有力的支持，并使很多设计师的设计方式、设计观念发生了转变，大家更为关注设计方案与自然环境和建成环境之间的和谐关系，计算机辅助技术还会对项目的设计决策过程、论证规划的可行性过程产生 定的推动作用。

然而，近期建筑界关于数字化技术的设计理念发生了一种变化，与既往相对先锋的观点不同的是，当前数字化技术的大部分理念呈现出保守化倾向。在传统建筑设计的持续演化和实践中这一点表现得更为明显，这源自于人们对经典模型的推崇以及对浪漫怀旧主义的热衷，正如阿恩·塞伦（Arne Saelen）为亚历克斯·桑切斯·比迭利亚（Alex Sanchez Vidiella）2008年的著作《当年景观设计资料集》所撰写的序中所谈到的，这是一种“诗意的沉默”（poetic silence）。当然，这是一种没有保留的描述，事实上，正是由于桑切斯·比迭利亚和塞伦的共同努力和主张，从20世纪90年代起，西班牙掀起了思考地球未来的持续热潮，人们关注的重心既包括地球上的自然资源，也包括人们的生活品质，还包括建成环境及其材料，这一系列关键词逐步成为景观建筑设计领域的主流思潮。

在建筑设计中，有关绘图、建模、实体模型建造、图像表达以及新媒体演示等都发生了显著的变化。然而计算机技术和其他一些更为先进的技术的引入为数字化设计领域带来了很多的变化，它们加强了艺术、景观建筑以及建筑设计之间的联系。目前已有大量的格式化技术被应用于多维扫描及打印过程中，计算机技术与图像制造、图像绘制的关联度日益提高，视频映像、位置捕捉、图像影印等技术越来越成熟，在实践中的应用越来越广泛。另外，互联网为景观设计师提供了资源共享的平台，可以与世界各地的同行进行经验分享，或者进行没有限制的、各种题材的创作内容互动。

这些技术主导的创新点在何处产生，如何产生，什么因素能够激发设计师们根据实验项目的不同类型进行创作和突破？这些对于创新点的讨论已经成为景观建筑设计界的共同话题。对于这些能够推动设计发生变革的创新技术来说，景观设计界可能存在的首个阻力是对这些技术实现上的可行性及其与设计领域的相关联程度的质疑和关注。不过业界对于数字科技潜力的理解程度正在逐渐提高，反而促使大家更加关注数字产业，它已然成为一个与设计息息相关的特定领域。换言之，传统主义的景观建筑起源于19世纪或更加早期的时候，起源于浪漫主义、怀旧复古、秩序逻辑和理性主义。相比之下，当代景观建筑设计则更多地考虑科学和技术对自然环境的影响和改变考虑在设计思考的过程中；正如伊丽莎白·巴洛·罗杰斯（Elizabeth Barlow Rogers）在其2001年出版的著作《景观设计：文化与建筑历史》中所指出的那样，当前设计界对于环境问题的关注也在发生着转变，大家更为清醒地认识到，20世纪中大量的可利用土地位置和居住模式都在发生着从乡村到城市的转变，以回应当前环境中可持续发展的问题。

戴安娜·巴尔莫里（Diana Balmori）在其著作《景观宣言》（2010）中曾有如下的论述：景观建筑学是将审美关注和技术措施糅合到一起，有望成为突出领域的一门综合性学科，它揭示我们曾经是如何利用大自然，主要是20世纪后期的设计促进了环境议程。这些原始的观点可以追溯到20世纪60年代的美国加州，从设计公司和大地艺术家出现交集开始，后来也常见于荷兰本土设计师的作品中。巴尔莫里从罗伯托·布雷马克斯以及其他人思想中得到启发，进而认识到，“虽然我们不能重建那些已被人类活动破坏的生态系统，但是我们可以了解它们的内部工作机制，并将其应用于新的生态环境的塑造与实施过程中”，她称之为“生态进化”运动。这导致了过去十年的全球化、特定地点的局部性，以及社区文化的关注度，这些已经被纳入实用、审美和哲学问题的范畴，需要通过引入本土的设计技术解决可持续发展问题，正如桑切斯·比迭利亚所述。

将新技术用于景观设计的最早期实践者是托马斯·丘奇，他是一位环境建筑师，其公司总部设在旧金山，公司培养了一位具有天赋的并具有创新意识的景观设计师劳伦斯·哈普林，他参与了位于旧金山的唐奈花园项目的设计。在实践中，罗杰斯指出，设计概念来源于哈普林的景观建筑概念，即设计是过程性导向，而非静止的。哈普林认为，景观建筑学有可能成为一个具有高度创造性的职业，类似于艺术家的工作，同时景观设计可以反映“对人类在自然语境中的创造力和社区生活的歌颂，比如他设计中提到的环保主题”。哈普林受景观设计师伊恩·麦克哈格（Ian McHarg）环境规划理念的影响，并在其加州的滨海生态开发项目中，将因地制宜的环境规划理念展露无遗。如罗杰斯所述，麦克哈格与哈普林的灵感都是来源于“将城市与城邦视为统一体”的思想理念。

20世纪60年代环保兴趣高涨，这一时期理念创新的作品伴随着技术方案的革新，得到了广泛关注。罗杰斯指出，当我们开始生活在日益城市化的环境中，应该特别关注以科技获得更多可控制的数据，并且创造更多环保的原创设计，因为它们往往包含精神或心理层面的感知与震撼。而戴安娜·巴尔莫里认为，具有前瞻性思维的景观设计师利用景观建筑缩减自然环境与城市环境的决裂，找到了城市与自然共生的方法，而不是用城市取代自然。桑切斯·比迭利亚写道，对这些问题解决方法的需求，是存在国际意识的，例如，冰岛的雪崩为人们创造了行进的道路，挪威剩余的不受干扰下的乡村的案例，也为我们揭示出人类尽力降低对自然环境的干预，才是新的设计模式。数字制图技术、虚拟

1

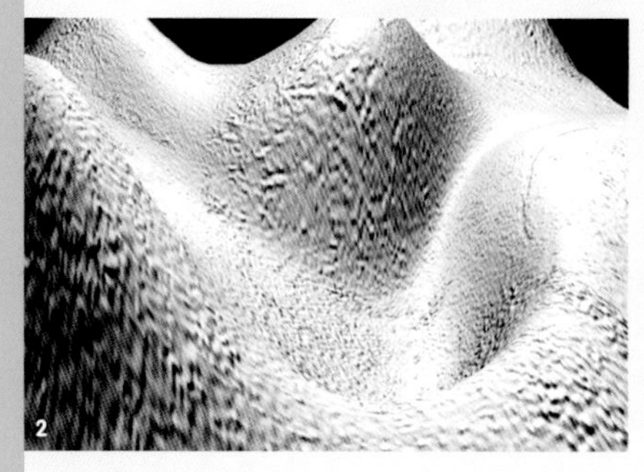
2

3

现实项目、实时气候预测，以及与其他新媒体相结合的景观设计，成为当时社会的重要方向。艺术家在新技术的激发下更具创造力，他们不仅对科学和艺术家的实践敏感，还对当今艺术家利用新媒体与新技术创作作品的方式敏感，这些方式主要指通过模拟和交互进行土地塑形、完成空间作品的创作，成为具有空间观念的先进艺术作品。

形式表现、表面处理和制造

由于极具进步性，如今的景观建筑被看作是兼具功能性、实用性和预见性的领域。就像弗吉尼亚·麦克劳德（Virginia McLeod）在《当代景观建筑细部》(Detail in Contemporany Landscape Architecture,2008）中描述的，景观建筑从业者的工作可能涉及各种事情，从构思和设计公园、文化中心、城市建筑、滨水区和私家花园，到回收工业废弃地等诸多项目。在20世纪末以及21世纪早期，计算机软件的发展使得设计和建成环境上极具想象力的构思成为可能并大量增加。尽管建筑师—工程师或许曾经提出了不可能的乌托邦模式，但发展至今日，CAD等新媒体工具让建筑师具备按照他们的想象设计和绘制图纸的能力变为现实。这将使更多的创新建筑设计指日可待，并且在景观形式方面、设计师与客户之间的可视化的沟通方面有了进一步的发展，开创了技术、形式、艺术与自然相交汇的道路，更进一步推动了景观建筑与艺术形式的界限。伊恩·H·汤普森（Ian H. Thompson）在他1999年出版的《生态，社会与快乐：景观建筑的价值来源》一书中，对景观建筑的理念进行了深入的探讨。

借助于计算机软件程序所提供的无限可能性，通过数字手段模拟并制造，意味着在非物质领域的传递信息以及创造建筑设计的新形式是可能的。如今的建筑师通过借鉴各种大众传媒所产生和传播的思想及产品来拓展他们自己的理念，这产生了一种新的以满足客户或公众愿望和要求的设计，可以称为实地勘探或研究匹配设计。因此，国际理念的繁荣共享，使得杂糅或跨学科的实践，成为专业交流中一个积极的面向未来的部分。视觉艺术家与科学家之间的合作，或者景观设计师与气候专家之间的合作，也揭示了跨学科实践的潜力与现实性，并通过数字技术和新媒体系统使之成为可能。

《现代数字化景观建筑》的文献成果与探索，阐释了景观设计中如何利用关键数字设计实验和其他技术来构思创意奇特的景观空间。同时，本书也对那些在这场美学运动中处于最前列的，尝试用另一种形式表现和表面处理方式来实现复杂的雕塑景观的当代企业和研究人员做出了评价。汤普森指出，“景观建筑师更关注美”，也会通过将新媒体与传统价值观下的形式、美学、社会实践和生态责任感相结合的方式来表达美。近几年，数字应用已经成为制作更多动态空间的背后驱动，尤其是参数化和演示性景观以及形式表达的营造。

在多伦多大学，研究生已经通过数字化过程来研究形式的表达和体积形态的塑造。应对那些例如波浪、流动、凹凸、切割或者抓取等特定动作，他们利用3D Studio Max和犀牛软件将选定的动作抽象为实验形式。当这个形式生成后，学生可以使用纹理将各种地被植物应用在形体上，即把数字化形式转换为虚拟景观（图1~图3），再通过3D绘图或数控设备将计算机生成的景观制作为物理模型。这些项目探讨了一个三重的数字化景观表达，包括数字模型、图像修改、材料测试以及物理输出。整个过程中，学生们通过尝试各种模型参数，力图在每个阶段实现技术和艺术的创新。

一家总部位于伦敦的名为Metagardens事务所的景观设计公司正在探索新的可能

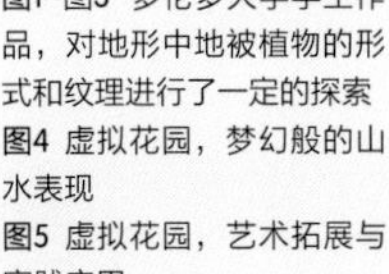

图1~图3 多伦多大学学生作品，对地形中地被植物的形式和纹理进行了一定的探索
图4 虚拟花园，梦幻般的山水表现
图5 虚拟花园，艺术拓展与实践应用
图6 凯瑟琳·古斯塔夫森，欧莱雅工厂
图7 凯瑟琳·古斯塔夫森，米拉波高速公路交汇处

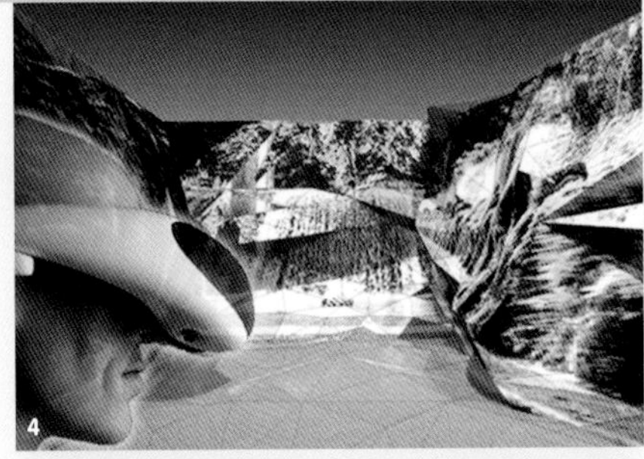

性（本书第156–165页有相关介绍），例如通过制造技术快速把计算机模型等比例还原，制作为景观作品的技术，他们能够将计算机上的创意设计转换成为充满“真实感”的物理景观。该公司还开发了新一代的虚拟现实景观，形成具有沉浸式体验的景观环境，就像他们在“电子梦幻景观”作品中所展示的一样（图4），另外，他们在项目实践中还创造了具有反映性的景观环境，例如图5所示的“玻璃景观”项目。这些意义深远的项目，通过如梦似幻的、适应性极强的景观设计，涵盖了从艺术到现实的整个范围，拓展了数字技术在景观设计领域应用的可能性。正如科尔杜拉·洛伊德尔·莱施（Cordula Loidl Reisch）在《建设景观：材料，技术，结构部件》（2008）一书中所述，从最传统的泥土材料，到代表最先进技术的金属材料，材料的发展融合了几个世纪沿袭下来的各种观点，融合了本土化的发展过程，在当下的建筑景观设计过程中有更多的基于材料的实践和开发，各种各样的材料都被纳入到计算机模拟来创造新形式、新建筑或新材料的过程中。景观设计师凯瑟琳·古斯塔夫森（Kathryn Gustafson）（本书第94–99页有相关介绍）借用传统的媒介，例如黏土，通过设计技术和辅助工具来呈现一种诗意的视觉表达，这可以从她为法国欧莱雅工厂（图6）和法国米拉波高速公路交汇处所制作的陶土雕塑模型（图7）方案作品中得以展示和体现。

这种对艺术的献身是许多景观建筑师的共性。哈格里夫斯及其合伙人（本书第108–115页有相关介绍）在20多年的创业过程中，一直坚持用黏土作为交流媒介来创造具有鲜明特征的雕塑模型，同时他们善于在设计过程中创建既融于社区环境又满足实际需求的景观地貌（如图8、图9所示）。与前几代的景观建筑比较，当今的建筑设计、园林、水道和公园项目都是利用数字软件工具和有机工业材料来表达复杂的设计解决方案、激进的形式、逼真的效果图以及数字化作品。

参数化景观设计和强化的环境因素

伊恩·麦克哈格是新数字化建筑设计最有影响力的早期实践者之一。他的学识对当代应用于材料结构分析的现代地理信息系统产生了较为深远的影响。关于环境因素方面，大部分的注意力集中在地形地貌、空气质量、水文情况和植被情况。当代许多园林景观设计公司利用地理信息系统和地形建模工具来创建和解决现场问题、辅助规划设计，他们利用动态化措施和数

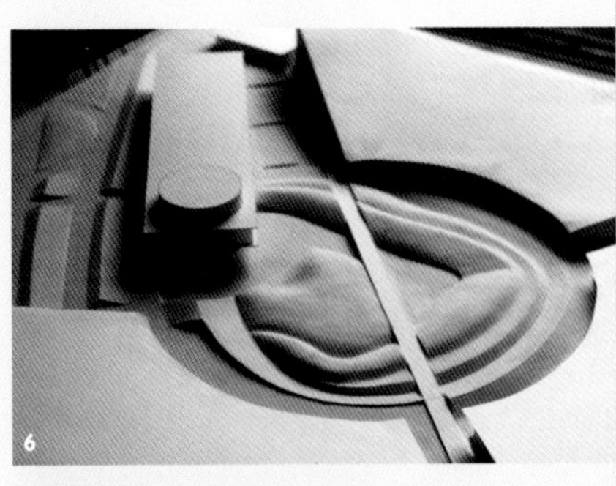

8

9

字工具来促使景观设计方案响应变化的场地条件、用户条件、事件情况以及其他环境因素，从而检验其动态景观设计方案。

本书第236–241页介绍的桑托斯·鲁（Stoss Lu）建筑与景观事务所在这方面也有所建树，他们在威斯康星州的密尔沃基设计的伊利广场项目（如图10所示）中采用了多种数字化工具，包括犀牛、火烈鸟、AutoCAD、Illustrator和Photoshop图像处理软件程序，创造了灵活的景观设计方案。设计团队通过数字化工具，在建造滨水区前，创造了一个沿着河边步道的灵活“区域”，测试其短时间内的现场条件（河道步行试验），在以上过程中所产生的创意形式和空间，是通过犀牛软件的绘制来最初生成的。在设计过程中团队利用犀牛进行了多种版本的测试，对所有可能的体积和地形方案都进行了推导，从中选取最优方案进行深化，排除了其他可能的方案。

像蚱蜢（Grasshopper）和犀牛（Rhino）这种软件程序，可以让一个景观设计师发挥无限的创意，通过实施参数化措施，将特定的条件、参数和逻辑应用于不断变化的设计场景中，创造更前卫的作品。在本书中展示的很多其他项目，也强调了参数化方法的应用，包括斯托斯·鲁建筑与景观事务所设计的位于马萨诸塞州西部丹尼斯的巴斯河公园项目（本书第238页有所介绍）、智利的设计事务所GT2P（本书第80–87页）设计的自行车防护所（本书第85页有所介绍）；依靠一个脚本或算法的定义，插入到生成的软件中，以创建不确定的和令人惊喜的景观成果，这样的过程产生了参数创建的景观，它允许变量的介入和条件的改变，使得景观建筑设计变成一种可以试验、可以模拟的过程。

地理位置映射，虚拟现实的景观

通过分析那些以数字化景观设计和工具革新为实验的研究性项目，本书展示了数字化景观设计领域的专业人士对新兴技术的无数种利用方式。比较著名的项目包括由多伦多大学景观研究中心（CLR）进行的景观建筑实验，例如在约翰·达纳（John Danahy）和罗伯特·赖特（RobertWright）指导下的都城景观项目（本书297页有相关介绍），开发了新型数字设计工具，从多维视角探讨现有的景观条件，并试验被推荐的设计方案。25年来，CLR以实时性体验和沉浸式景观环境做试验，让用户对设计项目拥有更精准的控制性，并身临其境地体验一系列景观设计成果。

在20世纪80年代初，该团队开发了一系列革命性的工具软件，例如PolyTRIM软件程序，它为实现交互式的表达和构建景观模型提供了工具包，可以将多种技术和数字媒体类型综合为一个完整的虚拟工作环境。PolyTRIM的工具包囊括了实时渲染、光线追踪输出、描绘、CAD、GIS、摄影测量、参数化建模、视觉评估等多种功能，还包括展示界面和网络协作工具。

在多伦多大学景观研究中心的沉浸式体验实验室中，学生们可以充分体验那些曾经仅限于他们想象中的景观设计（图11）。实验室被设计成一个四周放置大屏幕的大空间，从而创造一种全景效果。用户可以通过这个4D模拟场景，在“漫步”或者“行驶”的过程中改变他们的前进方向，从一边看到另一边，并改变他们的视域范围。用户可以通过调整一天的时间、季节和气候条件来体验不同景观场景。植被可以与环境变化相适应，例如一棵在春天完全盛开成熟的树，变成一个严酷冬天里光秃秃的树，这种季节变化的可视化。CLR实验室让用户积极地参与到景观动画之旅的场景参数选择中，让他们在虚拟行进途中创造景观，从而将用户与景观有效地结合在一起。

将数字化工具作为可视化以及解决地形建模和其他景观问题的手段来使用，是菲利普·帕尔（Philip Paar）和约尔格·雷

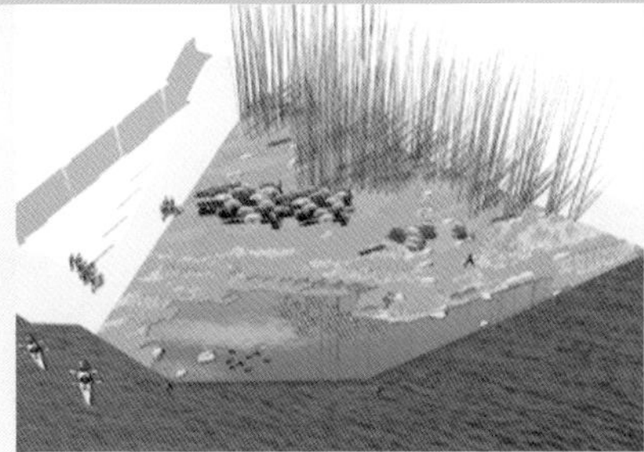

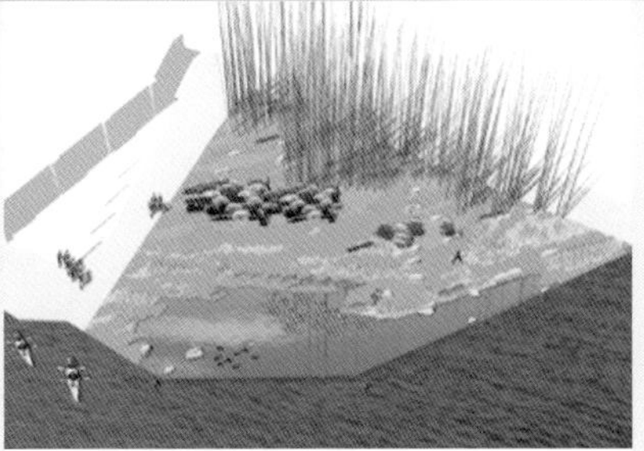

图8 哈格里夫斯及其合伙人公司，1998年里斯本世博会
图9 哈格里夫斯及其合伙人公司，威廉·J·克林顿总统中心，小石城，阿肯色州
图10 桑托斯·鲁事务所，伊利广场，密尔沃基，威斯康星州
图11 多伦多大学景观研究中心，身临其境的景观模拟

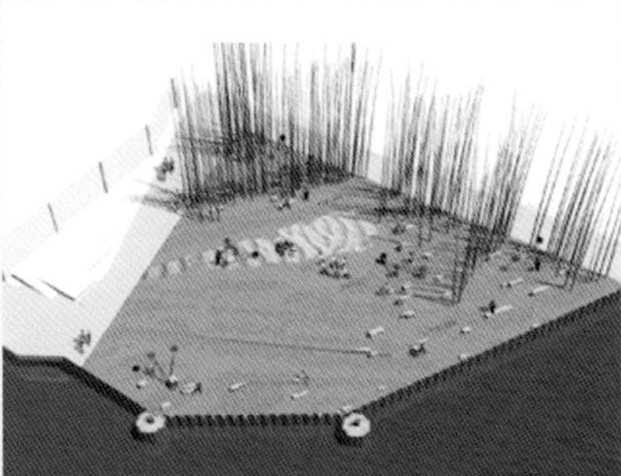

11

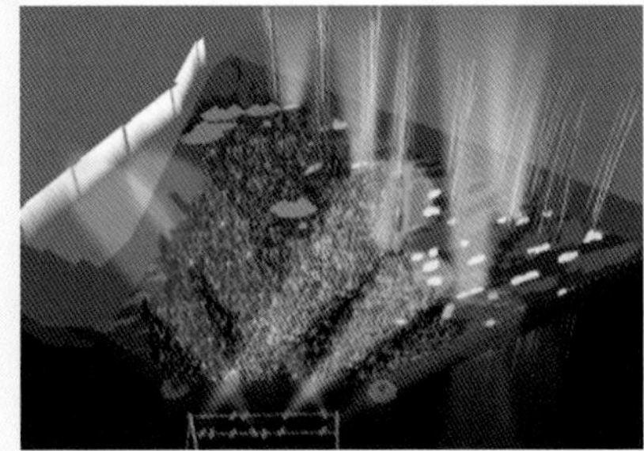

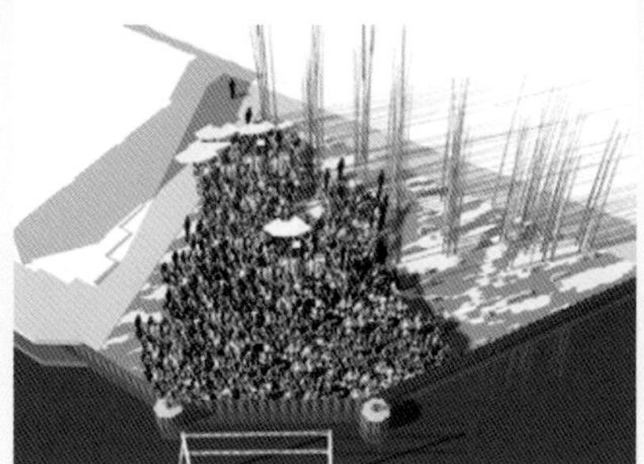

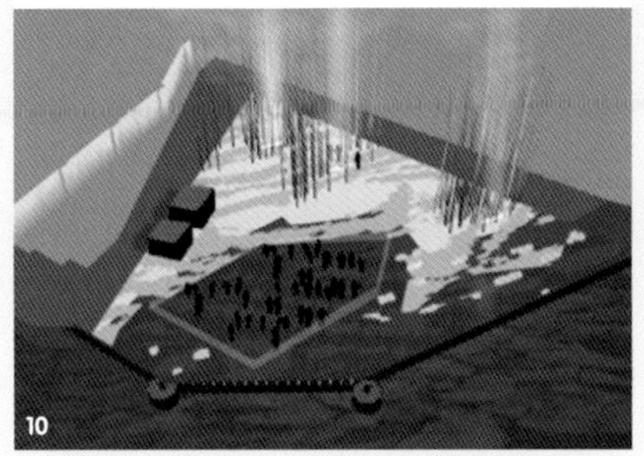

10

基克（Jorg Rekittke）（本书第198-205页有相关介绍）创新性作品的集中体现。他们还连同计算机科学家马尔特·克拉森（Malte Clasen）一起，开发了描绘植物和景观的逼真的、令人信服的图形。该团队帮助建立了一个名为Lenne3D的可视化软件公司，该公司以其高度的视觉真实感和注重景观创作中的细节而闻名。帕尔的公司还创建了Biosphere3D软件（本书第202-203页），通过使用公开资源的软件平台，在一个虚拟地球（数字地球）上实现多尺度的支持，是一个修订的交互式的可视化系统。与其前身Lenne3D的原理类似，Biosphere3D允许植被的实时渲染和多数据兼容输出。Lenne3D主要集中在眼睛高度对应角度下的景观可视化，允许用户根据规划和定向设置进行简略的行走观赏体验（图12）；而新一代的Biosphere3D软件（图13）可以通过有效的数据管理，设置可视场域，再现想象中无限的地形。就像帕尔和克拉森在他们的论文《Biosphere3D下地球，景观，生态，植物的交互可视化》（REAL CORP杂志，2007年5月，第7页）中表述的那样——“基于矢量形状和生物样本数据，卫星图像、数字高程模型（DEM）的光栅和多百万兆字节的影像可以与植被位图相结合，来创建计划场景的逼真视觉效果。”他们还说，“因为不需要预先计算，数据可以被编辑和重新加载，这使得快速发展周期和半交互式参与过程得以实现。Biosphere3D和Lenne3D具有相互兼容的植物模型，可以共享一个拥有逼真三维植物的最大的数据库。”近日，通过Laubwerk这个在研究和开发最前沿的机构，帕尔和他的团队开发出了第三代可视化图形软件版本，又通过交互式可视化，

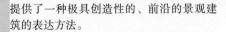

12

13

提供了一种极具创造性的、前沿的景观建筑的表达方法。

数据景观

建筑与景观建筑利用数据景观技术，该技术使来自于雕塑、艺术和代码的信息相互结合，由此数据能够以雕塑的形式表示出来。运用数据景观技术，无论是雕塑设计还是建筑设计，从业者都能够拿出具有革新性的设计作品。设计方案通过各种可供建筑使用的软件程序系统进行数据处理。数字化景观对景观塑造的方式，即我们研究并将数据纳入形式和设计，起到了至关重要的作用。但我们必须问：如何精确地开始用数据进行设计？

在20世纪90年代，发源于荷兰的建筑和城市设计公司MVRDV（本书第176–183页有相关介绍），以其在通过数字手段塑造空间解决方案领域的领导地位而闻名，开始着手探讨与数据景观的可视化表达相关联的数据建模问题。数据景观的应用非常广泛，包括艺术与实践的设计元素。例如，艺术家安德烈斯·菲舍尔（Andreas Fischer）将信息、雕塑和代码相结合，在2007年对世界国内生产总值和世界衍生品交易量进行数据采样，创建了自己的数据雕塑工程库“Fundament”。通过提取在设计过程中出现的大量数据，公司可以运用他们的数据自动生成软件来创建新的空间。

这种形式的数据景观设计对改进设计方案有所帮助，可以让建筑师、景观建筑师、城市环境规划者和公共用户对特定空间形成更深刻的了解，实现他们对某设计解决方案的共识。通过数字设计技术的数据处理，MVRDV创建了可供选择的设计方案，而针对这一概念，MVRDV拥有了丰富经验的软件开发程序。基于数据的实验和外推，MVRDV采用交互式规划设备（如计算机），其统计和区域数据可以用于生成简单的空间。MVRDV把以上步骤生成的称为“三维城市”（3D City）（即一个数据景观的演化城市），并声称通过利用它，“每个人都是城市的塑造者。”

在MVRDV的著作《KM3：在容量上的游览》（2005年出版）中，他们指出：“开发用户交互设计的‘规划机械’的理念变得日臻成熟，越来越有吸引力和必要性。”“统计和区域数据目前在网络上归档。分析和监控系统正在进行中……软件包将使他们（规划者、开发机构、社区中心和政党机关）更方便地获取数据，并实现沟通、控制、讨论、辩论、评估和抗议……这个设备可以选择、排序、合并数据以及说明过程。”总之，城市建造者依赖于庞大的数据库，通过软件检索实现数据访问。

在与他人合作开发的过程中，MVRDV通过空间分化，开发了两个软件程序来探讨数据景观问题：“Climatizer”程序分析了气候变化的空间结果；“OptiMixer”程序，由正交组合的三维空间和立方体均匀分布的空间网络组成，或称为“三维像素”。每个像素被分配一个单独的函数，它们的大小和体积构成一个单元，每个单元又被分配到一个例如住宅、公园、工业或基础设施的“范式类型”中。这个应用程序是MVRDV负责人温尼·马斯（Winy Maas）开发的更新版本，他正在对数据景观进行研究。马斯创建的软件允许当地住户输入单元、用途或者大小等明确的数据来创建一个可视的、宏观的数据景观成果。这与流行的模拟城市游戏的概念是相似的，但是“OptiMixer”程序中的图形在形式上更为简单，并且缺少一些艺术细节。

先进的图像修改与动画合成

“Climatizer”是一款用于呈现气候统计资料的数据景观软件，它主要考虑经济产出和二氧化碳排放这两方面对气候的影响。用户为废物消耗、人口增长、绿地退化、

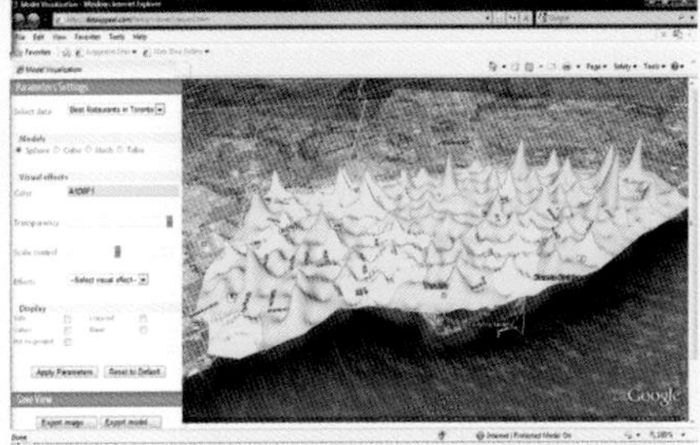
14

15

16

图12 菲利普·帕尔和约尔格·瑞科特克共同开发的Lenne3D软件
图13 菲利普·帕尔和约尔格·瑞科特克共同开发的Biosphere3D软件
图14–图15 纳迪亚·阿莫鲁索，数据吸引力
图16 MVRDV，光州能源中心，韩国光州

汽车能耗，以及对气候变化有影响的其他类型信息输入相应数值。根据输入的数据，这些统计资料与人类活动（包括户数、工业、农业、林业、能源消耗、商品和食品）的相关数据相结合，从而生成一个新的数据景观。值得注意的是，这只是一个假设的模拟预测，这种对几百年后未来的预测并没有科学有效性，而且生成的图像仅具参考性。在可视化的结果中，彩色的三维柱状图显示了不同人类活动所产生的具体影响结果。当某区域的某项活动有所增长，那么代表该活动的柱状图就会从该区域的地面开始上升，直到形成类似于矩形的高塔。任何一个局部的变化都可能会潜移默化地影响到全球气候。作为设计师要切记"二氧化碳的排放量必然会影响到全球平均气温的高低以及海平面的升降"。

"Climatizer"软件捕捉气候变化的空间结果和人类对地球产生的影响的尝试，是MVRDV基于数据的"三维城市"研究结果的重要组成部分，特别是关于日益增长的全球密度和未来生活的空间需求两个方面。马斯最新的项目是由特大城市/数据城镇理念的更新研究和交互式版本共同创建，由阿尔默（Almere）2030项目（本书第180页有相关介绍）可见，MVRDV已在其最新设计中把数据提高到了新的级别。MVRDV设计的韩国光州能源中心（图16）项目中采用了类似的实现数据景观的方法，重新塑造当地绿色的山谷和丘陵的密度分布。采用先进的技术和数字化手段，在测试了方案要求、发展进程、位置和大小之后，MVRDV创建了新的景观山丘。然后，通过数字化景观软件，这些数字就被转化成了一个美观耐看的居住景观三维图景。这一类型的课题是我在巴特莱特（Bartlett）研究生院攻读博士期间研究的主要课题，并贯穿我的学术和专业研究阶段。用数据进行设计，是利用有力的数据行为来启发城市形态的一种方法。其困难在于如何让用户参与到信息和统计中而避免产生枯燥感。为了解决这个问题，我和我的团队通过我们的程序，在一个简单的具有视觉吸引力的数据交互下，创造了一种我们称之为"数据吸引力"的软件（图14、图15）。该软件利用视觉效果、数字化应用和设计的审美原理，将新的景观形式、技术信息和数据，转变为一个可以捕获用户兴趣和想象力的、激动人心的、有身临其境之感的程序。

实际应用

数字景观技术的应用不仅仅是审美意义上的超越，更为企业降低成本、节省人力、排除问题以更好地开展施工提供了新途径。景观可视化技术的最前沿设计机构之一是总部位于卡尔加里的O2规划与设计事务所（本书第192–197页有所介绍）。利用先进的地理信息系统、遥感、全球定位装置、三维建模和计算机可视化来捕获和测试现有的景观条件，由道格拉斯·奥尔森（Douglas Olson）领导的公司正积极地开发准确、有效的设计，从而降低现场成本，并允许在项目施工前进行虚拟细节的评估。O2事务所先进的技术简化了工程项目的设计流程，增强了设计项目的高度可视化和参与性，以及非专业人士的可读可懂性。

另一个展示数字化景观技术实际应用的例子，是尼古拉斯·德·蒙肖（Nicholas de Monchaux）的作品（本书第293页）"本地代码：房地产"，该项目使用地理空间分析来识别美国各大城市成千上万公有废弃的房产信息，然后重新整合这些空置的景观，组织成为一个新的城镇体系。建筑师、学者麦克·西尔弗（Mike Silver）（本书第288页）善于利用先进的数字应用技术，常用的包括三维扫描仪、坐标测量机、电脑数值控制（CNC）设备以及光探测和测距（LIDAR），LIDAR是一个测量从一点到目标之间光线距离的光学遥感系统设备，经常被用于创建空间或物体的三维模型。结合这些技术来勘测

17

18

19

人体的空间和建筑的元素，可以产生一种表达前所未有的特异程度的记录（图17）。数字应用也有助于解决复杂的基础设施类景观和城市设计项目，例如那些位于西班牙毕尔巴鄂的，由扎哈·哈迪德（Zaha Hadid）（本书第100-107页有介绍）设计的奥拉博加Olabeaga和圣马梅斯San Mames总体规划（图18）；位于哥伦比亚麦德林，由新兴景观公司（本书第206-211页有介绍）设计的水景公园项目（图19）；以及由Groundlab事务所（本书第74-79页有所介绍）为2011年在中国西安举办的世界园艺博览会设计的“流动花园”项目（图20）。

数字组合：艺术，想象力，景观

这是一本充分展示设计师的艺术构思和想象力的作品集，例如本书第138-143页所介绍的LAND-1设计公司作品：2006年葡萄牙蓬利马国际园林节的“橙之力量”的装置设计；如本书第58-63页所介绍的弗莱彻工作室（Fletcher Studio）的作品；如本书第116-121页介绍的沃尔特·胡德为美国加利福尼亚州圣何塞机场设计的环境艺术作品。同时本书也充分展示了当前设计界所使用的先进图像处理工具及“数字动态”技术，例如本书第64-73页介绍的弗赖斯兄弟设计的“倒塌的筒仓”作品等等。本书也关注了本领域前沿学者和科研人员正在进行的具有前瞻性的科研工作，例如第38-43页所介绍的路易斯安那州立大学的布拉德利·坎特雷尔（Bradley Cantreu），他使用数字化技术进行景观形式和设计过程的全景呈现。

与此类似，本书涉及的具有开创性的实践还包括，本书第296页所介绍的TerreformONE公司在纽约提出的“迅速再利用：从废弃物到资源城2120”（如图21所示）；本书第44-49页所示，生态工作室在意大利威尼斯做的环保装置“自然界与制造界的互动——制造人工生态”；本书第296页，苏黎世联邦理工学院的学生们的景观设计作品“水景”，以及法国R&SIE(N)建筑师小组一系列充满想象力的奇妙空间设计作品。如图22、图23所示，R&SIE(N)建筑师小组不同设计作品的实践范围和设计目的不同，但他们都意图将虚拟和现实、混沌和有序、有机与无机相混合，针对数字化景观设计概念展开讨论，创造出具有激进性的、能够将当前的设计实践与现代技术良好融合的设计作品。2010年，布拉德利·坎特雷尔和韦斯·迈克尔共同出版了一本名为《景观建筑的数字化表达：当前场地设计中的数字表达技术和工具》（Digital Drawing for Landscape Architecture）的著作，书中论述了这样的观点：“每个设计师都应该张开双臂拥抱数字化工具，因为它能够帮助我们进行方案分析、成果演示和成果表达”。通过这些艺术实验，越来越多的人关注到数字技术与景观设计相互同步的发展倾向和技术驱动下的设计解决方案，往往当艺术家使用新媒体技术时会出现新的计算机技术，这会帮助景观设计师进一步关注艺术实践的外延边界。

伊丽莎白·巴洛·罗杰斯指出，“工业技术生产的机器可以操控景观”，可以将之刻画成为复杂多样的形体。如今，景观设计凭借其他技术和“智能软件”来进行辅助设计，还包括建筑师在结构建造设计过程中所使用的智能软件，它们凭借数字时代的成果共同呈现在景观建筑设计上。无论是参数化编程还是数控加工技术，三维绘图和三维扫描技术，还是虚拟景观设计系统，当今许多景观设计师已经不是仅仅使用传统的铅笔和草图纸作为设计工具，而是使用这些新时代的数码工具来作为设计绘图的“调色板”。作为《现代数字化景观建筑》的作者，我们欣喜地看到数字化技术在当前设计工作中的广泛应用，我们坚信，数字化技术将为我们创造越来越多的崭新而迷人的景观环境。

图17 麦克·西尔弗，数控技术定制家具——椅子
图18 扎哈·哈迪德，Olabeaga和San Mames总体规划，毕尔巴鄂，西班牙
图19 新兴景观公司，水景公园，麦德林，哥伦比亚
图20 groundlab，流动的花园，西安，中国
图21 Terreform ONE公司，迅速再利用：从废弃物到资源城2120，纽约
图22 R&SIE(N)小组，绿色怪物，洛桑，瑞士
图23 R&SIE(N)小组，Olzweg，奥尔良，法国

20

21

22

23

项目
（PROJECTS）

1 BAM设计公司

BAM（Ballistic Architecture Machine）是一家涉及建筑、景观、城市设计、艺术领域的事务所，总部位于中国北京。BAM致力于提供具有创造性和艺术性的建筑作品、规划作品和景观作品，其设计作品充满了多种多样的创新性语汇。BAM以环境设计知识、景观规划知识、建筑设计知识和美术知识为基础，通过多种方式与客户紧密合作，全方位、多角度地分析项目状况，旨在为客户提供顶级品质的项目解决方案。

BAM的设计哲学是："自然而为"（nature is an idea）。随着新技术开始改变我们生存的环境，我们对于自然的理解也开始过时。这些变化不仅减少了我们与自然之间的互动，也使我们变得不那么珍视周围的环境。BAM将生态学的概念融入设计作品中，针对每一个项目的具体需要，提供能够改善人们生活的设计作品，帮助人们重新珍视周围环境，促成人类与环境之间建立一种全新的、健康的关系。公司致力于通过新技术策略和数字化手段提供精细的工艺和先锋的设计作品，从而实现自然、艺术和技术的完美结合。

在从业过程中，BAM坚持使用先进的建模软件、计算机模拟程序以及参数化建模插件，例如犀牛软件中的"蚱蜢"插件等，从而实现设计作品的多方案解决。公司内部经常举办针对艺术设计师、建筑师、景观设计师的内部培训，以保证设计团队的不断进步，能够在后续工作中积极地应对自然领域和技术层面的设计问题。

右图：2012伦敦奥运会自行车公园，英国

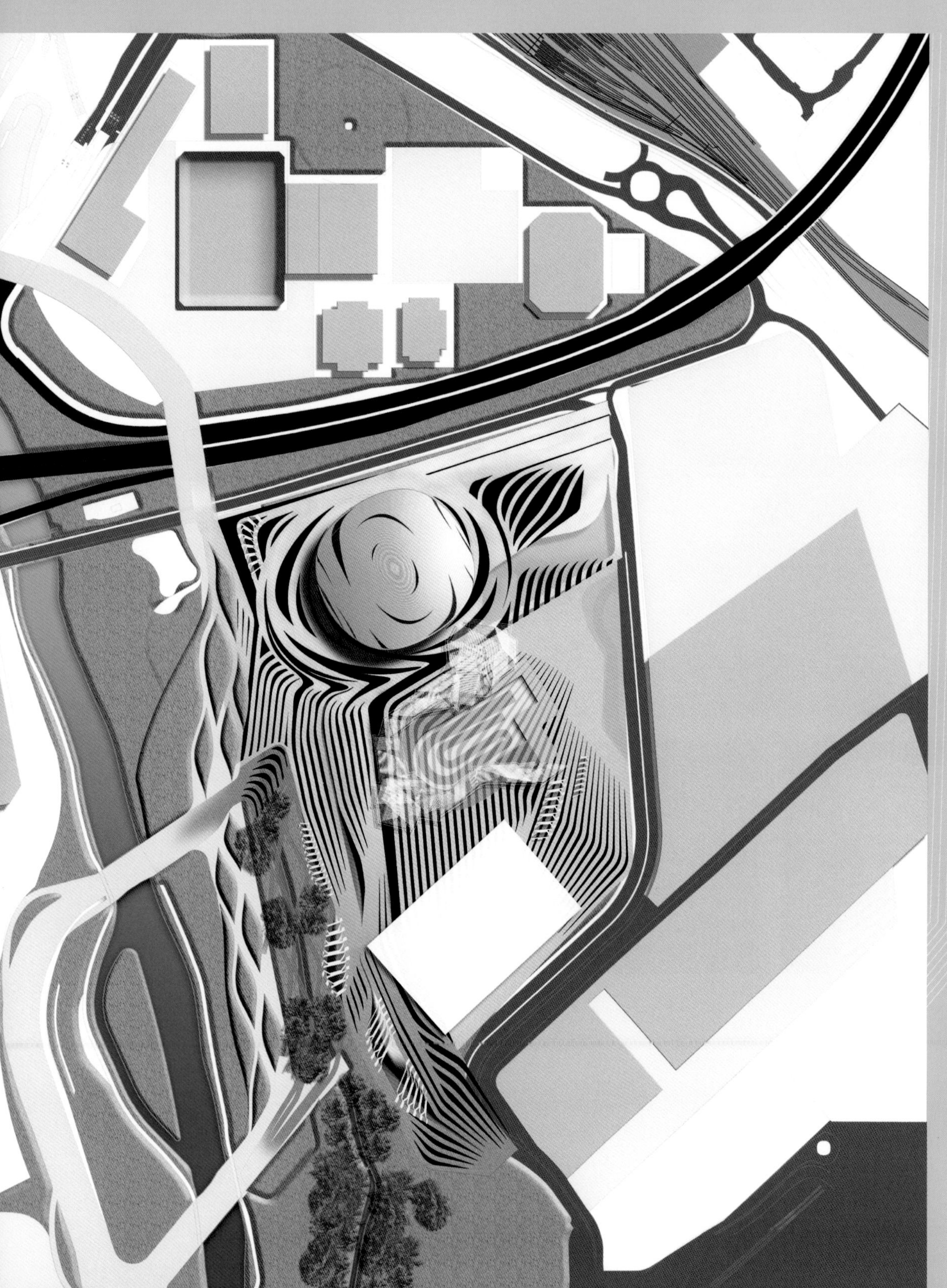

1.1 2012年伦敦奥运会室内自行车赛场

英国伦敦

2012年伦敦奥运会室内自行车赛场的设计竞赛方案由BAM设计公司与托马斯·希瑟维克工作室（Thomas Heatherwick）、福克纳·布朗斯（Falkner Browns）景观设计师公司共同完成。其景观方案致力于展现自行车比赛的活力，旋转的建筑木质外墙让室内自行车赛场俨然成为一个公园中的景观。在奥运赛会期间，自行车赛场的主要材料包括木质道路、可循环的橡胶填充区以及可以显著缓解大面积硬质地面表层径流问题的渗水沥青材料。沥青材料组成了公园中蜿蜒弯曲的道路，这些道路从室内自行车赛场延伸而出，能够将人们从主要的公园流线中分离开来。位于赛场外的"自行车喷泉"为游客提供了既可以欣赏比赛，又可以在酷暑中纳凉的休憩空间。

自行车公园在奥运赛后将被改造为城市公园，因此设计师在方案中采用了一系列生态环保的材料，能够令场地在未来长久的使用过程中保证材料循环利用。渗水沥青材料能够分段拆卸，在赛后将被移动至公园北区，为市民铺设自行车骑行路径，便于大众休闲活动。在木质道路之间铺设的是可循环的橡胶材料，这也成为"自行车天堂"环保材料中的一员。在不同的路径之间设置的多个木质座椅能够为骑行者和游客们提供休憩场所。自行车公园与整个奥林匹克公园的景观设计完美地组织在一起，其流畅具有动感的景观设计理念来源于自行车场馆内弯曲的木质赛道和精彩激烈的比赛气氛。设计以绕圈进行的自行车比赛为概念出发点，以"旋流景观"为景观设计的主旨，其景观公园的设计能够吸引游客向自行车赛场方向行进。设计从建筑中提取设计元素，将景观主旨交织与渗透在每一个细微的设施中，可以预见的是，这一景观公园不仅在奥运比赛期间会良好地服务于自行车比赛，在赛后，它将更好地为人们提供优越的自行车骑行场所。

图1 赛后模式的场地：城市公园
图2 概念图示
图3 鸟瞰渲染

1.2
22艺术广场

中国北京

22艺术广场是一个充满活力和艺术性的设计作品，它地处北京CBD核心区，位于北京著名的私立博物馆——今日美术馆旁，设计方案受传奇景观设计师玛莎·施瓦茨（Martha Schwartz）影响颇深。景观设计的原则是为艺术品的展陈提供一系列的展示空间，并且为园区内相关的艺术活动提供活动场地。设计采用了大量色彩鲜艳的活跃元素使广场看起来更为吸引人，例如将绿植种在橡胶制成的蜗牛状模具中。方案在不同的空间中提供多种连接形式，提供大量的座椅以利于人们休息。这些设计元素具有多种色彩和形式，能够从多个角度进一步烘托展出艺术作品的艺术性。

设计师通过概念性草图的设计和一系列实体模型来推敲方案，并通过大量的数字建模技术将建成环境复原，通过方案与周边环境的关系建构，使新建作品与现存环境实现和谐共生。设计师在设计过程中对设计细节的二维和三维角度进行严格推敲——例如对橡胶蜗牛绿植的建模和设计——并且将这些形式用于最终的施工过程中，使得制造工艺逐步呈现最终的完美形式。

1

2

3

4

5

图1 室外艺术二号展室
图2 植物装置渲染图
图3 居住入口的水景装置
图4 室外艺术一号展室
图5 停车场连接区

1.3 高盛总部屋顶花园

美国纽约市曼哈顿区

1

2

这一项目为BAM 与传奇景观设计师玛莎·施瓦茨合作的作品。作为绿色屋顶花园项目，高盛总部屋顶花园无疑是非常具有独创性的，它能够为大西洋沿岸迁徙的候鸟提供适宜的休憩场所。本项目位于下曼哈顿区一栋十二层建筑的顶部，从高盛的新总部可以鸟瞰其全景。开阔的休息区域，几个水池，完美的生态绿植，这些共同为途经曼哈顿的候鸟提供了生态舒适的群落环境。

这一屋顶系统由高盛集团提议修建，与一般的粗放型屋顶花园系统和集约型屋顶花园系统相比，本项目的绿化屋顶系统具有明显的优势。在规划设计过程中，BAM不仅考虑到了有机土壤基板和无机土壤基板的使用、保水性坡度的使用、昆虫冬眠模式、植物种植因素等等问题，而且还考虑到了由此引起的结构负荷及结构成本因素。因此，通过无数的迭代，矩阵变量的战略统筹既使得本规划灵活性更强，又丝毫没有削减其作为健康生活区的功能。

设计采用了先进的计算机建模软件程序，包括犀牛的插件蚱蜢等，由此产生的设计成果是一个高性能的绿色屋顶系统，它能够为鸟类提供完美的生态系统条件。雕塑般的形态正是通过这样的设计过程不断推敲实现的，项目最终正式的效果图也是通过这些软件来呈现出完美的表达方案。

图1 早期屋顶景观设计概念模型，沙丘状起伏的屋顶形式
图2 叙事化的情景渲染图，模拟驾车前往曼哈顿区，背景上能够看到高盛总部屋顶花园
图3 屋顶平面、屋顶剖面
图4 从客户空中大堂所见景观

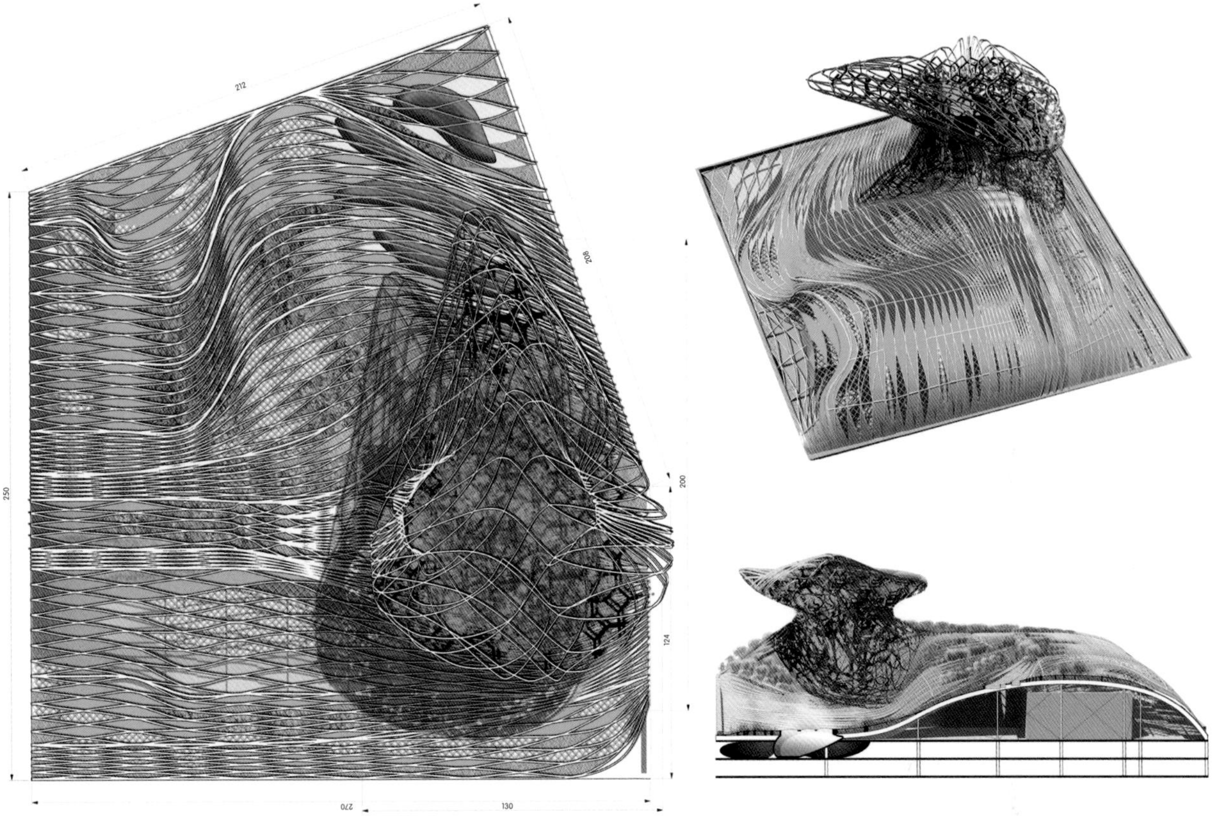

3

4

2

BALMORI事务所

Balmori及合伙人事务所成立于1990年，创始人为戴安娜·巴尔莫里（Diana Balmori），以城市规划及景观设计为主营业务，总部位于美国纽约。公司以极富创造性的景观设计而著称，设计作品将功能性、艺术性及创新性完美地结合起来。通过研究、协作及创新，Balmori事务所在设计中不断突破自然、文化、艺术、结构间的界限，并将它们进行了很好的融合。他们关注项目的生态性维度、水文性维度、时间性维度，从而确保设计作品的可持续性。

Balmori事务所的作品尺度多种多样，他们希望能够将大的生态系统与小的开放空间良好地融合起来。有时候他们的景观作品甚至充满了引导性，引发人们去探究基地暗含的空间属性。公司在技术上非常过硬，采用了先进的数字应用技术，加上设计师深入地对环境、社会和使用者生理需求的理解，积极探索和发展公共场所的设计创新方式。近年来，Balmori事务所在大力发展数字化技术的同时，仍保持着传统设计手段的大量应用。设计师在构思阶段会用黏土或木板制作基地模型，而后在推敲方案阶段会采用一系列的计算机软件进行辅助，例如3D MAX和犀牛等，将复杂的设计方案进行三维渲染，从而进一步推敲其景观的可视化效果。

图：深圳文化公园，中国深圳

2.1
深圳文化公园

中国深圳

1

本项目为Balmori事务所在深圳文化公园景观设计竞赛中的获胜方案，它与周边城市肌理良好融合，积极表达了深圳的城市精神。其设计理念为“挤压表面”(extruded surfaces)，通过交通系统的交织组织不同的步行人群、自行车人群、滑板车人群，用以连接城市不同的组成部分。设计创造了一个文化空间，它成为展示基地历史和文化功能的城市橱窗，流畅的绿地系统向各向延伸，尽可能地创造了多个与城市相连的活力“口袋”空间。整个公园宛若一条巨大的绿色丝带，将整个深圳的历史与文化编织在内，在特定的节点上将某些特定时刻放大，成为扩大的活动节点，将形式与功能良好地交织在一起。

深圳文化公园壮观的形式感也创造了建筑与景观之间良好的呼应关系。景观系统可以看做一个连续表面，仿佛呼应城市的动感一般，它与地面进行三维相接，形成若干立体的编制节点，与建筑的雕塑感不谋而合。这些表面会在某一位置升起转化为体量关系，使得景观与道路、建筑及城市的交接关系都成为三维立体的，这大大丰富了整个公园的空间体验。景观对建筑形式及精神的呼应如此之精妙，创造了一种景观设计的新思路——设计团队称之为“地景建筑”。

图1 公园整体渲染图
图2 鸟瞰
图3 垂直景观：结构、绿植、要素
图4 南区平面图

2

3

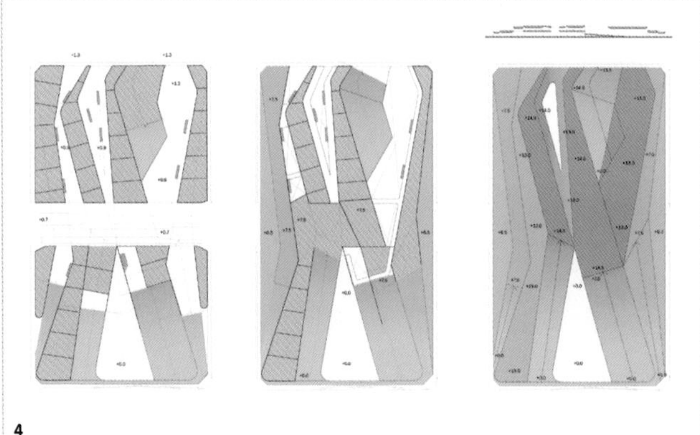
4

2.2
港口公园

西班牙大加那利岛

设计主题为“光之园”，其前身是一个废旧的船坞码头，通过改造其基础设施将旧港口变为“水中的绿色生态系统”，整个园区宛如绿色飘带般漂浮在水中。景观设计以风的流动和波浪的起伏为母题，通过计算机模拟器中提取潮汐起落数据，在数字建模时通过体量的变化还原这些数据，在城市边缘创造可供人们漫步其中的浪漫的海滨公园。设计采用的生态系统能够净化水体，屏蔽季风，创造出创新性的、引人入胜的开放空间。

绿色的景观带将大海和陆地的表面相连，提高了水体的质量，降低了码头对公园的影响。码头一侧设置若干通道，能够大大减缓水流的速度，将水流导向水面中央，避免对公园开放空间的影响，同时也对海岸起到一定的保护作用，减少了海水对岸线的侵蚀作用。

图1 设计理念
图2 方案剖面
图3 夜景鸟瞰

2.3
马术公园

纽约2012奥运村，史坦顿岛

本案为支持纽约市申办2012年奥运会而进行的马术场地设计，位于纽约市史坦顿岛（Staten Island），包括马术比赛需要的骑行跑道、步行漫道等竞技用场地。方案中的骑行跑道和步行漫道与城市绿带中的步行系统相连接，形成了大型交通体系，并与周边的居住社区交通系统很好地交织在一起。设计师将地景设计成一系列极富雕塑感的起伏山丘，其间通过曲折的小路相连，在这些路上能够看到各种比赛及活动。景观带不仅仅丰富休闲空间，也是组织场区结构及场馆位置的重要骨架。场地的丘陵将比赛场地封闭起来，有效阻隔季风及洪水，同时场地的坡度还能够作为开放空间的座椅，提供观看比赛的休闲座区。

在比赛区和观众区之间有一个小山丘及排水通道，能够有效地将观众和运动员阻隔开来，同时还能为观众提供没有视线遮挡的观赛区域。在奥运赛后，竞技场和马厩将被保留下来，与周边的景观公园相结合使用，提供休闲度假的马术骑行场地。其他的比赛设施将被拆除，或者改造为周边社区能够使用的健身器材。本设计中，自然景观结构沿水平方向展开，整个公园形成极具自然风貌特征的起伏地景形态，并未按照常规模式将运动员和观众严格隔开，而是采用相互交融的方式将交通空间组织在一起。

图1 主竞技场鸟瞰图
图2 训练区域鸟瞰图
图3 超越障碍比赛中的骑手和观众

2.4 安曼演艺中心

约旦安曼

本项目位于约旦首都安曼，是约旦国王达拉特·阿卜杜拉二世所倡导兴建的文化综合体中的一座演艺中心。建成后，该演艺中心将作为首都安曼主要的戏剧表演、歌剧舞剧表演的场所，同时也将作为该区域重要的教育和文化机构积极为大众的文化生活服务。

安曼演艺中心为Balmori事务所与扎哈·哈迪德（Zaha Hadid）的合作项目（本书第100至107页有对扎哈·哈迪德事务所及设计作品的介绍），为了实现景观的空间流动感，在设计中大量应用了三维渲染技术，从而保证了不同位置空间的转化点在视觉上的流畅性。我们将人群的流动和绿化的位置用矢量线条表达出来，而后通过计算机建模将这些线条拉伸成三维模型，从而保证了整体景观在空间维度上的流动感。这里我们没有采用传统的栏杆来进行阻隔和分离，而是创造了一种“植物安全带”来实现空间分隔及人流阻挡的效果。高大乔木及密叶灌木的种植形成植物景观的视觉层次，可谓高低搭配，乔灌结合，针阔相配，四季皆绿。

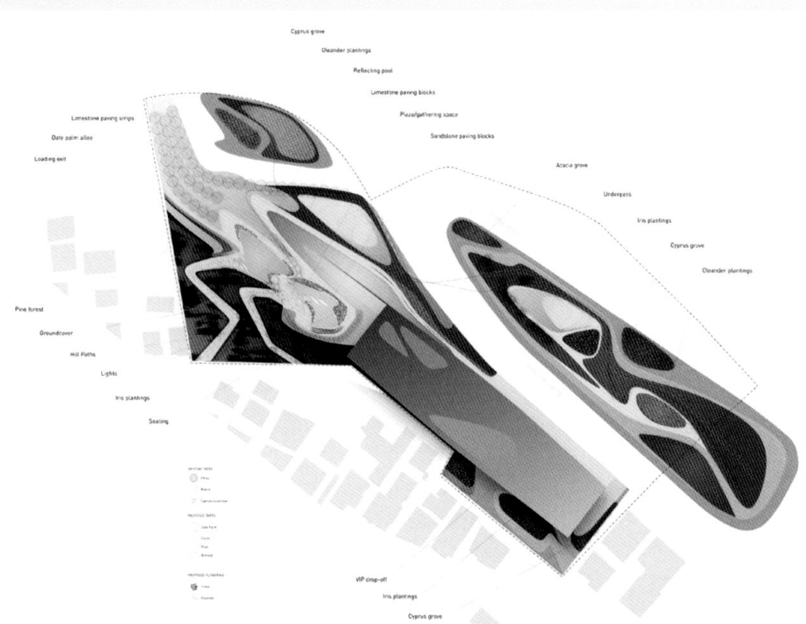

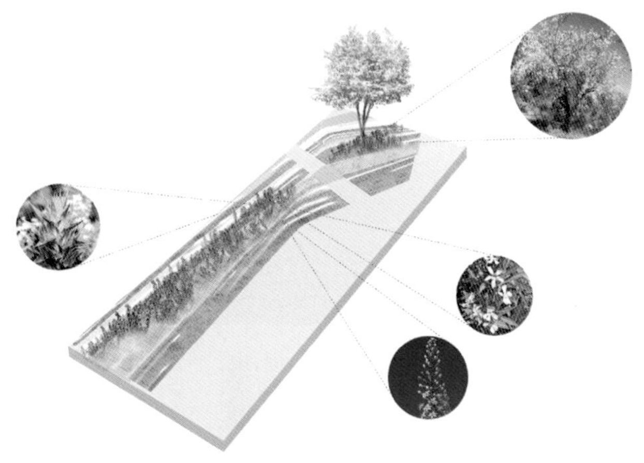

4

图1 场地总平面
图2 植物安全带
图3 限定空间的绿植
图4 步道系统和斜坡缘石

2.5 都柏林大学

爱尔兰都柏林市

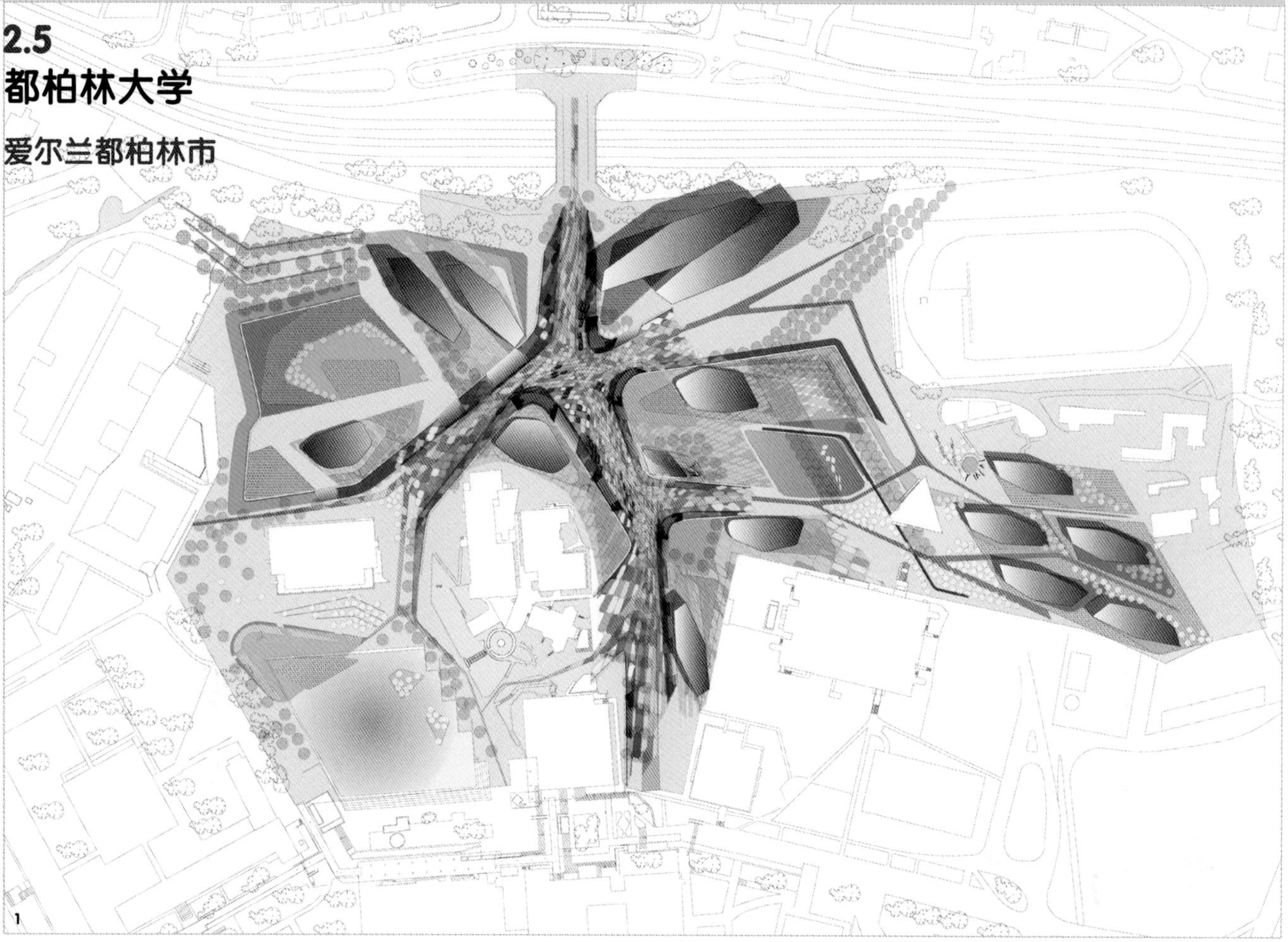

1

这是Balmori事务所与扎哈·哈迪德事务所的另一个合作项目，在都柏林大学的设计竞赛中，Balmori负责项目的整体规划及景观设计。设计将完美融合建筑与景观作为设计的出发点，建筑与景观结合后形成了公共界面的多个层次，很多建筑实现了绿色立面，场地中通过斜坡将步行路径与建筑交互连接，这无疑提供了一种建筑与景观结合的新思路。

设计中将步行道与绿植相结合，同时采用环保材料进行分隔，使步行道与绿化无缝链接，创造多个宜人的休闲空间，并将景观延伸至建筑的屋顶花园中。这种扩大建筑屋面成为绿色表面的设计方案大大扩展了整个校园的生物多样性，通过能够可持续发展的思路形成了植物不同层级的分级网络。建筑出现在步行道的边缘，建筑的立面与景观环境形成连续界面，创造了新的空间关系。步行小路被塑造成为校园中的“社交中心”，以趣味性的空间吸引使用者前来。整个设计为不同的使用者和不同的建筑群创造了多元空间体验，令校园交通流线充满趣味性和吸引力。

2

3

图1 总平面图
图2 步行道种植大量绿植，从空间上拓展了景观环境的可视性
图3 作为“社交中心”的步行小路

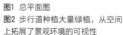

2.6 总督岛景观设计

纽约，上纽约湾

1

总督岛位于曼哈顿岛的南端，占地70公顷（172英亩），其中一半用地上保留有一些军队营房和历史建筑，另外一半用地则重新规划为景观公园。在这一巨大的景观公园中，Balmori事务所设计了三个钢和玻璃制作的巨大空间，并将其称之为“生物群落”。在寒冷的冬季，人们可以进入景观掩映的一栋玻璃建筑中，体验充足的阳光观看奇妙的沙漠景观。另一栋“生物群落”中则出现了热带雨林的动物植物。第三栋“生物群落”中设计了冰山、雪屋及苔原植物，能够在盛夏的酷暑中为纽约市民提供体验极地极端气候的特殊机会。

本项目同时也作为哈得逊河谷（Hudson River Valley）本土植被的种植研究基地，为科研机构和教育机构提供实验场地。在岛屿中央Balmori事务所设计了一个农业种植场地，在这里能够展示农业方面的可持续发展技术以及都市农业技术。人们可以报名参加有机种植的课程，还可以参与不同植物的采摘活动。同时，还可以为总督岛另一半区域的餐厅提供新鲜的蔬菜和水果。

本案通过多样的生物类型学种类，创造了极为特殊的空间体验。设计是Balmori事务所与MDA设计公司合作的作品，其中的“生物群落”和绿色表面都是通过3D MAX和V-RAY软件进行的数字化建模和渲染，通过计算机模拟技术实现了异形空间的完美建模和内部光线的气氛塑造。

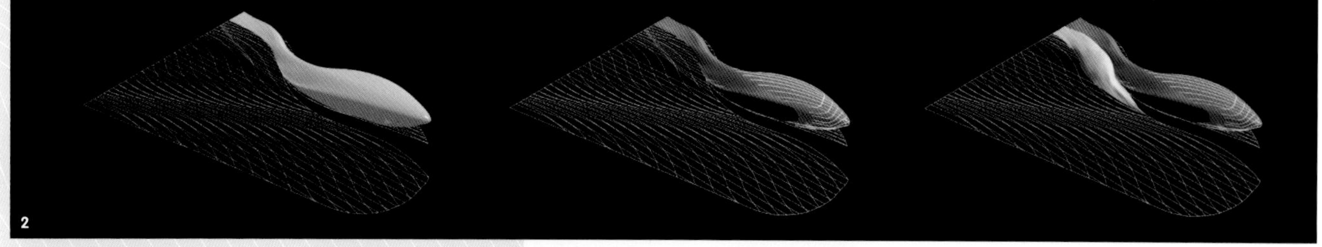

图1 实景合成效果图
图2 建筑体量生成图
图3 雨林效果图
图4 结构阴影
图5 沙漠效果图
图6 农艺区效果图

2.7 水之园

韩国首尔

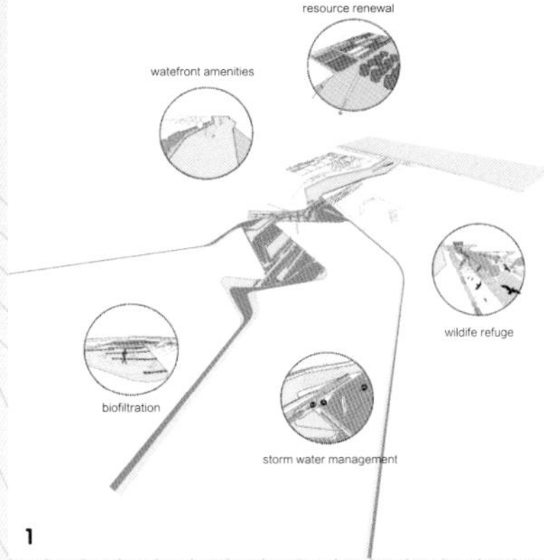

1

水之园（Water—Works）是一个公共生态基础设施公园，是由水体流动的形态形成的。公园本身是一个复杂的生态系统进程网络，将线性的公共空间和自然绿植、实验技术完美地交织在一起。它是一个映射出规划再生和发展模型的典型实例，是一个嵌入净化基础设施的公共休闲场所，其设计具有一定的代表性和可操作性。

水之园是研究发展区的绿色核心，能够让人们身临其境地体会到水质的净化过程，同时还为社区提供了休闲空间。停车路径和系统绿带沿着湿地的边缘布置，藻类种植场地上部设置了壁球场，会议中心、游艇码头都与水体系统紧密交织在一起。游艇码头与汉江相连，在江畔公园中设置生动宜人的休闲港湾。码头既是社会交往的综合区域，同时也是水体净化的终极排放池。在码头附近设置了堤岸和泄水门，能够防止堤岸受汉江夏季洪水冲刷，同时也成为公园和汉江之间的分隔界面。

水之园能够提升自然空气以及自然水体的质量，是一个巨大的净化装置。湿地、植物修复、黑水处理、空气净化树种是公园整体规划中的基础元素。公园仿佛一个有生命的机器，源源不断地提供着干净的空气、水体和土壤。水之园也是孩子们的教育基地、实验智库和生态绿色技术实验室。在这里你不仅能看到水体的净化过程，还能够看到这些净化过程如何与公共空间相互交织，形成多种多样的景观设计样式，这也为其他景观设计提供了一个模板和思路。

2

图1 概念分析图
图2 藻类种植场
图3 避难所
图4 轴测图

3

4

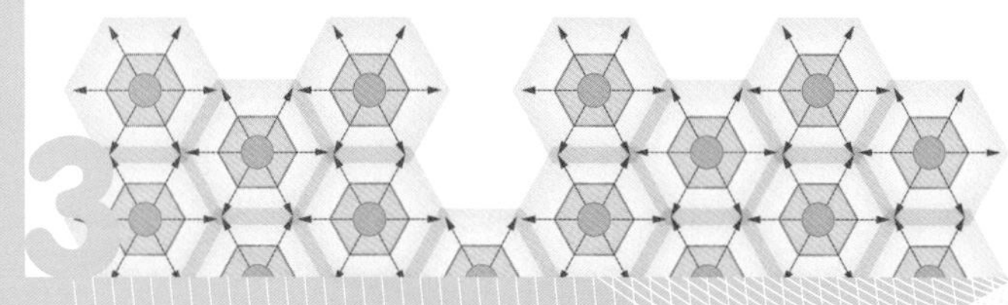

3 布拉德利·坎特雷尔事务所

布拉德利·坎特雷尔（Bradley Cantrell）是景观设计行业的领军人物，他所率领的团队一直致力于在景观及建筑领域做相关的科研，寻求设计行业的更大进步和发展，并大力推动计算机技术，力求通过数字化技术实现更多方案构思的可视化。他认为通过视觉表达的数字化实践，能够使设计方案向更多富有创意的方向发展。坎特雷尔是地形动力学实验室的主任，该实验室是一个跨学科的科研组织，倡导通过数字化技术探索和实验新的景观可视化设计策略。最近布拉德利·坎特雷尔与韦斯·迈克尔斯（Wes Michaels）共同出版了一本名为《景观建筑的数字化表达》的著作，这本书可谓景观建筑师的入门手册，其中收录了大量当今景观设计实践中所应用的数字化技术，对景观建筑师起到一定的指导作用。

坎特雷尔关于数字化表现技术的研究应用在整个设计过程，包括通过数字媒体的使用改进工作流程，通过合成与剪辑来表现景观。平面设计中，坎特雷尔团队常使用Photoshop和Illustrator等工具，为实现客观真实有说服力的平面效果，他们实验了多种方式，在纹理设置、色彩选择、光影技术、线性处理等方面积累了大量非常先进的工作经验。坎特雷尔团队在景观表现分析图的先进技术上也进行了多方面的实践，包括创立一些计算机处理方法来反映环境及大气变化对图像所产生的影响。这些从“大气视角”所处理的“空气中的水分和颗粒物”图层能够反映空气中起雾的效果，而图像的景深变化则能够令图像产生仿佛带着“空气面纱”般的效果。

坎特雷尔也使用先进的三维建模技术，他们采用3D MAX软件为工作室设计创建虚拟的景观空间和动画场景。在将数字化技术引入到景观建筑的设计过程中，坎特雷尔带着对数字化表现的热情用到景观建筑和其他工作中，包括本书第42页所介绍的环绕空间项目。

图：抽象的语言：数字/模拟对话

3.1
抽象的语言：

数字/模拟对话

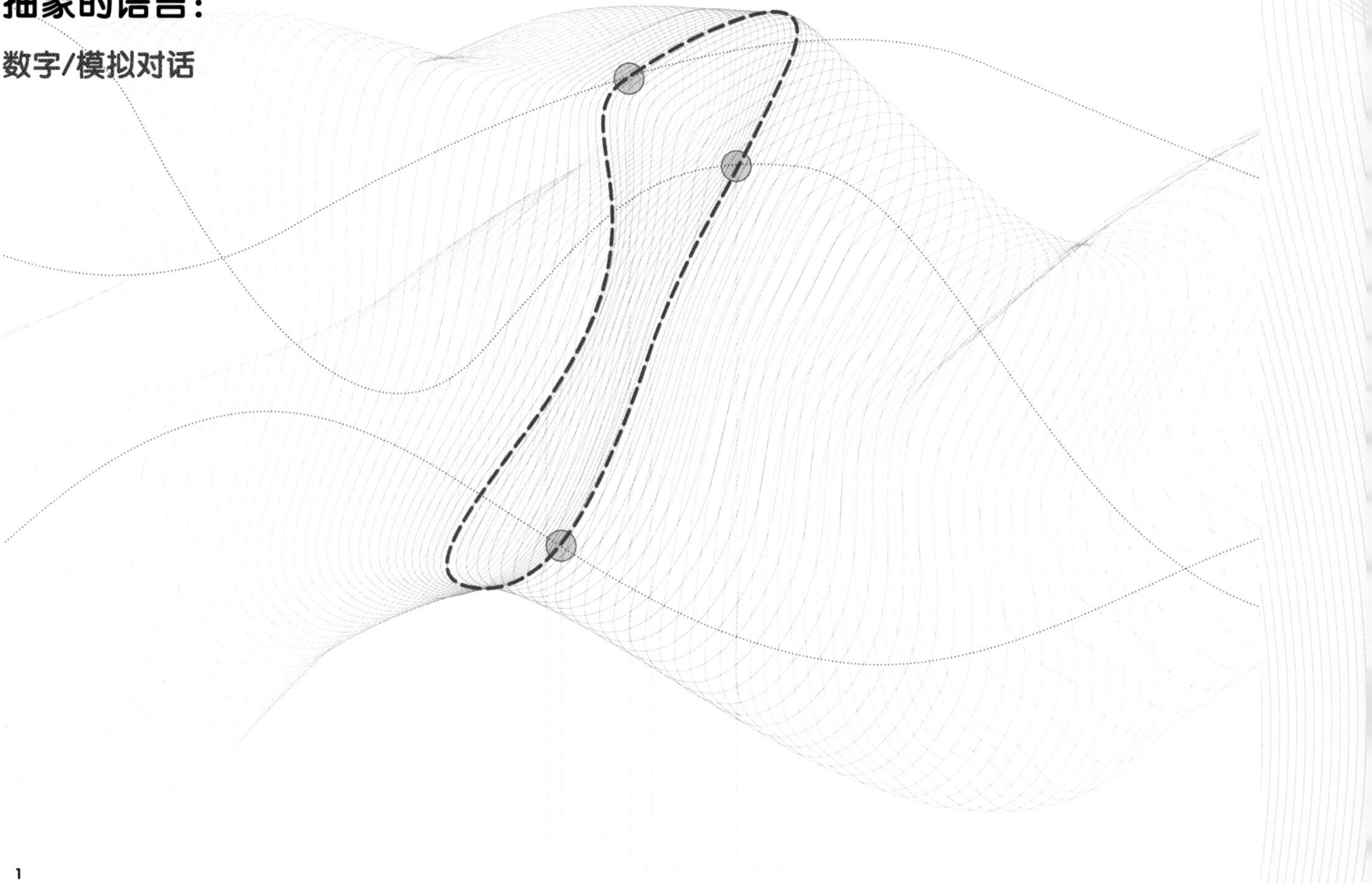

1

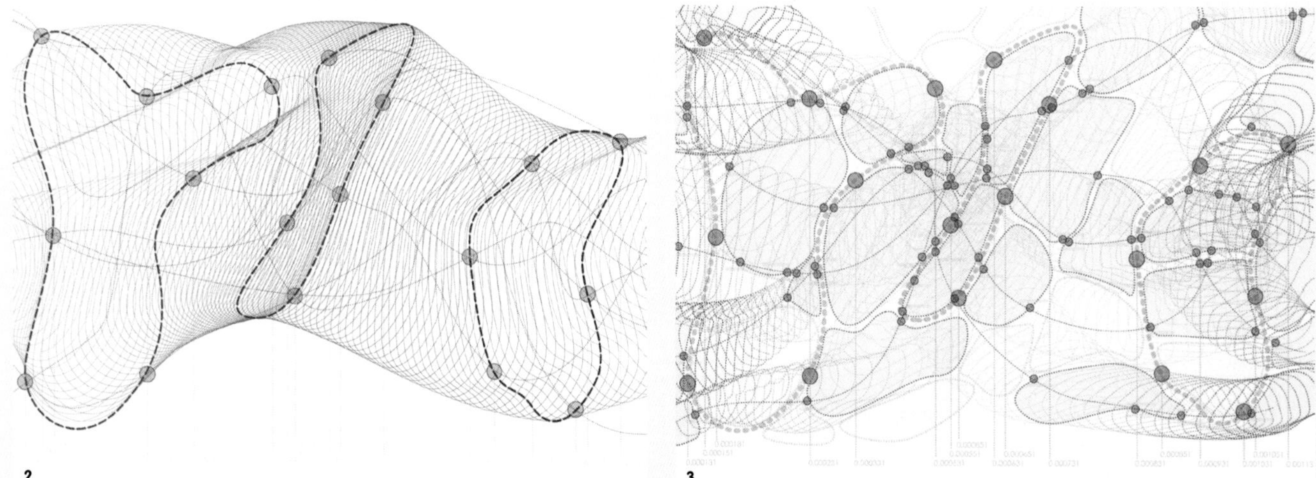

2

3

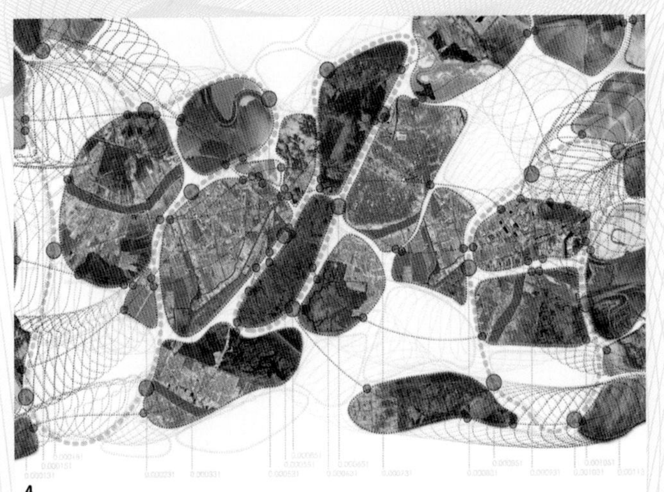
4

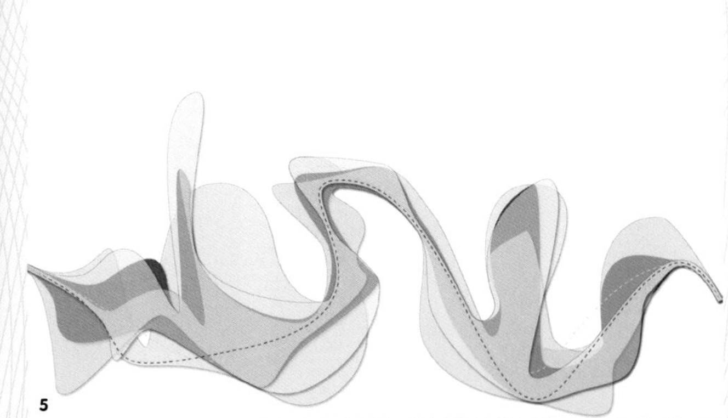
5

生态系统与机器之间的联系已经变成了设计建成环境的一个重要因素。随着我们的居住环境在每天使用的“智能化”设备中变得随处可见，可持续发电、用水管理、生态基础设施以及其他日益涌现的环境科技应用技术都需要建立与数字技术及类似系统之间必要的联系。然而在设计中这些联系却常常被忽视，这一领域看起来似乎“缺少”科技含量，也没有与电子技术、计算机工程等技术领域建立联系。

这一项目探索了抽象语言模型的建立，并将其作为建立生物系统和机械系统之间联系的重要途径。坎特雷尔事务所重点关注如何从抽象物体中提取语言形式，并提出一种研究方法，能够解决环保科技交互界面的感应、反应、自动化、互动性等接口相关问题。坎特雷尔认为，在机械系统和数字系统之间，在生物学和生态学之间存在这样的一种语言——“抽象”能够通过彼此之间共同点的对话来解决复杂的同步模式。这会有多种多样的模式，从设计的基本模式，到混乱组件之间的逻辑联系。我们通过数据提取及抽象调控的方式来进行操作，而最终的目的是在物理系统和数字界面之间建立联系。

本课题重点调查目前建成环境数据传送的方式和方法。坎特雷尔最为感兴趣的是抽象语言具有的一种特殊能力，即其将生态/生物复杂性转化为可以轻松被环境理解的模式语言的能力。这些模式语言将会不断发展、进化，创造进化的系统来控制、修改、链接或探索生态、文化和科学。对于设计师来说，这一项目的实现过程能够提供抽象语言服务于数字化系统的最大化可能。无论是在感应性、过程化还是可视化方面，输出成果通常是模式中最为有形化的东西。

图1 单实例反馈回路
图2 多实例反馈回路
图3 现场反馈，面向对象的循环
图4 反馈字段复合
图5 复合流

3.2 环绕空间

纽约曼哈顿

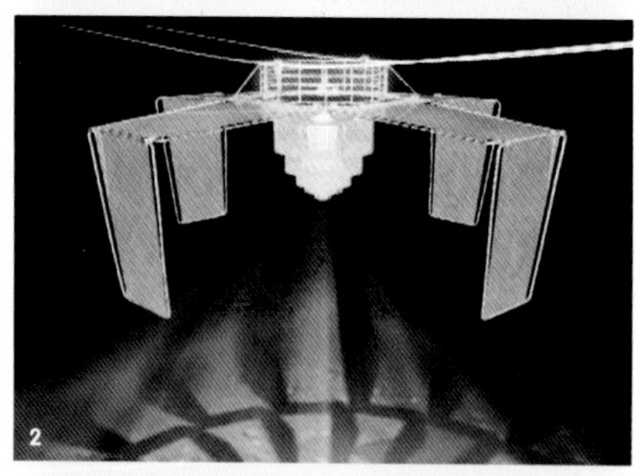

图1~图3 动画灯
图4 松树街景

坎特雷尔事务所注重景观的互动性及反应性，认为景观“装置”或“设备”应能够对周边环境氛围的变化有所响应，通过对景观装置的解构突出环境过程的概念。景观是复杂的敏感环境，被人类的多种行为方式影响及控制，因此，在景观设计中应对周边产生的影响及控制予以响应。

本项目即为充分考虑建成环境对景观环境的影响和控制，设计了一系列能够对基地条件进行反应的景观装置，反过来作用于周边的空间环境。设计拟在下曼哈顿区松树街打造一系列景观装置，这些街道照明设施可以成为一个空间环境反应网络，整体对环境变化做出反应。设计师创造了一种能够随环境变化而变化的照明装置，当周边环境风速变化、明暗变化或出现噪声时，这些灯具能够随之进行打开、关闭、收缩、扩张、降低、升高、变亮、变暗等一系列变化反应。这就是对环境变化响应的景观装置，随着时间的变化创造出一系列不同的空间形态，当环境改变，装置也随之缓慢改变以适应环境的变化。

许多装置在设计中均采用了数据采集和响应系统来完成特殊的目标。例如，当天色变暗时路灯会亮起，信号灯变化基于安装于路口的动作和重量感应器，自动门依赖传感器跳闸变化而产生开合动作。以上这些都是基本的二进制系统装置，即根据环境的刺激而产生一对一的变化反应，环境产生一个变化，装置响应做出一个反应。本案的照明装置却是通过对周围环境多种变化的捕捉，产生一系列复杂多变的环境响应——如图所示，路灯本身能够产生多种变化形式，而依据环境变化会有更多形式的变化。

这种景观的变化设计是一种空间变形的方式，灯具网络所引起的空间变化是一种街道空间比较务实的处理方式。本项目模糊了我们所感知的空间界面和景观装置之间的界限，而且，可变的灯具也增加了整个街道的辨识度，甚至是每一段街道都具有自己的特征，这一点难能可贵。

3.3 阈装置

路易斯安那州巴吞鲁日

图1、图2 安装效果图
图3 媒体板

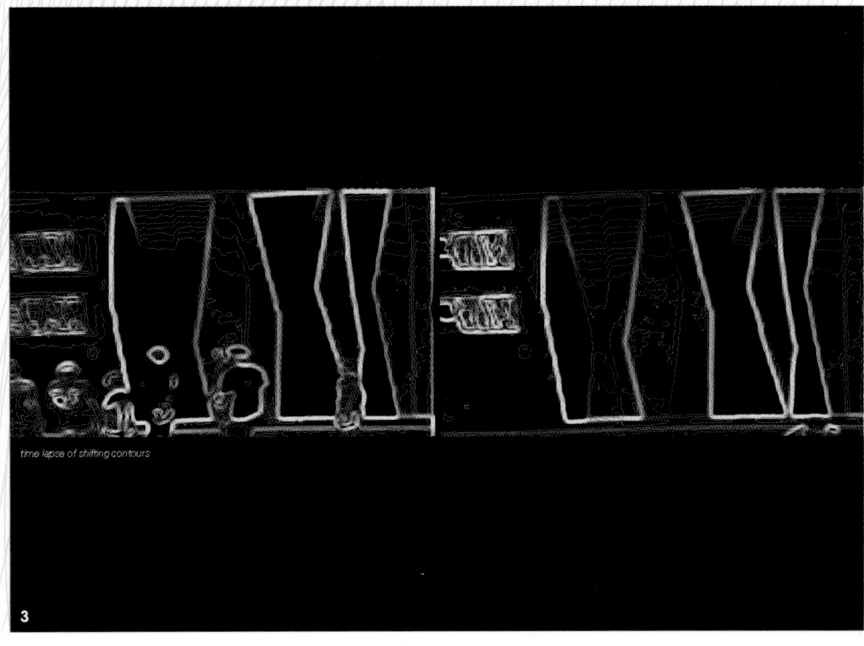

这是一个探讨交互环境如何成为景观设计新手段的一个装置，它最初安装在路易斯安那州立大学艺术及设计学院的中庭空间中，并入选2008年阿卡迪亚的八个装置项目之一，其名称为：硅与皮肤。

景观界面是一种充满了活力和动感的介质，通过侵蚀、沉积、积聚等自然过程形成其形状，基体和营养物质的相互作用也会对其成形产生一定影响。这种相互作用产生了复杂而尺度多样的三维景观界面，小到细小的泥土颗粒结构，大到巨大的山脉构造。普通的景观设计表达方式仅能表现出静态景观及尺度有限的景观，难以表达出环境与使用者之间的联系。而本案的数字实验试图通过光现象与人体尺度的相互作用作为定制和改变景观的设计表示方法，它试图突破传统的设计表达方式的界限，探究其他的可能性，并且研究我们对环境的感知是如何形成的；特别的是，本项目尝试用等值线作为表达空间关系的装置（等值线即将功能具有等值的点相连而形成的曲线）。通过将相同高度编辑成为同等数值，景观曲面通过变化的轮廓线或等值线来表示，与其他轮廓线相交后，三维表面的复杂形态就通过二维平面的方式呈现出来了。

在本项目中，等值线用来定义对比度的变化，通过这一方法能够动态生成实时变化的景观曲线。数值的变化按照真实的时间记录，用等值线表示出来——等值线距离近的表示高对比度，等值线距离远的表示低对比度。周围人群的步行流线和光线环境随时间产生变化，等值线就能够直观地反映出景观实时的影响和变化。“阈”装置由画在墙上的简单图形组成，用来表示产生基线的基准所在。图形中有12条灰白交替的条纹，产生高对比度及低对比度。一台24小时运转的小型摄像机由应用程序控制，对墙面进行不间断拍摄，从而获得随时间变化的等值线，摄像机每秒钟拍摄15帧照片，用以形成流畅的实时环境图像。

4 生态工作室

生态工作室（Ecologic Studio）成立于2004年，总部设在英国伦敦，是一家建筑设计研究机构，创建者是克劳迪娅·帕斯特罗（Claudia Pasquero）和马科·坡雷托（Marco Poletto）。公司的设计创新理念为“系统的”，认为设计应考虑生物生态、参数化和遗传学，提倡设计的构思阶段和正式表达阶段均应该使用数字化技术，从而保证方案的快速成型和推敲透彻。

生态工作室认为设计过程应基于新兴的“超现实”（hyper-realities）理念，在自然与合成的境界中不断变换，形成“超乎常规的设计”。对于设计师而言，无论是在自己的居住环境中亦或是对环境进行操控的技术过程中，生态范式思想从概念构思阶段起就扮演着非常重要的角色，它能够对现有的自然现象、自然进程、自然系统起到一定的培育和控制作用。

生态工作室的设计工具包括先进的参数化软件，例如犀牛的插件蚱蜢，Arduino程序处理硬件和软件，以及其他的一些数字化制造科技。他们的项目包括公共图书馆、私人别墅、公共园林、屋顶花园，在这些建筑与景观项目中均采用了数字化技术，以实现最佳的设计效果。

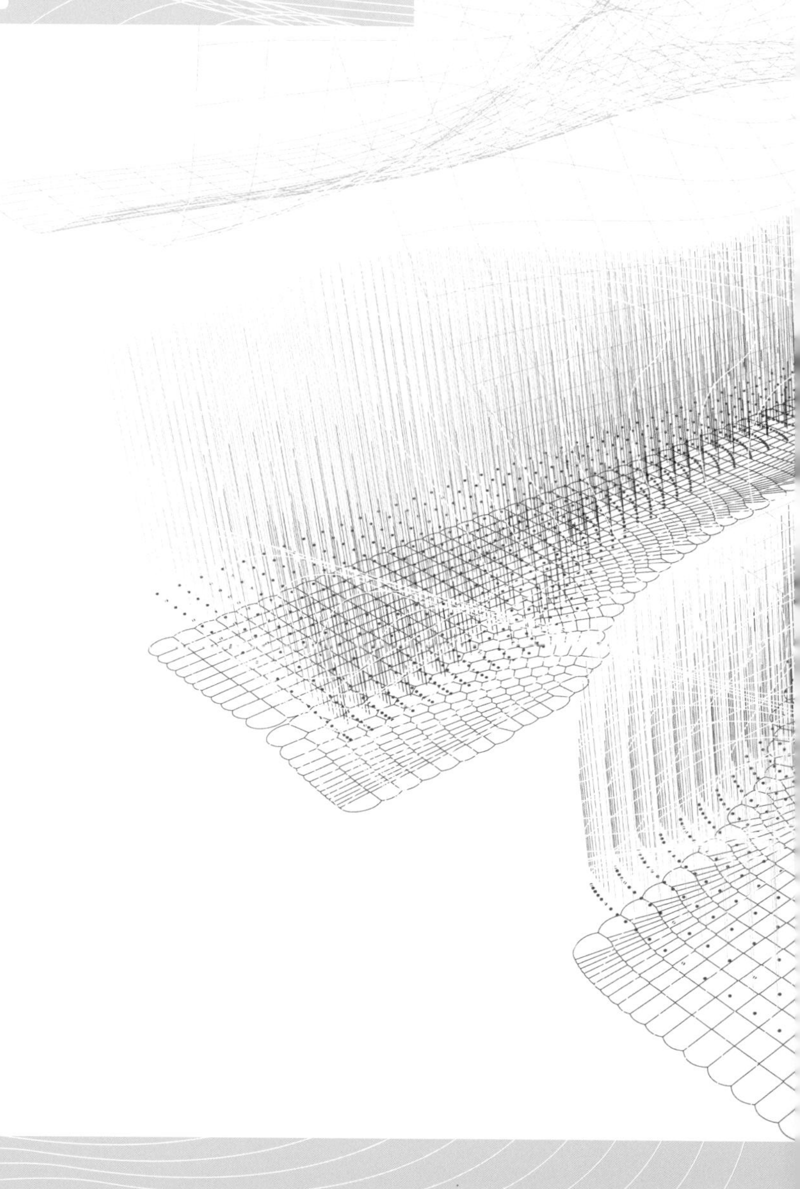

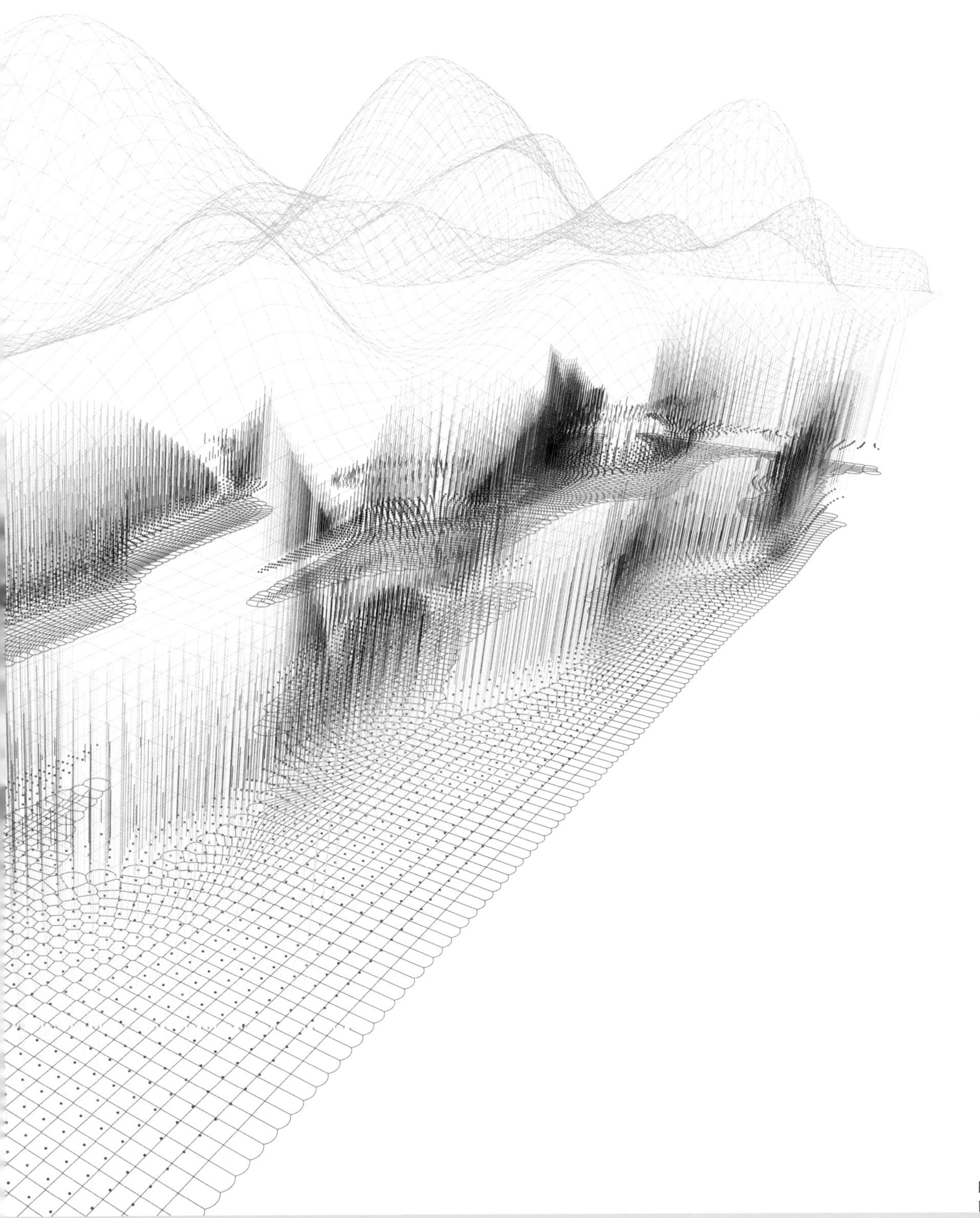

图　热带游乐场效果图，位于奥地利林茨

4.1 热带游乐场

奥地利林茨

在本项目中，伦敦建筑联盟的学生们制作了一比一的景观片段实体模型，用以证明“建筑机器”如何创造工作的快乐。在奥地利林茨艺术大学为期三天的研习会上，学生们的设计课题为基于快乐理念的景观设计。在设计过程中学生们采用了复杂的数字化技术建造参数化模型，探索基于趋光性植物或食虫植物的“肌肉系统”的概念。从这些植物复杂的结构系统中，学生们提取出三个具有代表性的，并将它们应用到了自己的设计中：

1，具有几何逻辑的纤维长丝构成肌肉系统，通过动力学建模实现了动力学的反应；

2，控制论的图表信息流动反映了肌肉系统对环境刺激的反馈及反控制；

3，混合分子或混合材料的实验组合定性了肌肉发达的原因。

学生们用这些人造肌肉的参数作为纤维系统，这些系统可以对环境改变做出反应，与人类活动进行互动。该过程通过特殊的开发和制造机制驱动，包括传感部件和计算部件。最终他们成功地制造了由纤维状的亮红色草组成的“愉快的景观”，这些景观相应周边空间环境的运动和变化。

在这个项目中学生们将设计当成生物的迭代过程，当环境发生变化时设计随之发生改变，这是一种对于行为模式适应周围环境的设计尝试，无论周边的环境发生物理上的抑或是氛围上的变化。项目所用到的材料包括蜡、羊毛纤维、高密度纸板等，用到的模型制作工艺包括激光切割和蜡加热技术，用于建模的软件包括犀牛和蚱蜢。

图1 纤维丝（细部）
图2 纤维丝原型

4.2 环保装置

意大利威尼斯

本项目为2008年威尼斯双年展参展项目，其概念为：“自然界与制造界的互动——制造人工生态”。设计者认为，自然界是复杂而混合的，是各种自适应的管理机制组合而成的，自然界发生的一切能够直接反映出人类对自然生态系统的改变及影响的程度，设计者将这种管理机制称为“环保装置”。

环保装置的设计初衷是用来捕捉能量流和信息流的反馈机制的，这些装置能够对环境变化做出反应和反馈，对人类行为也能进行呼应和反作用，这是对城市生态系统的一种全新解读。在更大意义上，环保装置能够支持不同系统之间的互动行为，包括社会的、设备的、建筑的、环境的。我们可以去感知、注册、操控这些“人工生态空间”，并且对我们生活的城市以及建成环境进行重新定义。

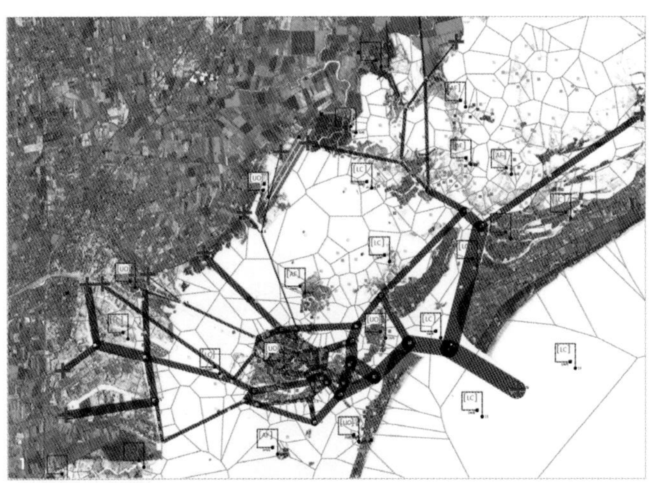

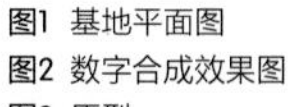

图1 基地平面图
图2 数字合成效果图
图3 原型

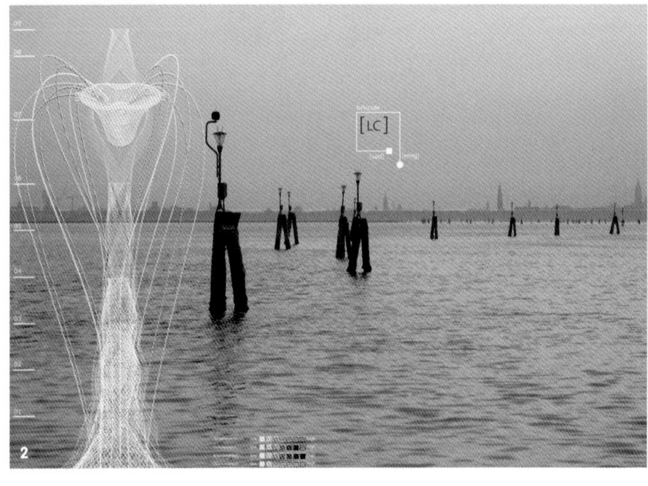

4.3 网络花园

英国伦敦

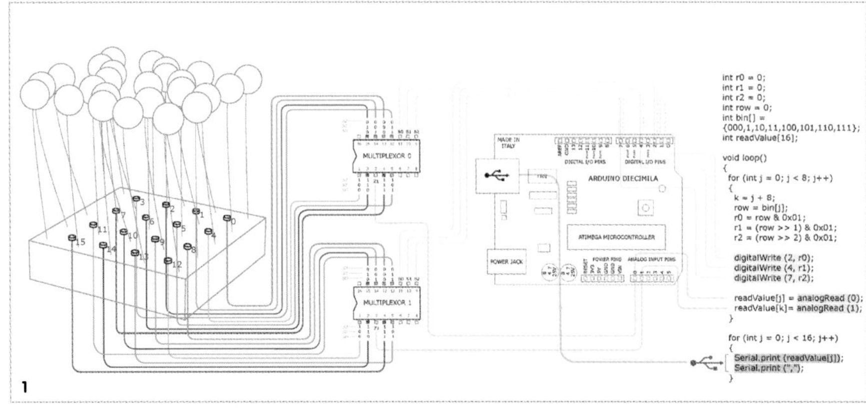

网络花园（Cyber Gardens）项目是伦敦建筑师联盟的学生们在克劳迪娅·帕斯特罗和马科·坡雷托指导下设计的“珊瑚花园”项目的一部分。学生们将设计过程当作了人造花园的“耕耘”过程，成功地用各种材料制成了多个小型网络花园，通过这些小花园掌握了光流动和能量流动形式，植物养护方式，证明了即使是在数字化抽象的花园中，生态系统仍是需要人工培育才能促成生长的。学生们设置了传感器装备的物理接口，这些传感器能够实时获取和发送信息，同时形成自己的虚拟或者数字图像。而这些实时图像通过电脑处理，能够进一步控制所有物理接口，根据图像的状态对接口的状态进行调整。本项目中，生态系统和控制方法完美地融合到一起，创造了一种花园种植的新方式。

在为期三天的研习期内，学生们一开始制作了网络花园的物理接口，这些物理接口能够对周边环境情况进行传感，并能对人类行为进行反应和互动。他们进而将设计进一步扩展，用犀牛中的蚱蜢插件创建了脚本，而后测试了网络花园的成长过程以及与花园种植者互动的成长模式，通过一系列的反馈圈将数字刺激转变为实体刺激，“从人类到机器，到计算机，到环境，再到人，到机器，如此循环反复”。设计中所用到的材料有折弯传感器、光传感器，LED发光二极管、泡沫塑料、胶合板、AD电路板、钓钩、亚克力板、水、灯。所用到的计算机软件有P语言、犀牛、蚱蜢等。

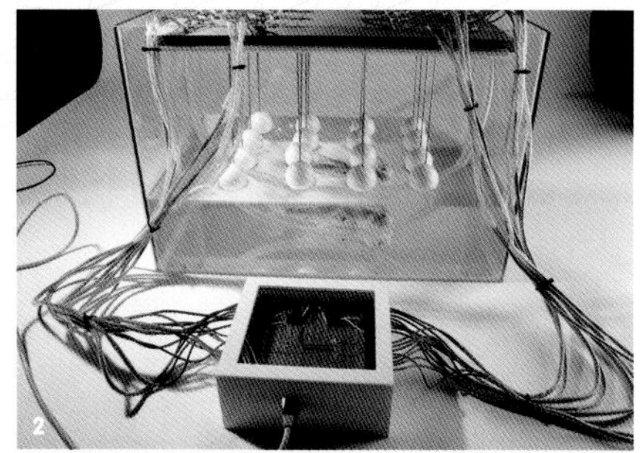

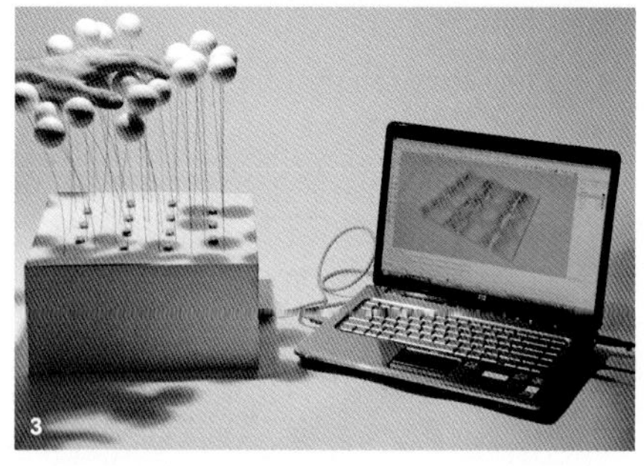

图1~图3 计算机从环境刺激中捕捉信息，而后进行采样，集中，修改，成功记录环境的变化方式。
图4 数字沉降模式

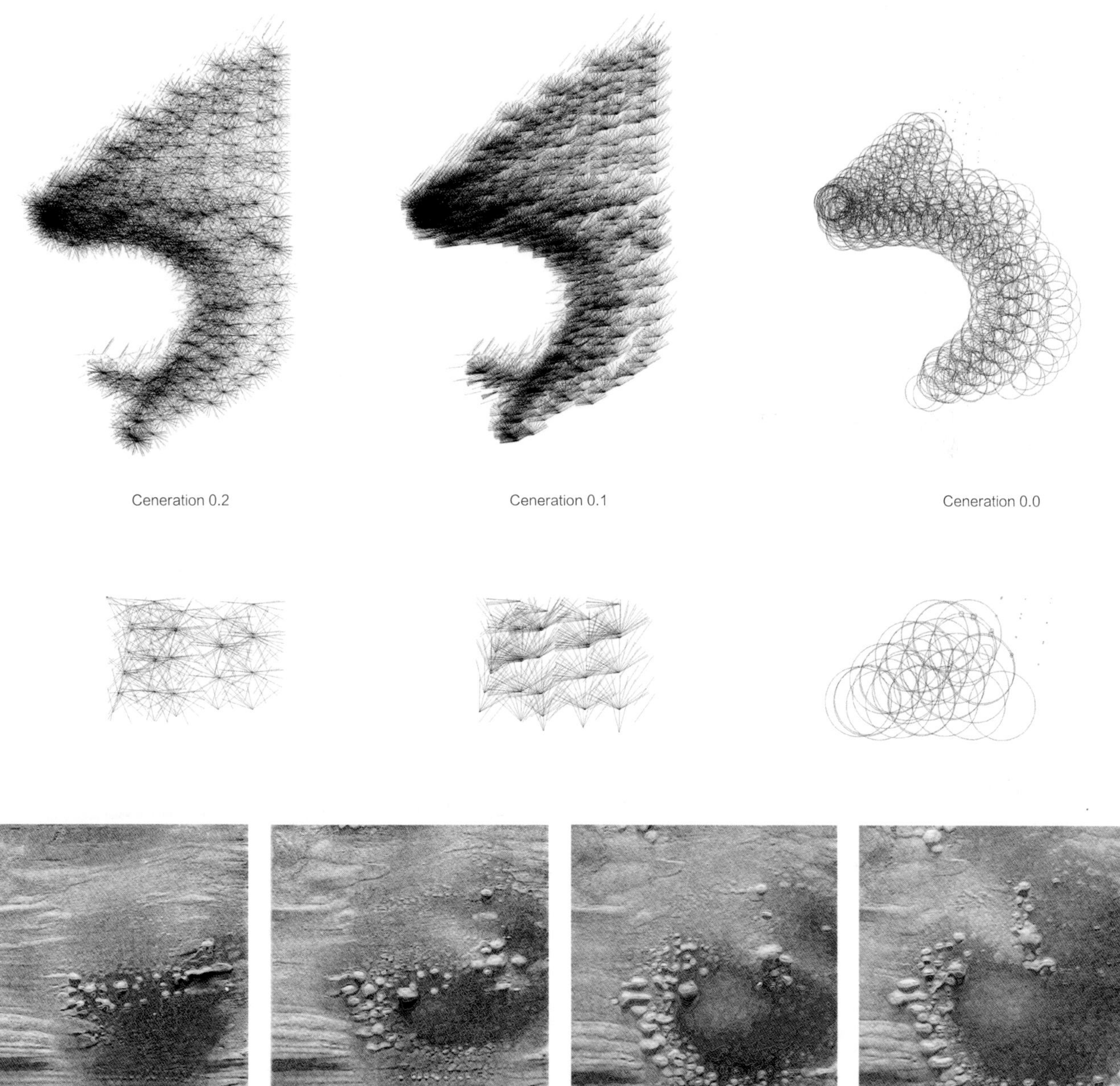
Ceneration 0.2
Ceneration 0.1
Ceneration 0.0

5
EMERGENT
公司

Emergent公司成立于1999年，由汤姆·威斯康博（Tom Wiscombe）创立于洛杉矶。该公司致力于建筑和景观项目的设计实践，公司中拥有多位经验丰富的设计师，在生产实践中倡导推行设计领域的先进技术，认为融合了技术的设计是最为科学和先进的。在数字化技术迅猛发展的当下，Emergent公司以实践中大量应用数字化技术而著称，他们认为应该将最尖端的科技、最真挚的情感、最动人的美学共同融入景观和建筑的设计中，以形成既富有理性又蕴含情感的设计方案。

Emergent公司很多项目的设计理念均来自于自然生物过程，这一进程依赖于周期性函数进步逻辑，他们认为自然生物系统的结构包括在大气转换条件下的进化生态和模式选择。为了提高设计效率，Emergent公司通过使用数字化设计工具对有机反馈状态的循环过程进行模拟和复制。他们使用犀牛等参数化软件，借助这些数字化工具专门设计的工作流程对项目进行数字化的分析。设计团队推行非均质化的设计方法，认为应该结合每个项目的实际情况提供具有单独适应能力的设计方案。

Emergent公司的设计者们善于利用先进的数字化工具来实现精湛的设计工艺，模拟奇幻的视觉场景。他们常用的数字化工具包括参数造型软件、数字造型软件、三维四维工具（例如有限元素软件）、基于矢量的计算机流体动态软件等。这些软件可以帮助设计师快速实现复杂形态的建模，辅助他们进行创造性思维的表达。

图　可乐洞农贸市场，韩国首尔

5.1 可乐鱼市场

韩国首尔

可乐鱼市场位于首尔松坡区，面积约54公顷（133.4英亩），长度约1公里（0.6英里），是韩国最大的批发市场。Emergent公司与昌吉建筑师事务所（Changjo Architects）合作，设计师研究了未来市场的出路，并提出要整合城市和周边环境的方案，另外要对市场内难闻的气味以及视觉上的杂乱进行处理。设计团队也为市场采取开放式经营模式抑或封闭式经营模式制定了计划。

设计师认为设计解决方案应该是将鱼市城市化，并且强化其城市功能，“强调它在城市中的有机属性，通过在这一节点创造城市截面来对周边区域进行整体带动”。在这一项目中Emergent公司提出两个概念区：自然区和城市区。场地西侧毗邻潭河（Tan Stream），为自然区，设计了保护性湿地和休闲娱乐区；东侧是城市区，所有的物流组织和贸易功能均在此区域解决，这样就创造了密度对比强烈的两极空间组织。

一个醒目的大屋顶提供了一个半封闭的空间和一个壮观的社区屋顶花园的景观。屋顶的结构设计是一个井然有序的网状图案，网状的空间大小由下部柱网结构决定。屋顶的形态随着空间的展开出现了一些折叠、释放和旋转的变化，以一种浪漫的形态与湿地空间进行呼应。场地被划分成若干个小格子，种植了大量不同种类的植被，花卉和蔬果强烈的色彩变化为场地提供了充满活力和动力的氛围，实现了自然与人造景观的和谐共生。

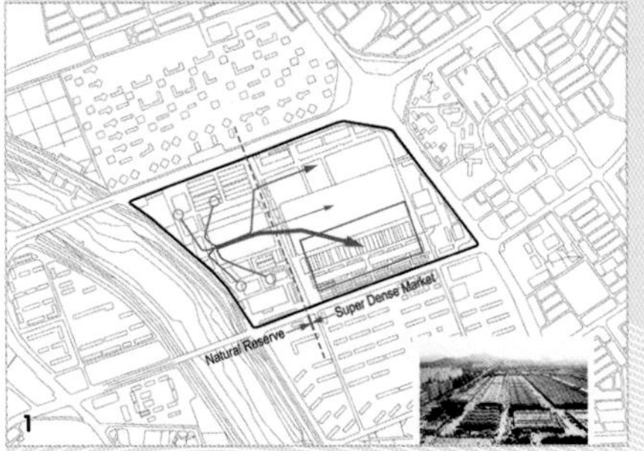

1

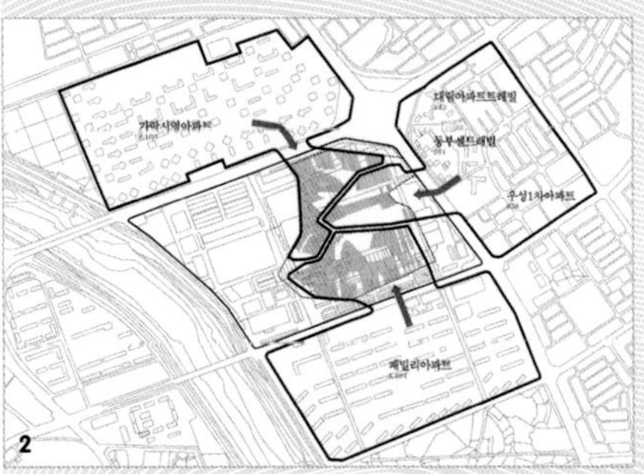
2

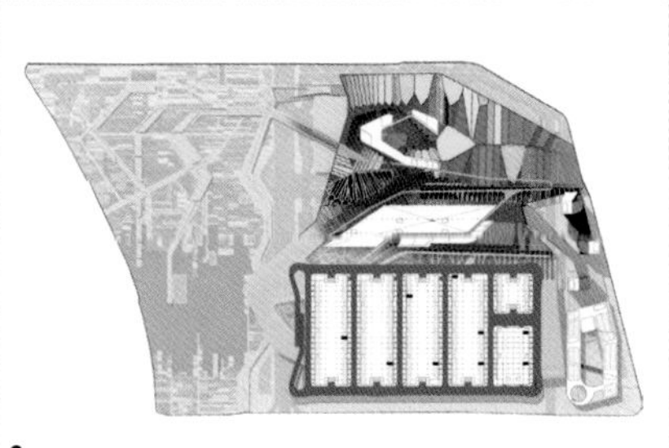
3

4

图1 湿地的致密化
图2 社区花园平面
图3、图4 平面图
图5 社区花园
图6 植被分布

5

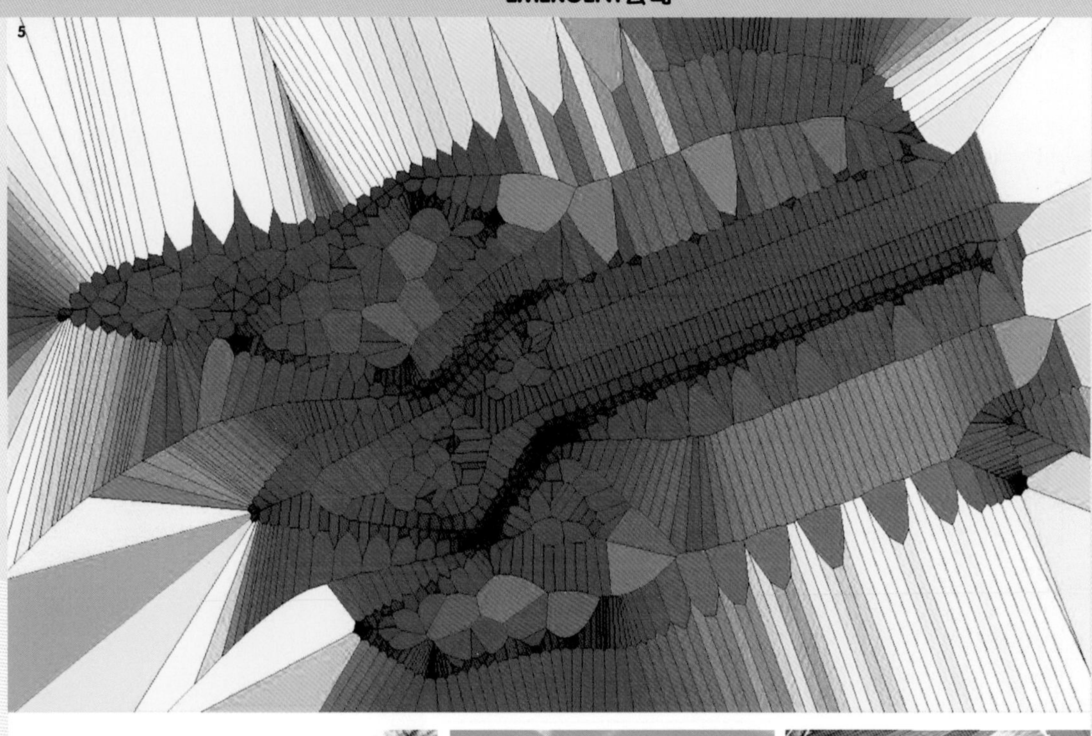

6

图1 剖面图
图2 鸟瞰透视图

5.2
原型I至III

加利福尼亚州洛杉矶

Emergent公司最近有一个新的科研项目，研究内容之一是三个相互关联的原型——窗饰玻璃、热支撑和蜥蜴面板，这三个原型彼此相互关联，它们是用来研究不同空间中空气流通方式和空间发展潜力的计算机模型。这几个原型没有使用层逻辑，而是以块逻辑为研究基础，设计师认为它们是独立的三维模式，彼此间是完全集成的关系，可以预先装备在所有内部基础设施系统中。它们是由模制纤维复合材料和聚碳酸酯材料制成的，嵌有插座的连接和结构粘合剂，同时还配有一些更为规范的模块材料，如钢板等。它们的特点是可以进行组装，能够嵌入太阳能光热和光伏发电系统，藻类光生物反应器细胞，辐射供冷系统和灰水收集系统。

窗饰玻璃在现代建筑中充当着彩色玻璃的作用，这是一种聚碳酸酯的新材料，它不仅仅是一种新的应用技术，同时还具有一定的实用功能，既能起到美化作用，又能起到功能作用。在Emergent公司的实践中，他们采用热支撑结合焊接板，采用钢梁与纤维复合材料外壳，内嵌太阳能热窗饰；而所谓的蜥蜴面板，也称为灰水面板，是一种用来表达结构构件和机械构件连续性的拼图拼插系统。

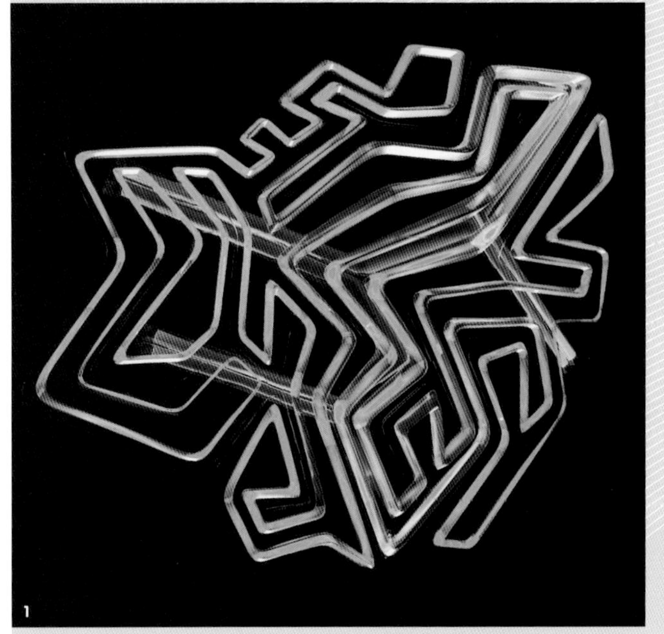
1

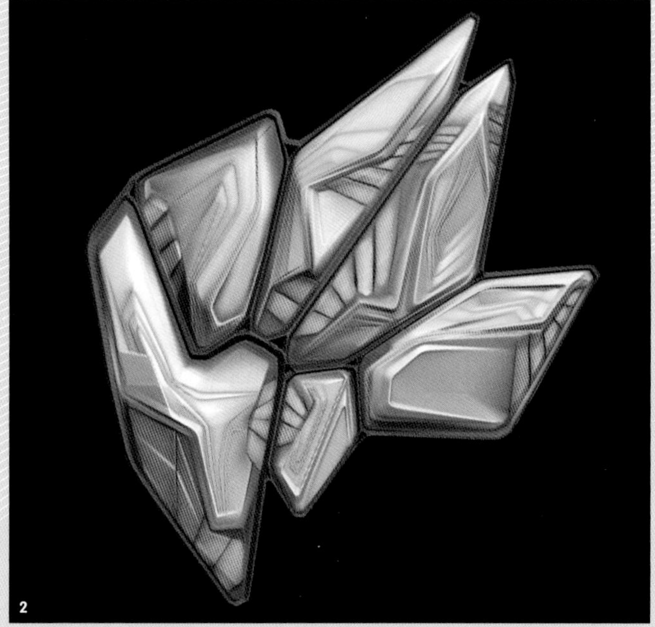
2

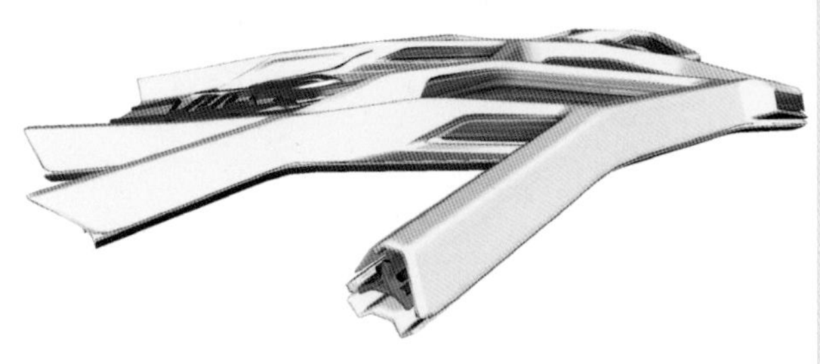
3

4

图1和4 蜥蜴面板
图2 窗饰玻璃
图3 热支撑

5.3 帕斯光生物反应器

澳大利亚帕斯

1

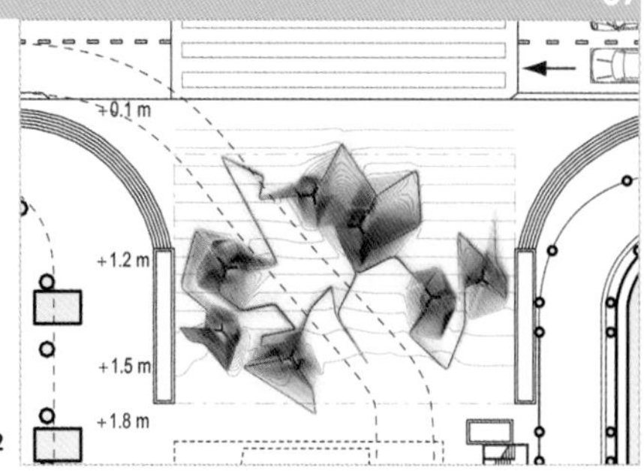

2

帕斯光生物反应器是一个公用艺术作品，是Emergent公司为避免传统样式的艺术设计而进行的一次尝试，它常常与大型的现代表达形式息息相关。在这一艺术装置中，设计师采用了九个光生物反应器，它们通过交互的高科技系统和低科技系统进行能量收集，例如油之源公司发明的发光照明系统和光和螺旋系统，以及编织成花纹装饰电子窗的薄膜太阳能晶体管系统。

光生物反应器的外壳是纤维复合式结构，形态上呈现打褶的样式能够令这种结构具有一定的刚度。这种外壳采用聚碳酸酯材料，这种材料本身呈透明性，允许太阳光的透射，同时也能够对结构内部的运动构件起到一定的保护作用。外壳内部是含有绿色或红色的藻类群体的透明亚克力线圈。藻类光合作用的前端需要二氧化碳，而后端则会产生生物柴油或氢气。利用这种原理，这一设备能够去除大气中的二氧化碳，在一个封闭系统中集成能量，并将能量释放到整体的网格系统中去。

这样做的好处是，整个设备的运行过程可以在阴暗或者完全黑暗的环境中进行，通过在每个藻类线圈内设置灯光螺旋系统就可以保证整个运行过程不间断地持续运转。这些照明系统可以由并不明亮的日光触发启动，而后就能够一个接一个生成万花筒一般的彩色光以及光彩炫目的藻类。我们可以将这一研究成果作为一项成熟技术应用到城市环境的照明中去，它能耗低，能够方便地为行人提供照明系统。这一照明装置所需要的电力可以由嵌入在透明聚碳酸酯板上的太阳能薄膜晶体管系统来提供，我们可以在白天对其充电，当夜晚来临时这些装置就能够为城市提供美丽而温馨的光环境。

3

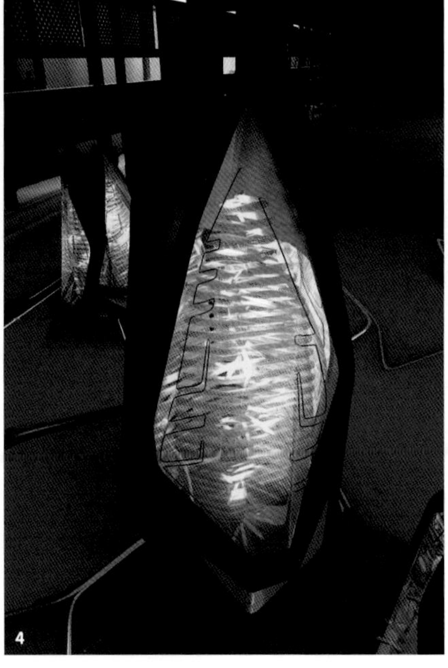
4

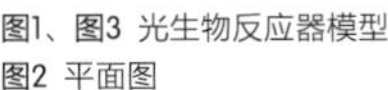
图1、图3 光生物反应器模型
图2 平面图
图4 装置

6 弗莱彻工作室

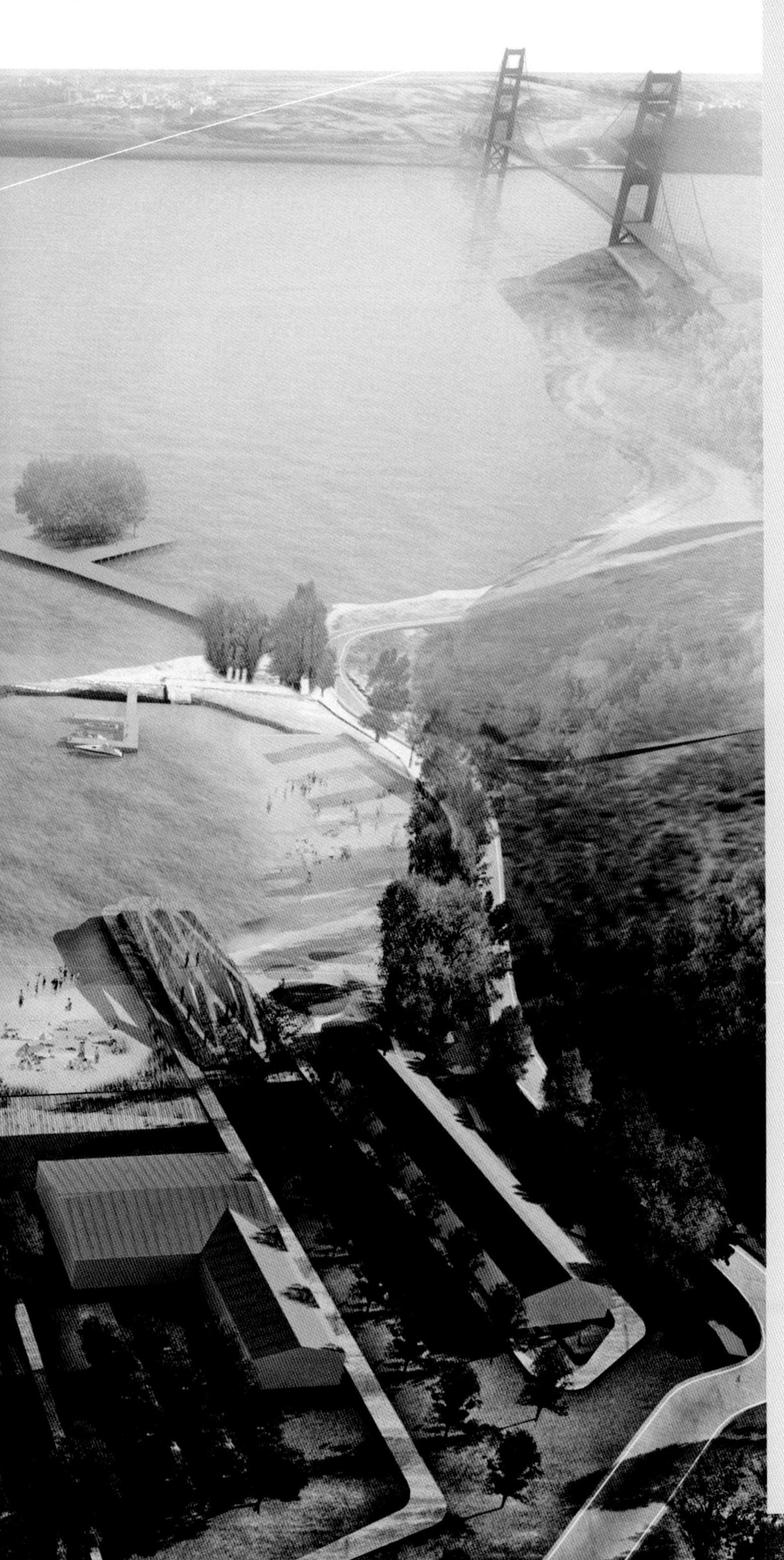

图 马蹄湾，马林海岬，加利福尼亚州

弗莱彻工作室总部位于美国旧金山，2004年由大卫·弗莱彻（David Fletcher）创办。公司致力于进行数字化技术的探索和实践，从而探索景观设计的复杂边界。弗莱彻是南加州大学景观建筑学院的教授，他在城市生态学、替代交通网络、绿色基础设施、现象学和后工业都市生活等领域进行了大量的研究、考察和设计实践。

弗莱彻工作室的设计师们非常乐于进行参数化设计，他们经常使用犀牛、蚱蜢和犀牛脚本等数字化软件。通过数字化技术的使用来进行设计方案复杂形态的推敲，以及对布局和功能的调整，可以进行电脑渲染、图像模拟和多尺度上的精心计算。对于实现空间设计方案的细部推敲以及研究方案与周边环境的关系上，这些数字化技术能够为设计师们提供有力的支持。设计和规划的解决方案来源于设计师与使用者的互动，与设计进程的互动，与城市历史的互动，与城市法规的互动，与经济环境的互动，与生态环境的互动，这些场地独有的特性将从根本上决定设计方案的与众不同，决定其唯一性和排他性。

在弗莱彻工作室，数字化技术的设计实践帮助设计师们更好地理解空间形式和生态环境，从而帮助他们对方案进行更深层次的推敲和探寻。他们常用的软件包括3D Studio MAX，谷歌SketchUp和犀牛，这些模型软件通常都是用来对方案形态进行实验以及对设计概念进行测试和推敲；另外还会采用Maya软件对特殊形态进行整理，使用Adobe Illustrator和Photoshop进行图形图像的修改。

6.1
马蹄湾

加利福尼亚州马林海岬

1

2

在过去的几百年间，坐落于加利福尼亚州马林海岬的马蹄湾经历了各种巨变，包括空间上、形态上和生态上的变化，这些巨变使马蹄湾逐步成为这一地区最重要的文化、教育和娱乐中心。该项目位于马蹄湾，是对水岸系统的再度开发和空间修复。因此，他们的设计理念定位于通过整合场地来形成动态的、综合用途的整体方案，从而形成相互融合、相互交错的景观设计方案。

设计方案将场地放置在旧金山湾整体的景观体系中予以考量，场地与周边环境的关系正如互相交握的手指一般，相互交错、相互依存。弗莱彻工作室的设计师们与来自梅特赛斯工作室的设计师通力合作，通过先进的数位技术尝试将海洋与陆地进行多种形式的串联，并且通过多方案的比较来确定与设计理念最为接近的最终方案。在定稿方案中，陆地被置于海洋之中，海洋被引入陆地里面，二者和谐共处，相互交融。海岸线的整体形态被保留下来，但在此基础上设计师们创造出了富有动感而又富于变化的水岸空间。

设计师们运用犀牛软件对方案的复杂几何形态进行了多次的推敲，而后他们增加了水岸空间整片区域的面积。叠合的海岸线使海陆交互的连接点成为基地核心位置水体循环的中心。通过数字技术的设计实验，方案采用了蜿蜒的、呈几何形态向四面延伸的步行系统，它与基地周边的场地特征相连接，成为有机的联系廊道。场地内部突出的褶皱包含着场地内的主要功能空间；场地高差构成的空间可以用来作为垂钓防洪墙，还可以兼做室外剧场空间，这条高起的曲线将整个基地串联起来，并且重新配置了不同的活力空间。从地面缓缓升起的地景褶皱内部暗藏玄机，这里设置了国家公园的游客服务中心、商店等功能空间，同时也配备了园区内自行车及船只租赁和维修的设备空间。

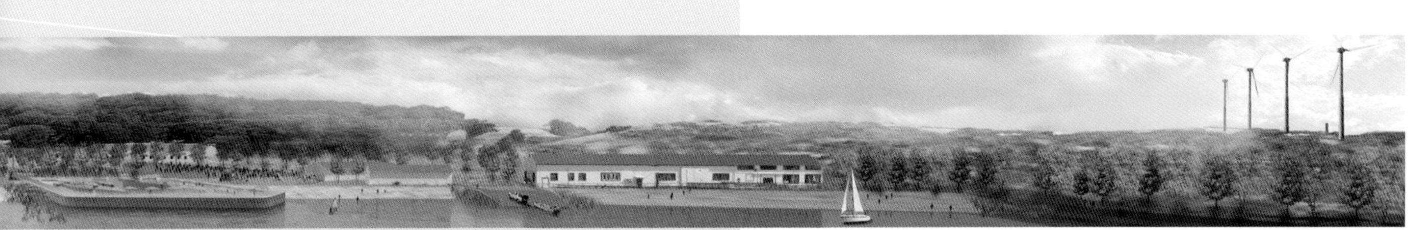

图1 场地长向剖面图
图2 完2项目的计算机渲染图
图3 整体平面图

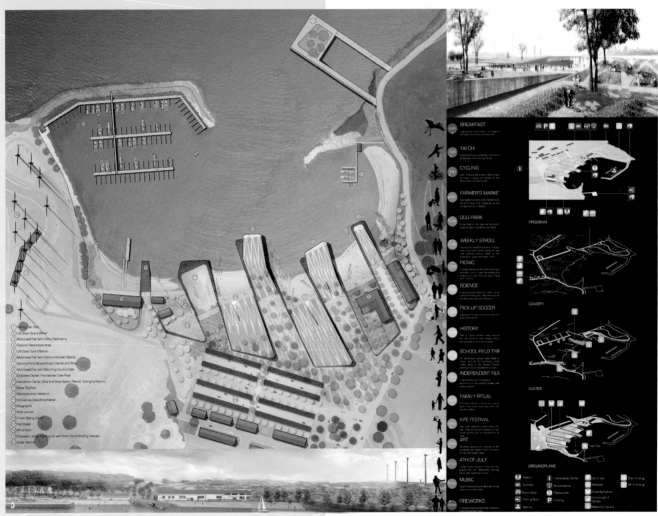

6.2 波兰历史博物馆

波兰华沙

图1 博物馆合成效果图，背景中标示出高速公路与项目整体的空间关系
图2 新公园的整体鸟瞰，将公园区域与娱乐区域相整合
图3 项目鸟瞰合成效果图，与场地原有公园和水体的相互关系
图4 历史地标网络和运动向量生成图

新的波兰历史博物馆项目位于一条现有的高速公路上，这条高速路两侧是城市中现存的古城堡和植物园，设计方案需要重点考虑高速公路与场地的相互关系。场地原有功能是具有农业属性的社区公园，新的景观方案将取代这一公园，释放更多的公共空间，为公众提供休闲场地。

本项目中还包括一个水资源综合管理系统，它可以用来收集、存储雨水，并对其进行净化处理，以便对其重新利用，经这一套系统处理的水体可以作为清洁水源进行使用，有效避免未经处理的污水直接流入相邻河流。设计过程中建筑师应用了多种数字化软件，对方案的整体几何形态、空间形式、功能设置和整体集成进行了深入的推敲。在犀牛等模型软件中，设计师可以轻松地实行模型的拉伸、缩减、重新塑形，也能够非常容易地对方案中多样的空间进行连接，以灵活地实现对方案的改进。

1

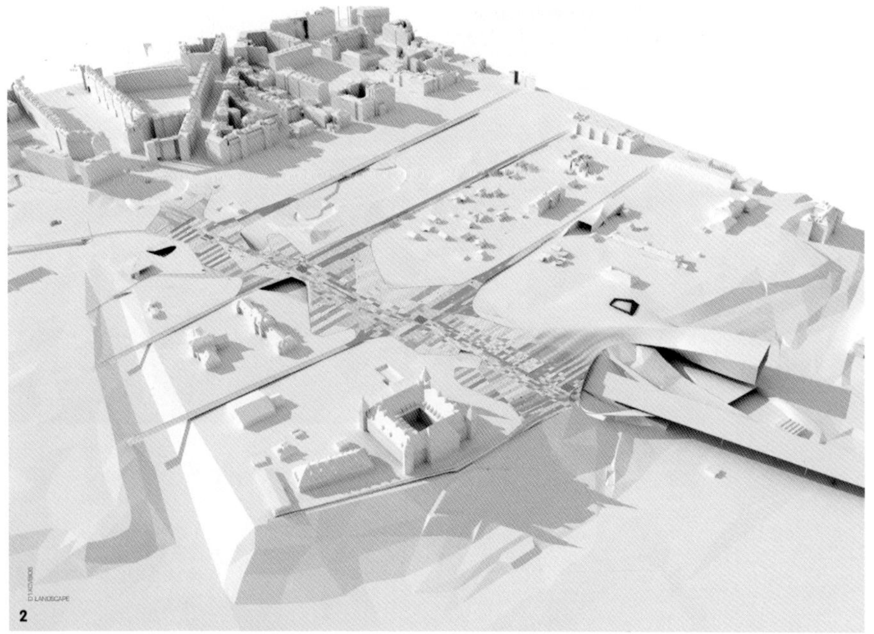
2

3

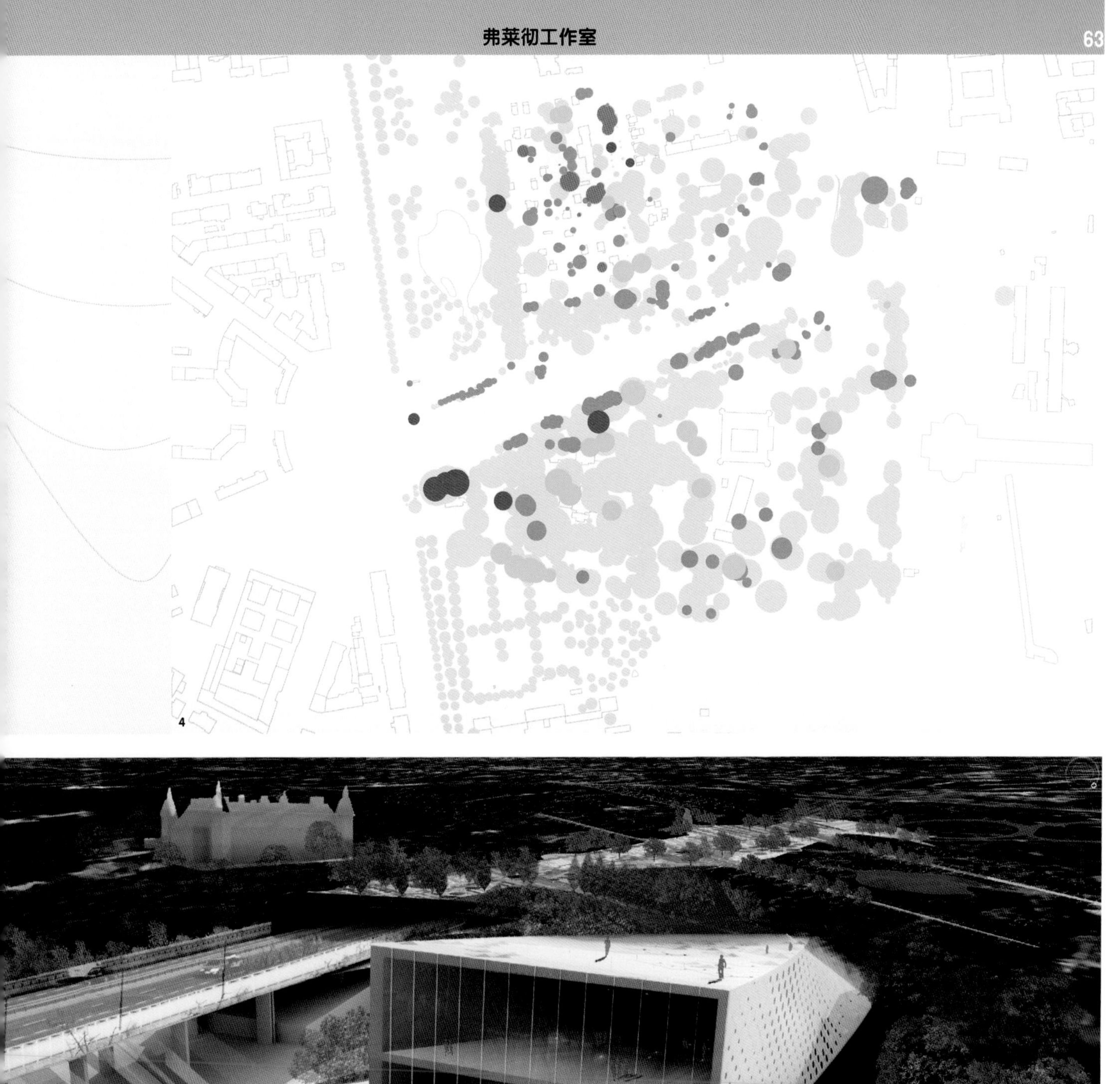
4

7

弗赖斯兄弟公司

弗赖斯兄弟公司由纳丹·弗赖斯（Nathan Freise）和亚当·弗赖斯（Adam Freise）兄弟共同创办，他们经常使用数字化技术来制作高清视频、计算机图形和多媒体影片，用来对设计方案进行成果演示和叙事性表达。弗赖斯兄弟的作品非常强调设计科学和视觉表达之间的联系，他们所受的建筑学教育对其制作的短片风格影响颇深，同时其作品中还能反映出兄弟俩对实验性环境的兴趣所在。

一般而言，弗赖斯兄弟的影像作品会从某个平面开始，它一般都是质量高清的二维图像，而后通过不同图像的转换和叠加，实现现实主义风格和电影主义美学的表达，以突出设计的主题和思想。他们的工作流程是各种数字化软件的集成与组合，例如通过3D MAX进行建模通过MentalRay进行渲染；他们通常将三维模型转化为二维图像，而后利用Photoshop等后期渲染软件进行处理，或者在扫描图像的基础上进行手绘的进一步修改。

2007年，纳丹·弗赖斯和亚当·弗赖斯当选“芝加哥有远见的年轻建筑师”。他们参加了让·努维尔（Jean Nouvel）组织的巴黎“明星建筑师”训练营，也曾经作为设计师和数码渲染师在几个不同的芝加哥建筑工作室工作过，积累了一定的工作经验。在未来的工作中，弗赖斯兄弟会继续探索数字技术、数字表达和影像制作之间的关系。

图　看不见的现实

7.1 看不见的现实

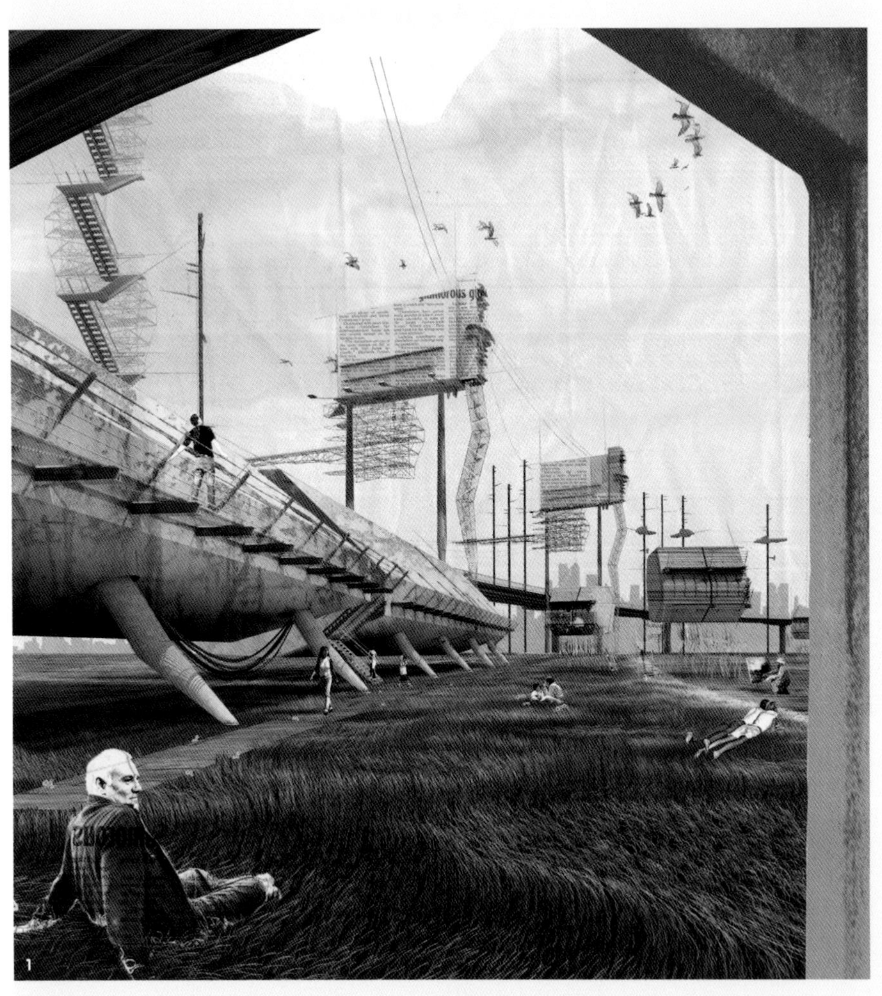

"看不见的现实"（Unseen Realities）是艺术家们在一个废弃的工业厂区中创造的一个景观艺术视觉作品。对这类废弃厂房景观设计的常见方式是将现存的景观进行重新划分和再次设计，但弗赖斯兄弟并没有采用这些方法，而是对整个厂区中的空间结构进行了重组，并对其中不合理的地方进行改造。设计师们仿佛居住在此的"居民"一般，对旧有建筑进行翻新，在垃圾场中建立起市场，利用回收材料创造出了一个完全崭新的社区。这样的设计方式使整个园区的景观保持了工业社会的原汁原味，因此在第一时间吸引了大量的市民来此游览参观。

本方案的效果图采用了数字技术和传统手绘技术的合成方式，这种特殊的处理效果呈现出两种处理方式的双重美学效果。设计师在渲染时将模型处理成灰度模式，在整体的色调上也采用了灰度模式，使数字效果图和手绘技术更好地融合在一起。在此过程中他们使用的软件包括3D Studio MAX，V-Ray和Photoshop。

图1 这个项目揭示了未来城市基础设施的建设中，乌托邦以及反乌托邦主义的可能性

7.2
倒塌的筒仓

“倒塌的筒仓”概念是设计师对于社区中废弃的粮食筒仓的一个改造设计，方案中也蕴含着人们对旧时田园生活的怀旧情绪。用数字化技术制作的效果图能够反映出这种方案的意境，并且这种“绿洗趋势”的图片风格也能烘托出设计师所强调的可持续设计的生活模式。总体来说，本项目的设计通过对筒仓的改造，创造出了一种充满诗意的视觉效果，将废弃工业元素与自然风光和谐地融合在一起，创造出一种新类型的视觉景观。

效果图中使用了多层渲染技术，将通过Mental Ray渲染的3D效果图使用二维软件进行处理，采用Photoshop与手绘图进行合成。倒塌的筒仓是在电脑中建成模型后，通过数字动态模拟器模拟其受到碰撞后倒塌的真实状态，周边的草地则是通过数字曲线系统模拟其生长效果长出来的。

图1 倒塌筒仓结构改造后充满诗意的夜景表现图
图2 数字化原型规划，绿色渲染，模拟

7.3
虚拟现实的拓扑

1

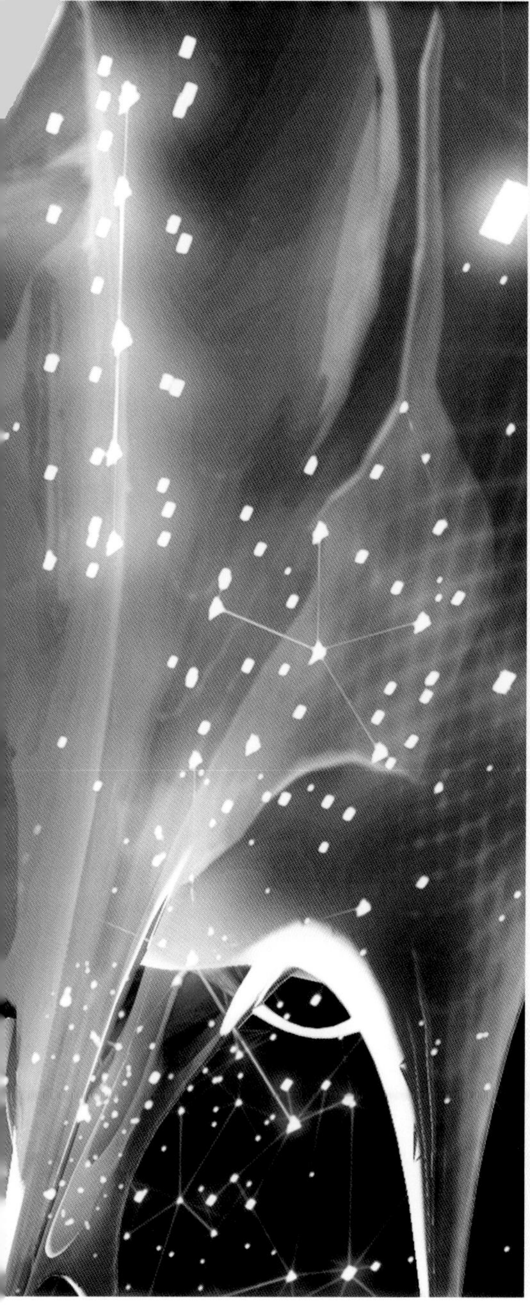

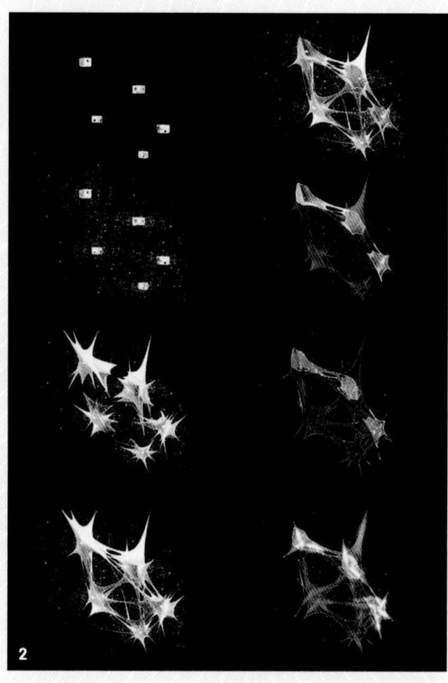

虚拟现实拓扑项目是弗赖斯兄弟对数字模拟技术的又一次尝试，其目的是重新定义人们对虚拟环境的体验方式。这个想法是为了使用多用户交互式界面来取代现有的固定不变的界面模式，使计算机模拟场景从最基本的设计环境向复杂而又多变的设计环境演变。在这种界面模拟过程中，设计师通过对多重界面的联系来创建环境，其成果通过一个“图像生成器”的插件呈现出来。在虚拟景观过程中，设计师连接不同的界面形成场景丰富的景观方案，可以将方案中不同的部分分别存储成为“能量”，这款软件允许不同的用户间进行“能量”的共享，从而创建具有拓扑形态的虚拟现实景观。

这款软件能够将用户设计的“能量”转化为触媒点，当用户将不同的触媒点进行空间上的连接时，其形成三维的图像会不断地扩张，最终就能够形成所需要的拓扑形态。弗雷斯兄弟通过一系列计算机软件的使用保证了项目整体形态的构建；通过“L—系统生成程序”来创作物体表面的框架系统，而后通过将“L—系统”中分支上不同的空间节点进行三维连接，从而创造出三维模型，以实现设计师的意图。

图1 虚拟拓扑
图2 连接的生成过程

7.4
"超级旅游"项目

韩国新万金

1

"超级旅游"（Megatourism）是弗赖斯兄弟为韩国政府提出的另一个总体规划项目。新万金市坐落于黄海海岸线上，它位于首尔以南，约200公里（124英里），黄海潮汐为这里带来大量的大海滩涂，使这里成为世界上最大的泥滩堆积场之一。韩国政府在这一地区沿海岸线修建了总长约33公里（21英里）的防波堤，目前它是世界上长度最大的海水防波堤。同时，韩国政府计划在这一地区进行一定的商业开发，因此采用垃圾填埋的方式进行海岸线的标高整理，并希望在所有开发的过程中能够避免对该地区造成生态破坏，提出在所有的设计方案中应注重对泥滩、沼泽的生态保护，并注重对当地的鸟类进行保护。

韩国政府希望通过对这一项目的建设来带动该地区的旅游产业，能够每年为新万金地区带来约1亿游客的旅游量。弗赖斯兄弟的方案就是基于韩国政府的宏观方针，对一半的规划用地进行开发，对另一半用地进行原址保留，通过时间的延续来实现场地的生态修复。他们认为应该按照现有用地的尺度，将人口密度提高两倍，以实现整体方案的设计思想。方案中容纳了多种多样的多孔结构，能够实现多重不同的功能，例如火车站、休闲公园、高架桥、酒店、公寓等。

本文插图展示出两个不同的设计方向，图1是设计师沿现有海上堤坝建造起巨大的居住区域，图3展示的是在水力发电的供应下城市与环境产生的共生关系。设计方案旨在满足政府提出的土地使用要求，同时实现规划区域内的生态平衡。设计过程中弗赖斯兄弟通过对二维模型的多重推敲形成最终的设计方案，并通过对背景的细腻刻画实现实景般的渲染效果。他们使用的软件包括3D MAX、MentalRay和Photoshop。

图1 堤岸整体结构
图2 空洞花园
图3 水电之城

7.5 Scapegote游客中心

Scapegote是一个虚拟现实的游客中心，在这里实时进行数据发布和信息网格的构建，数据信息系统的使用替代了传统中的物理操控。通过这种方式能够确保旅游区对游客接待的数据统计和宏观调控保持在一个较为和谐的水平，同时还能够实时对景区内较为脆弱的生态系统进行监测，以随时调整景区内的生态保护措施。本方案的设计目的是能够为游客提供深入了解景区更多相关知识的地点，参观者可以在这里了解到所在景区的发展历史和生态进化史，同时也能够了解到由于复杂的场地条件和周边环境的污染情况，景区的生态保护具有一定的难度，其发展未来具有一定的不确定性。

整个景区由网状的大规模图像所覆盖，这些图像能够展示出整个场地的历史和生态情况，被设计者称为“helio-展示”。设计师的想法是让所有巨大的图像能够根据用户输入信息的变化而变化，也能够随着景区内生态情况的改变而改变，以形成动态的、实时变换的图像，并且能够在终端记录下所有用户在不同时间节点的位置信息。当游客进入景区后，会佩戴上特制的场景演示眼镜，能够与后台数控中心相连，实时在眼镜中展示不同的场景信息，并且能够随着游客的移动而随时收集不同的数据向终端传输。每一个游客在景区中所经历的特殊场景、在场地游览时所走过的不同位置、所看到的不同视觉场景、所感受的特殊体验都会被记录下来存储在数据库中，而后其他的游客来访时可以随时调用之前存储的视频资料和音频资料，重温之前其他游客的体验过程。事实上，通过先进的数字化工具，对周边环境的虚拟和反映成为一种非常真实的感官体验过程，所有的感觉都通过数字化技术被强化和凸显得更为明确。设计师在设计中强调了“夸张大气”的设计目的，他们认为这样才能够突出不同的季相变化和不同的时间推移能够为游客带来的超现实观感和体验。这是一项纯粹的数字化创作过程，是对虚拟现实技术的又一次有益尝试。

1

2

footage: 03.14.06
berm patch west
northern bobwhites flocking
colinus virginianus

footage: 01.02.
berm patch west
grey birch cluster
callus ridge from frost
cracks developed between
01.05 - present.

3

图1 反馈站
图2 内部景色
图3 外部景色

8

GroundLab事务所

总部设在伦敦的Groundlab事务所是一家新兴的建筑工作室，工作室的四位合伙人分别是：伊娃·卡斯特罗（Eva Castro），霍尔格·肯尼·阿尔弗雷多（ Holger Kehne. Alfredo），拉米雷斯（Ramirez）和爱德华多·里科（Eduardo Rico）。卡斯特罗同时担任伦敦建筑联盟景观城市化项目的主任（本书第294页有相关介绍），拉米雷斯和里科也进行研究和教书的工作。GroundLab事务所以一种新的建筑实践模式探索景观城市化的发展方向，认为设计方案基于景观与城市化之间，应能够反映出当代社会经济和环境条件，他们的研究是跨学科的，他们与各个领域的专业人士都建立了合作关系。

该合伙人事务所秉承过程性、变通性、灵活性和适应性的信念，因此他们的设计都有适应更广阔环境的潜能。设计过程追求一种平衡，设计方案应该既能对已有场地周边条件深刻理解和解读，同时又能够对场地环境在未来会有何种发展进行预测。运用数字化模型，使用复杂的图表和数控制造进行辅助，团队富有远见的景观设计方式成为未来检验城市化新方式的可行性解决方案。这些参数化的工具保证了在设计过程中方案的易变性，便于设计师随时对方案进行调整，使公司可以用较少的付出获得多种方案，保证了设计过程的及时性和便捷性。

图　流动的花园，中国西安

8.1 流动的花园

中国西安

2011年，GroundLab同Plasma工作室合作应邀参加了2011年中国西安世界园艺博览会的景观设计竞标。他们的设计方案源于生态与技术的结合，将建筑与景观充分融合，产生了充满前沿性的和可持续性的视觉景象。方案包括一个5000平方米的展览馆（53820平方英尺），一个4000平方米的自然馆（43056平方英尺），一个3500平方米的广运门（37674平方英尺），它们全都位于37公顷（91英亩）的景观区域内。

总体规划设计实现了水、植被、交通与建筑之间的平衡，形成一种网状的工作系统。设计师令三座建筑最大限度地共享交通通道，在场地中央形成非常明确的视线焦点。通过通道与植被连接形成景观面，建筑在不同的地点联系紧密，产生相互联系，使基地里具备一种张力，并遍布整个场地。广运门是整个园区框景的入口，同时为公开会议提供场所。建筑与景观只是这种流动形式的一部分，在不同空间、表面以及材料等方面还有着内在的联系，形成一个集合的整体。

图1 数字渲染：鸟瞰图
图2 展览馆及周边区域鸟瞰图
图3 自然馆及周边区域鸟瞰图
图4 自然馆数字效果图
图5 整体规划图
图6 湖区上空鸟瞰图

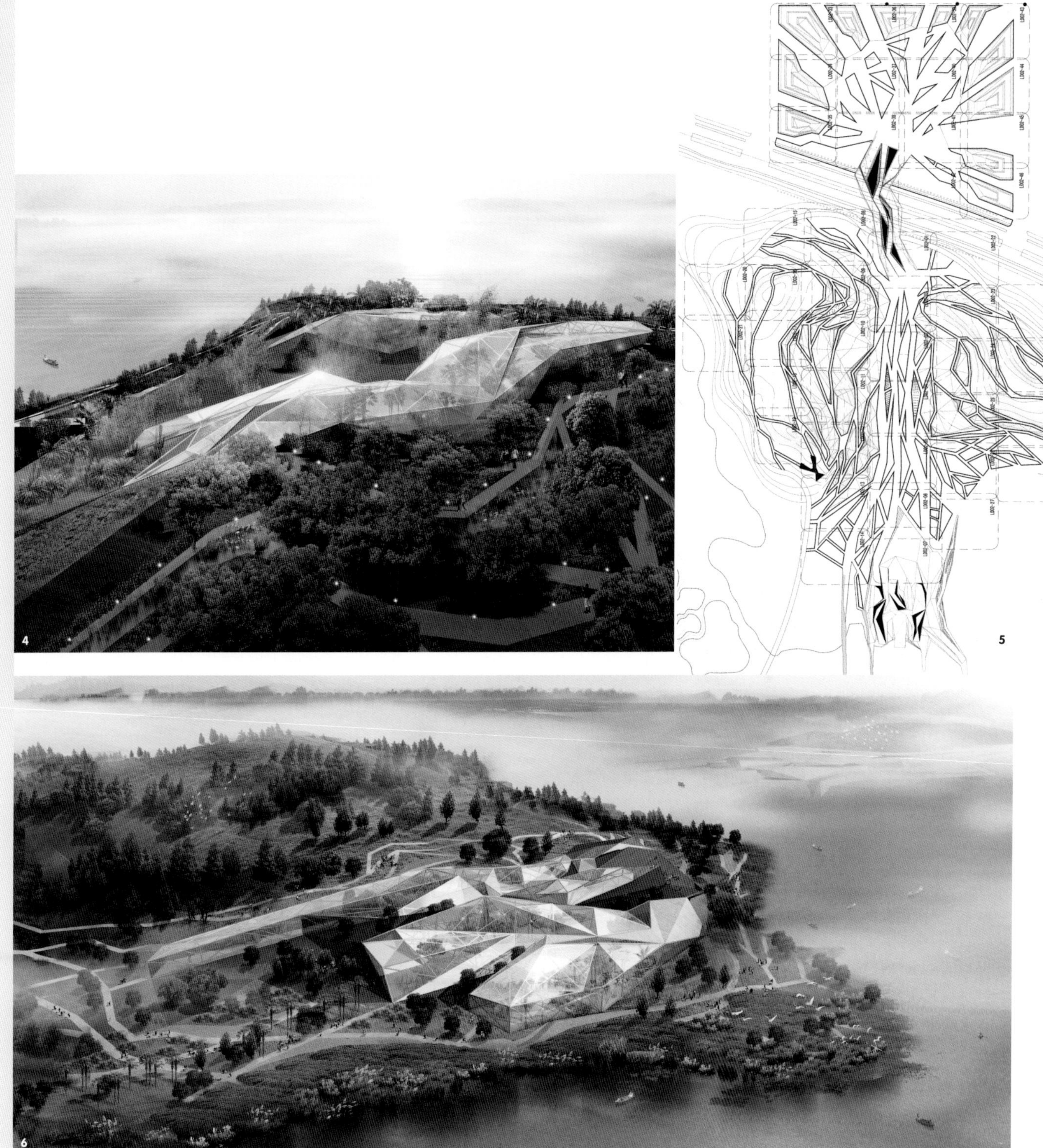
4
5
6

8.2 厚土：龙岗区总体规划

中国深圳

1

在深圳龙岗中心区的再生规划的国际设计竞赛中，GroundLab公司与Plasma工作室共同赢得了包括龙城广场在内的竞赛项目。项目位于辐射半径11.8平方公里（4.6平方英里）的城市结构中，大约拥有人口35万，其中9平方公里为新的开发区。设计采用了景观城市化的设计手法，提出了将地下空间开发与公共空间设计以及河道规划结合起来的“厚土”概念。

设计团队还应用了地面表层的概念，尝试把空间作为表面去理解和设计，使不同的方案与土地相结合，获得厚度与空间的复杂性。设计师们运用土地增厚的新理念，提出了一种混合使用方案，这一方案既是开放式的又能够适应未来基础结构发展与人口增长的变化。尽管龙岗河实际上位于该地区的中心位置，在城市与河流之间并不存在可持续性的联系，但是GroundLab的方案通过相互作用、相互联系的大型绿色系统，使得城市基础设施得以运用，并且将河流与城市相结合起来，产生了良好的景观效果，令城市空间获得再生。设计中各种基础设施将成为沿河净化治理、雨水收集和洪水防御的固定点，同时也形成了绿地、生态廊道、公共空间、运动场和休闲区。设计完美地将生态与城市结合在一起，用创造性的基础设施解决方式实现了二者的紧密结合。

设计团队在设计过程中使用了参数化模型，利用它来对方案的建造肌理进行控制，同时使用数字化工具来检测建造量。模型以一系列城市关系为基础，使城市的不同部分彼此之间相互联系。设计者认为，使用参数化设计的优点之一是用相对较小的努力就可以产生多种不同的方案，因为大多数图纸可以自动生成，而且在真正进入后期工作之前，就可以提前预估方案整体的建设量。数字化过程是密度变量与计数变量的结合，参数结合可以通过简单的控制推导出多种城市设计方案，并对这些不同形式所带来的空间影响进行比较。经过这样的方法得到的数字模型可以直接应用于效果图与最终图纸的形成过程，而其中所显示的城市建成肌理的“容量”已经在建模过程中被清楚地掌握，设计师就可以根据适合的场地来计算出未来的土地使用量。

本项目中GroundLab使用了参数化设计工具和数字化编程控制，这使得他们可以提出一系列不同的设计方案，同时也可以使团队针对不同的概念图形式进行比较。计算机生成图像可以描述景观与模型的多种重复。通过参数化过程，根据大量的建筑变化，包括密度、城市重组等等，能够迅速生成新的设计方案。当处理这些变化时，数字化软件可以提出评估选择来帮助团队选择正确的设计方向。龙岗项目中凸显出“适应性设计”的重要性，方案具备较强的适应能力，对不同变量的修改可以及时反映到方案中，并直观地对整体设计起到重要的影响作用。

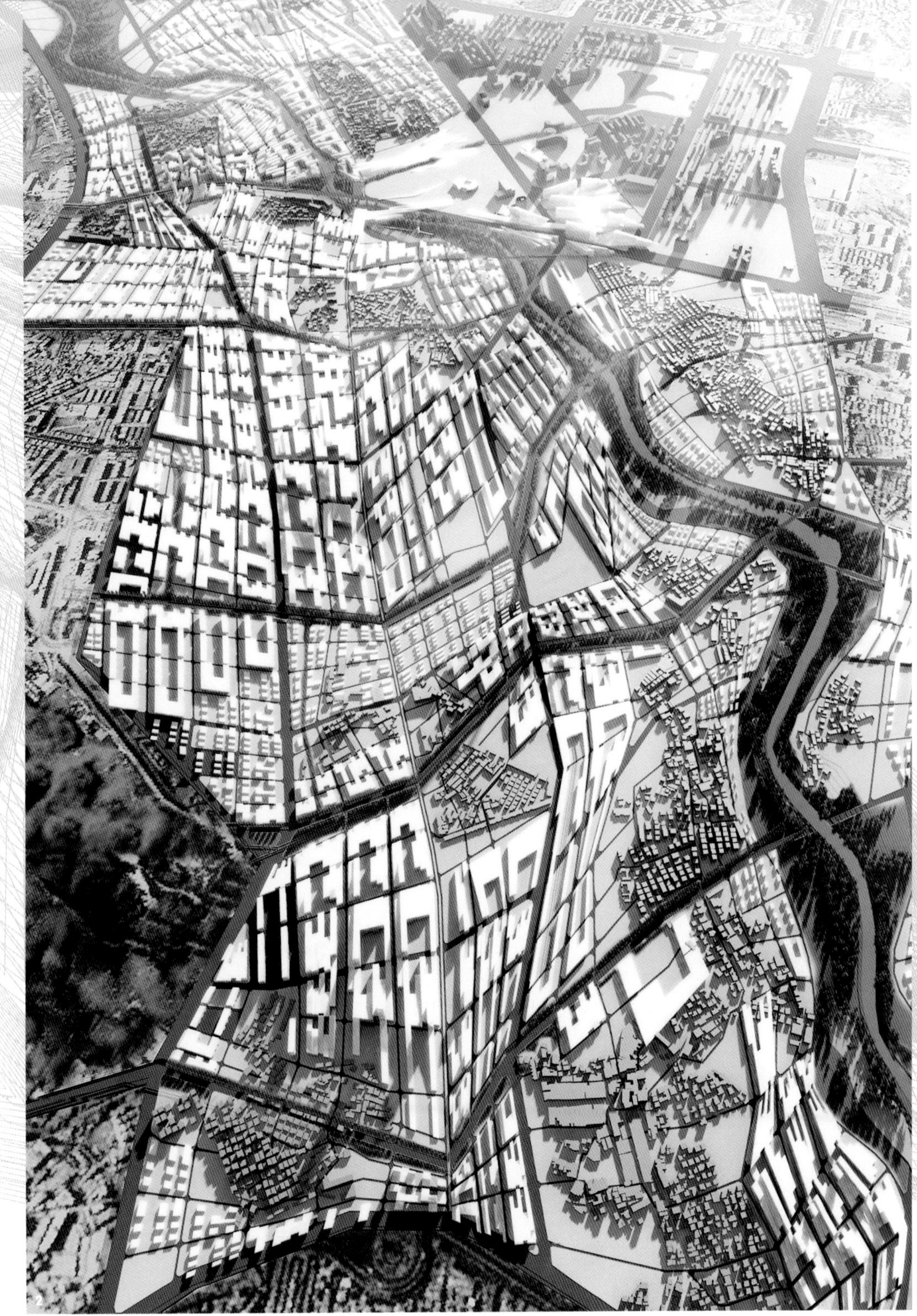

图1 数字渲染：整体基地厚度渲染
图2 数字渲染图：整体鸟瞰图

9

GT2P公司

GT2P公司全称为Great Things to People，意为“为人类设计伟大的事情”，是一家总部设在智利的年轻设计公司，主要进行参数化建筑与设计。他们的主要经营范围是借助于计算机辅助设计和制造（CAD/CAM）的设计编程。他们制定了参数化设计的使用规则和适用条件，并应用这种数字模拟实现建筑、景观、艺术和装修设计之间的可伸缩性、适应性和连通性。通过数字化编程，该公司开发了诸多具有关联性的DNA脚本组，以此实现独特的大规模订制设计的景观和建筑作品。

公司很重要的一项研究是在设计过程中引入制造技术和材料研究。通过使用先进的数字制造技术，他们推进了实验水平的新高度；通过利用脚本和在当前生产方法中限定的参数，他们优化了时间与造价管理。另一方面，设计者可以根据材料属性量身定做一种算法来设计。这需要使用先进数字参数化建模软件，包括蚱蜢犀牛、数字制造系统，如数控加工和热压成型。由此可见，数字化编程的意义在于提高效率、提高设计的生产能力，以及创造精美复杂的作品形式。

图 沟域

9.1 沟域

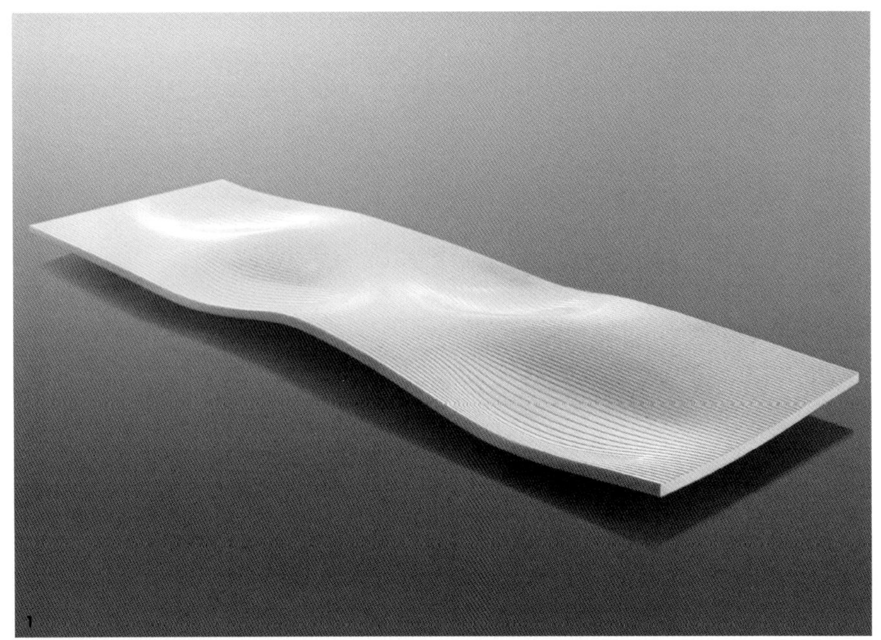

该项目研究新的“规则和定义”，在X，Y和Z方向通过相互吸引或者相互排斥的点，修改了之前限定的参数化表面。这种操作通过等参数曲线（曲线遵照物体表面的U和V方向）的限定创造了一种新的表面。褶皱的区域用参数化生成处理，可以模拟出“可丽耐条纹”表面（一种由聚合物和氢氧化铝制成的固体表面），PN点和SO原始表面之间的交互使得PO点从曲线系统的一部分中分离出来。这些点可以限定并被编进犀牛软件的蚱蜢插件里，随着输入新的数据，形式会自动发生改变。

由可丽耐（Corian）制成的褶皱区域是可通电、可导热的。它是由12毫米（1/2英寸）的低表面可丽耐轨迹创造而成的。这需要制成了低密度MDF的、一正一反的两个模块——其中一块最终被热塑形（用可丽耐做成类似三明治型）。所有的过程都进行参数化设计，满足数控机床建造的常规要求。

图1 “可丽耐条纹”模型
图2、图3 雕刻机工作过程
图4 数字模型

4

9.2
波的干扰

1

2

波的干扰是一个加热形成的背光丙烯酸涂料项目，造型像垂直流动的风景或瀑布。通过使用先进的数字化设计手法，以一些列点为基础，就可以生成由数学方程式限定得出的六个曲线组成的表面。

每个曲线是通过一个从0到n和数值范围生成的，并受X距离因素的影响。在这个范围内，正弦、余弦、正切和波的数学方程都应用到表面干涉中去。两个上曲线和两个下曲线，形成C1（曲线1）应用程序，这是通过参数化过程精心制造的。第二个中心曲线（C2）是由中心“曲线尺”衍生出来的。由此，外表面的建造由六个角链接，形成的空间有敞开空间也有封闭空间，这些敞开空间保证了光线从这一垂直景观表面穿透进来。

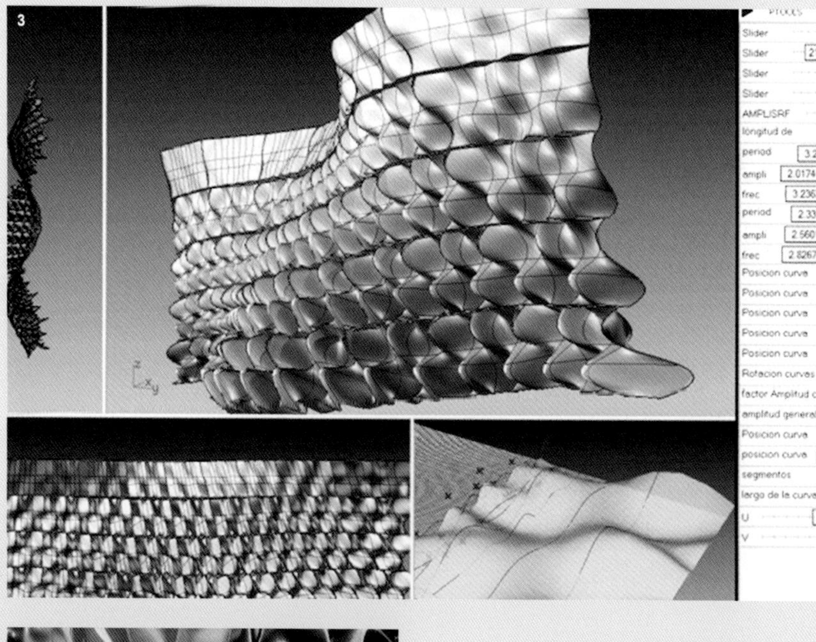

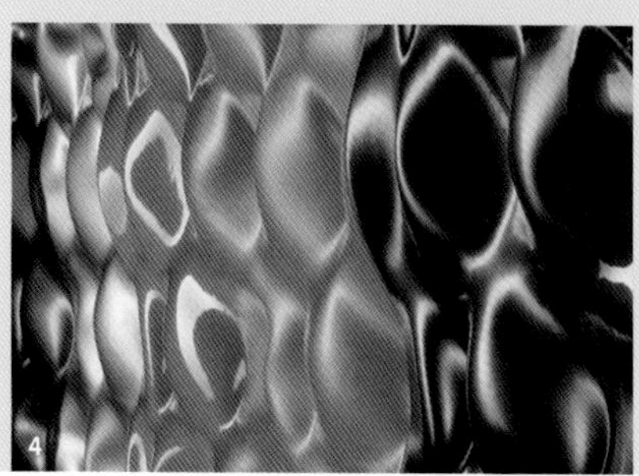
4

图1、图2 垂直景观
图3 数字设计过程：关于曲面的实验
图4 色彩实验

9.3
自行车防护所

智利圣地亚哥

GT2P接受委托为圣地亚哥市创建自行车停车棚或停车区做设计。通过研究基础设施的可实行的方案，设计师分析了三种情况：第一，他们考虑用户乘坐汽车较短的通勤时间；其次，他们核查由国家公司对所选区域第二中间站的研究中所获得的数据；最后，他们根据每个地点使用者数量的不同，考虑每个自行车停放区的造型。

设计者采用环境设计的策略，分析和认定主要的自行车道、与自行车停车区相关的基础设施（地铁、公交或公共区域），以及规划建造的自行车道。通过这些分析，选择两个主要场地进行试验并开发出两个适应性停车区：Egana广场以及Mapaocho河附近的小场地。在这些场地中，设计者选出最佳的自行车棚所在位置，考虑到可见性、入口距离（比如地铁口距离）、能够支持自行车棚短期或长期存在的不断发展的基础设施的现有能力，以及整体公共空间的提升。一旦这些因素都确定下来，那么数字软件中就会自动生成相关的数据记录，完善自行车停车区域的各种配置，根据这些配置创造出一个适应该区条件的场地方案。

屋顶的基本结构也在数字软件中进行设计，这一设计过程支持各种新增和调整。在方案的交通、贸易活动、会议空间和停车参数等方面进行修改，最终创造出一种满足使用功能的动态公共空间。整体结构是可调整的、可变化的，从而适应自行车数量以及不同的停车地点。最终的造型是由具有适应性的遮阳棚演变而来，像一棵矗立在城市景观中的大树。

图1 夜景效果图
图2~图5 白天不同时段的效果图
图6 整体鸟瞰图
图7 剖面图

9.4
葡萄藤振动

智利兰卡瓜

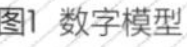

图1 数字模型
图2 夜景渲染图
图3 顶棚细部
图4 入口透视图
图5、图6 分支系统
图7 分支系统的参数化模型

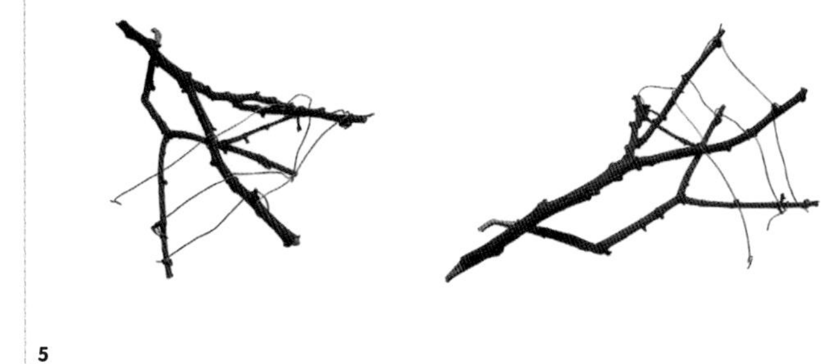
5

4

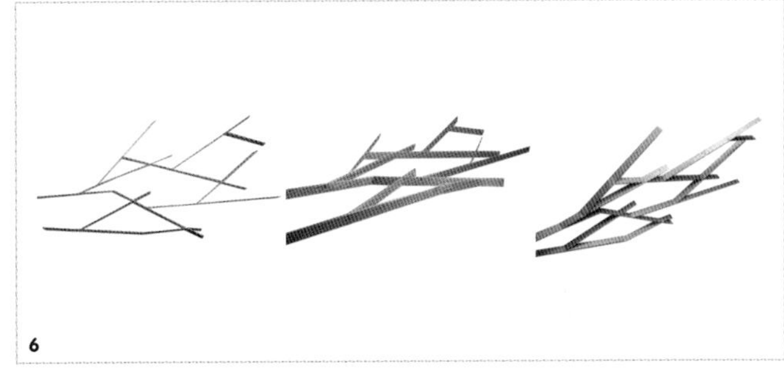
6

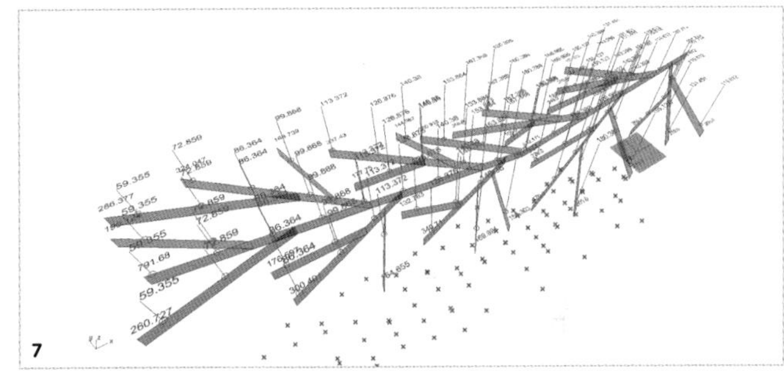
7

Grapevine Vibrational（葡萄藤振动）是位于智力西部的兰卡瓜市保健中心入口设施，该项目因将艺术作品与建筑物的公共空间相结合而在竞赛中获奖。设计师们对场地进行分析，将资料通过蚱蜢软件进行数据还原处理，由此使得场地的各项限制条件变成一种物理性数据。接下来设计师使用数字化工具将这些数据加工成一种优雅的、交互式的网格系统，提供两种不同的空间体验：通过处在不同位置的一系列的悬挂结构创造的有机增长模式；由精细结构引起的风振动。

设计师通过模拟葡萄藤增长的一系列模型的建立，使艺术品有机地联系起来，形成网格结构系统的一部分。树叶随风飘动，通过巧妙雕琢的水晶球反射周围太阳光的颜色，整个空间创造一种宁静的“通道”体验。这些颜色也象征着不同的叶子在场地上的色调。设计师在蚱蜢软件中设置“限定”，可以用参数表示结构的生长，限定树干、树枝和树叶，并兼顾到大楼的入口空间。这些限定模仿藤蔓的分支结构进行建模。对于树叶，设计师们在蚱蜢软件中设置了另外一种限定，可以在之前建立的模型表面规定元素的密度、空间、吊钩距离以及网格薄板的方向。

每一个蔓藤的分支数量、框架结合类型，每一个水晶细胞垂饰，包括缆线的长度都经过精细的参数化设计，明显地减少不必要的浪费，使项目保持较低的预算。

10
保罗·格雷罗

保罗·格雷罗目前是位于里斯本CLCS建筑师事务所数字概念实验室的主任，对先进的数字化建模较有研究。他在数字模式下努力寻找理解与创造建筑与景观空间的新方式。他的作品受到由自然、生态、生物与环境的启发，以生成和参数化设计模型为基础，重点放在形态策略和仿生逻辑方面。

格雷罗的研究也涉及人工智能，增强现实和元宇宙的关系。通过动态的数字化设计过程，他开发了遗传算法和被动环境，逐渐形成已有环境和提出的结构条件之间的关系。当开始设计一个项目，格雷罗会收集场地信息，包括图片、统计资料、历史、文化、地理和气候数据。图像会通过OpenOffice Calc软件的数字数据进行命名，气象数据则通过Autodesk Ecotect进行分析。所有的数据都会被收集并合并到OpenOffice的数据库，所有信息将通过3D建模进行数字化处理。

格雷罗采用先进的计算程序和软件，包括Cinema 4D、犀牛蚱蜢的生成引擎、Blender，Python和Qhull等软件。表面和多重曲面被建立为NURBS曲面模型，在编辑与雕刻之前用HyperNURBS进行修改。然后数字模型的实体输出由减法和分段的方式创建，并运用数控机床进行处理。

图 群落环境：共生掩蔽所开放的可能性

10.1 群落环境

共生掩蔽所开放的可能性

图1 设定多孔面
图2 多重曲面内部的结构空间
图3 为了采光和通风而开敞的立面局部
图4 珊瑚状的建筑外部形态

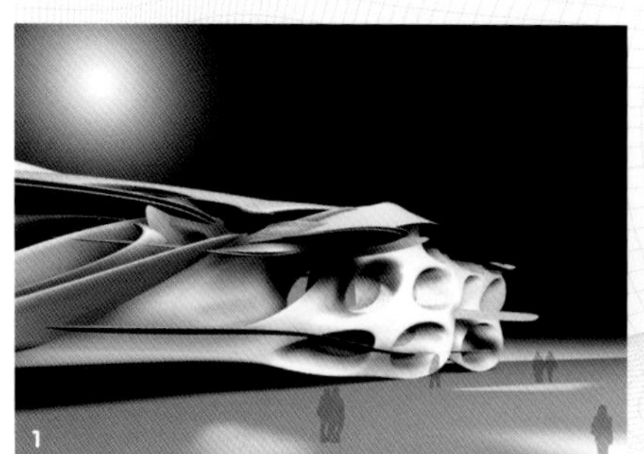

受大自然的启发，生态单元项目的基本概念源于小而多孔的岩石和珊瑚，它们为活的微生物和小动物提供栖息场所。一个建筑或一处住所，能够控制遮阳、光照、温度和湿度的水平，和生物体的那种栖息地类似；这是空气压力与结构之间被动适应环境的一部分。基于先进的遗传算法，生态单元将能够运行并管理内部空间和外部环境之间的关系。格雷罗运用先进的技术和软件，包括Cinema 4D、犀牛和计算机数控输出。

主体结构被建模在同一个NURBS型多重曲面，室内空间和多孔状的开口由HyperNURBS修护软件雕刻。功能通过外部多重曲面结合并融入进内部空间，创造一个统一、多孔的生态单元造型。物理模型则是在犀牛软件中建立切分生态单元，利用减法方式在数控机器中将模型分成若干节段生产。

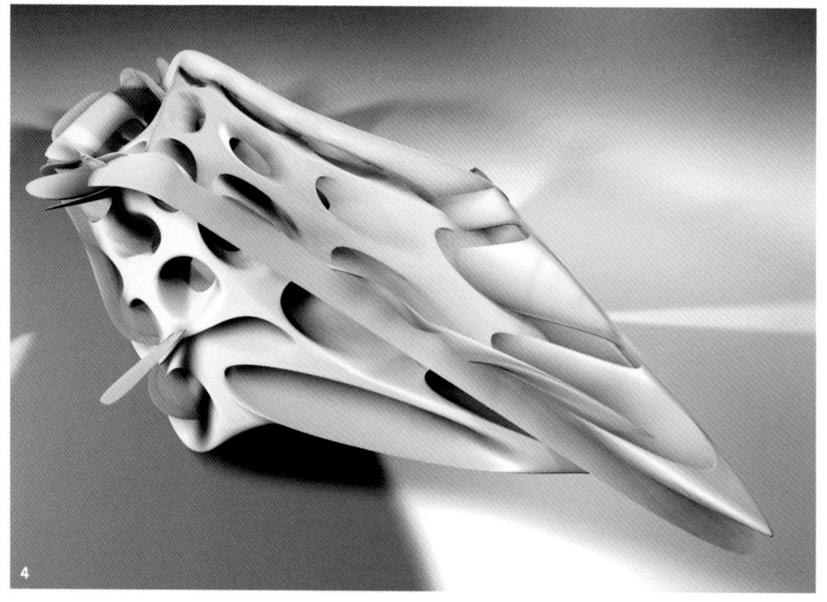

10.2 分形网格

从拓扑模型到分形领域

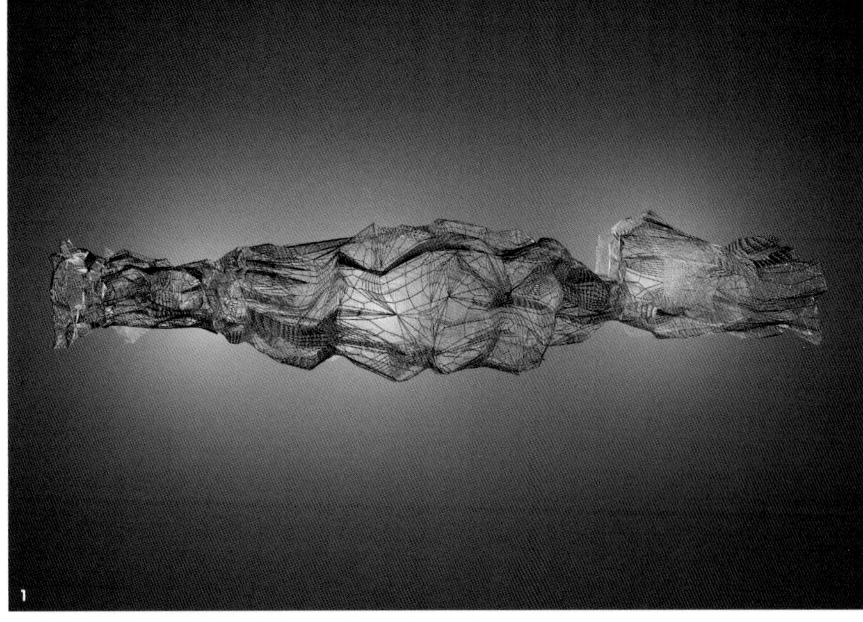

图1 电脑软件中的分形网络实验
图2 在自然环境中的分形网络

分形网是以生成和参数化的方法为基础，对非拓扑模型进行概念研究的原建筑。它建立在数学原理基础上，逐渐发展运用三维数字设计工具，包括犀牛、Blender、Python和Qhull等软件。它提出了将有关于不规则发展与晶体结构应用到城市和非城市景观中的概念，并尝试用动态的交互关系缩小传统技术模型与抽象数学模型之间的差别。这是通过生成一种“分形化层”实现的，通过结构、层次和密度选择重新编排空间程序。

景观是连接人口高度密集区的城市，与人口较少地区的非城市之间的媒介，而分形化层次的景观创造了一片真实的且地貌丰富的区域。在城市层次里，分形系统在城市空地以数学形式模拟城市景观的生成，并创造新的基础设施，在城市地貌层次的上方、下方之间形成“非空旷”填补式的空间。基础设施将继续在保持拓扑城市景观之间发生变化。这种不断转换在城市中创造了一个新的层次系统。分形化层次是参数开发的一部分，搭建了景观模型之间的桥梁关系，一个是城市拓扑的起源，另外一个是纯数学抽象。在非城市景观中，分形关系由景观形态得来。分形化层次仍然被假定为依靠其生成过程的自主性基础设施。由于与地域形态学的紧密关系，层次成为该地性质的一部分，融入景观中或成为景观的一个扩展。

方案主要的几何形状被建模为NURBS型多重曲面。盖雷罗限定了关键控制点，并建立生成范围，使分形化的体积发展成大量的点。这种数字化过程被应用在不寻常的研究环境中，并且可以通过（Python）编码或Qhull以及Blender软件获得。

10.3 钢表皮

“内部-之间”的表皮

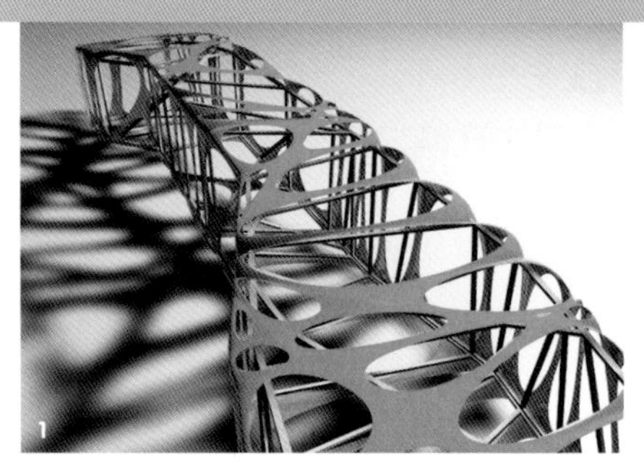

钢表皮是以逻辑功能和方程式为基础的参数化景观的一部分。来源于对城市环境的反思，该项目探索进化的城市景观，专注于对城市片段思考的主要范畴。为了生成该项目，格雷罗探讨这样的问题：怎样使新空间与旧空间相互作用？如何使中间的空间起到调节作用？他们如何创造我们的城市肌理？

他们剩余的空隙上方、下方，以及不协调的空间之间，往往呈现一种新的混合性质。钢表皮是在城市龛中再利用钢结构一个小实验，探索重新构造围绕现有城市空间发展的可能性。景观结构用高分子膜作为外表皮，能同时充当屋顶、外墙和地板，颠覆内部和外部的概念。这种混合环境为不同的编程目标提供了独立支撑系统的可能性。这种为增强实层生成支撑结构的可能性在这个项目中也呈现出来，将混合空间（城市现实和扩充空间）的概念付诸现实。

其结构是通过计算工具，包括谷歌地球、Adobe公司的Photoshop、犀牛、蚱蜢和Cinema4D软件共同作用下产生的。城市结构在谷歌地球中进行分析，并在Photoshop中处理，将城市元素分成各个图层。大量元素之间的空间被认定为生长空间；这一层内，关键点从X，Y和Z轴中选取，将把它设定为框架节点的坐标。在犀牛软件中生成这些节点之间的结构，使用蚱蜢软件生成引擎。通过这些处理过程，利用参数化方法在节点位置方面以及与框架结构有关的方面都有控制水平。接下来提取边界框，在Cinema 4D中形成聚合表皮，再由HyperNURBS修复。两个单体组合在一起，形成主要支撑结构。

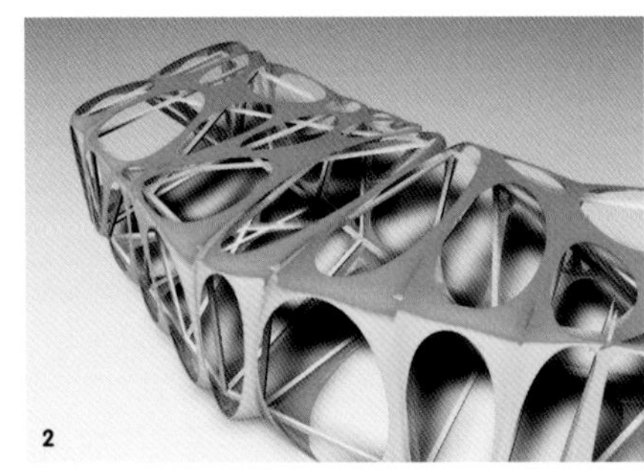

图1 可调节的钢表皮框架结构
图2 拉伸膜，与钢表皮共同形成动态的混合空间
图3 高分子复合膜，进化的皮肤结构

10.4 数字海滨

发生空间

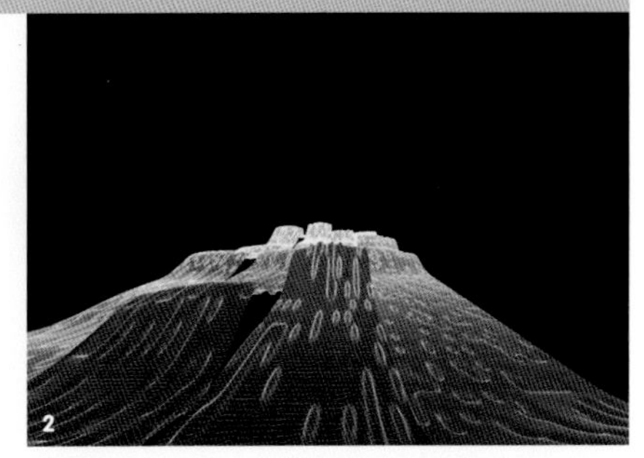

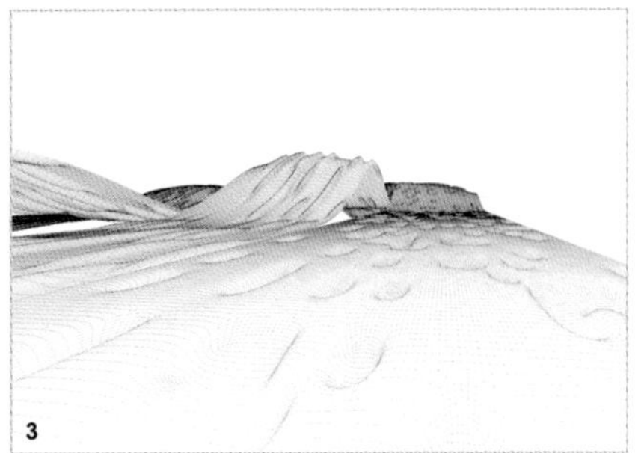

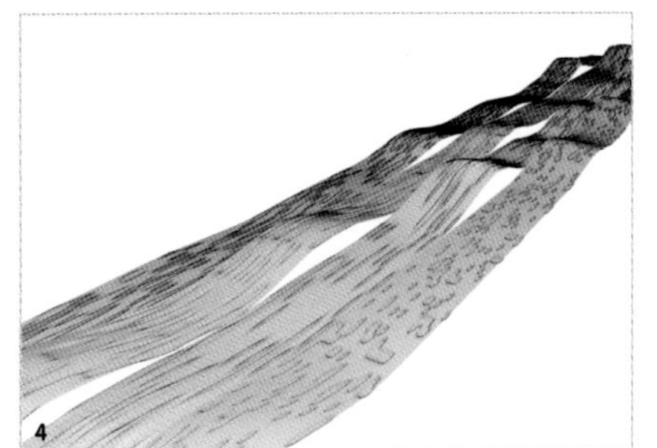

图1 夜景仿真：将光照引入水体环境
图2 形态调试过程
图3 潮汐输出研究
图4 具有层次感的条纹，每一条都整合了不同层次的互动关系

在这个项目中，格雷罗研究了土地和水之间的动态关系，从而开创了对滨水区作为一个统一的、动态的、流动的系统的新认识。设计中改变水流以及其他相关的信息被存储到一个数据银行，与不同来源的其他元素的数据融合，形成新滨水区的“元概念”。这个新的数字模型被设计成一个生成基本模型，使之参数化，让结构改变造型，以基本元素之间、基本元素之间的关系、项目顺序、潮汐波动以及其他水和土地的条件之间关系的元数据为基础。

数字化处理的第一部分是建立关于滨水区的场地数据银行。包括收集照片、统计资料、地理数据、气候数据、日照时间表、人行通道以及该区域的标志物。这些图像被标记为Adobe Lightroom的元内容和OpenOffice Calc的数字数据，天气和气候变化在Autodesk Ecotect中进行分析，在Cinema 4D中进行粒子模拟。所有可能的数据都融合在一起收集在OpenOffice的数据库中。一个可能的概念方法是在犀牛中建模，用蚱蜢软件生成引擎，可以直接从其他渠道获得模型的限定数据。

11

凯瑟琳·古斯塔夫森

图 海湾花园，东游艇码头，新加坡

凯瑟琳·古斯塔夫森（Kathryn Gustafson）拥有25年杰出的景观设计实践经验。她创立了两家景观设计公司，一家名为古斯塔夫森波特设计公司，位于英国伦敦；一家名为古斯塔夫森·格思里·尼科尔，位于美国西雅图。古斯塔夫森及她公司的设计师们创作了许多的获奖作品，这些作品分布于欧洲、北美和中东地区，其中很多设计受到了业主单位的广泛认可。她的项目主要是服务于城市、服务于市民、服务于机构和企业客户，设计内容涵盖了公园、花园、社区空间等多重公共空间。古斯塔夫森在其设计作品中，不断发展将时间、文化与自然环境相结合的设计方法，她坚信为每一个场地“定制”作品的理念，认为设计方案应该源于对周围环境的感知，设计作品应该能够清楚地表达其地域性，设计的肌理能够揭示出那些场地里的使用者的特征。

古斯塔夫森擅长工程模拟和数字处理，她特别出名的是经常在方案创作中呈现如诗一般的雕塑粘土模型和极其富有美感的地形地貌。她的模型往往是通过三维或逆向工程进行反复检查的。她还采用多种不同的3D建模软件程序，包括犀牛和3D Studio Max，设定数字模型的位置、形成，测试设计尺寸和开口。所产生的数字模型可随后被用于其他各种设计的研究或表达目的，如透视图或平面图。

11.1 海湾花园

新加坡，东游艇码头

海湾花园系列项目位于一个热带环境中，设计师通过提供文化、教育、城市和休闲活动，使海湾花园项目成为这个城市的重要组成部分。项目包括三个独特的海滨花园——南部、东部和中部——该项目占据滨海湾新区的最佳场地，总面积达101公顷（250英亩）。设计师在设计中创建出对三维风景的动态形式产生呼应式体验的空间感受。城市的空间演绎通过富有美感的地貌记载下来，设计团队采用先进的3D建模软件研究，模拟了茂密的树叶形式，而方案表达过程是极富动感的，从场地的东部边界到海湾沿线，一气呵成，流畅而清晰。

水系是花园设计美学的重点之处，本项目的水系设计内容很多，从海湾区域的划船活动，到芦苇床清洗系统，从水生花园的自然生态，到人工露台、喷泉和波池的秩序井然。整个场地围绕着水景地貌的周围设置了许多餐馆和酒吧，它们有助于客户实现顺畅的景观体验。设计中将所有餐饮空间和景观花圃都命名为与整体花园相吻合的主题，游客可以在这里享受横跨海湾、一览无余的城市天际线，还能够欣赏鸟语花香、生态自然的自然美景。

图1–3 园区不同位置的节点小环境透视图
图4 叶形地貌的细部详图

11.2 卢里花园

伊利诺伊州芝加哥

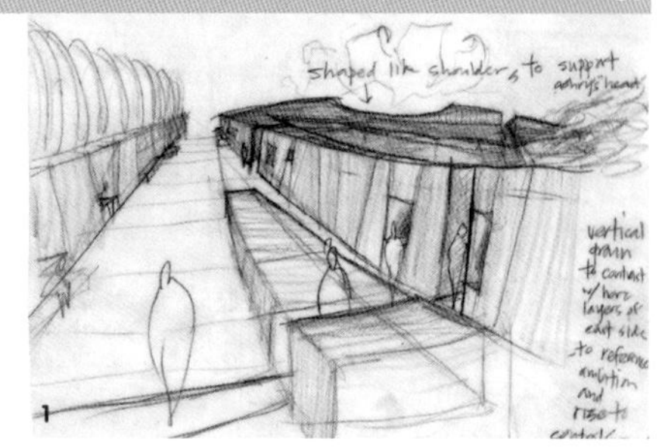

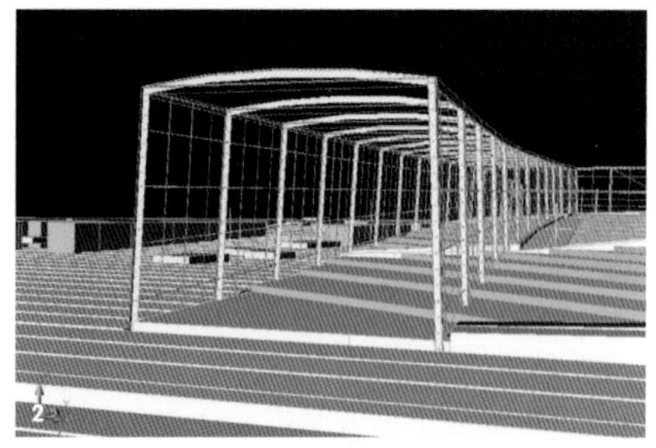

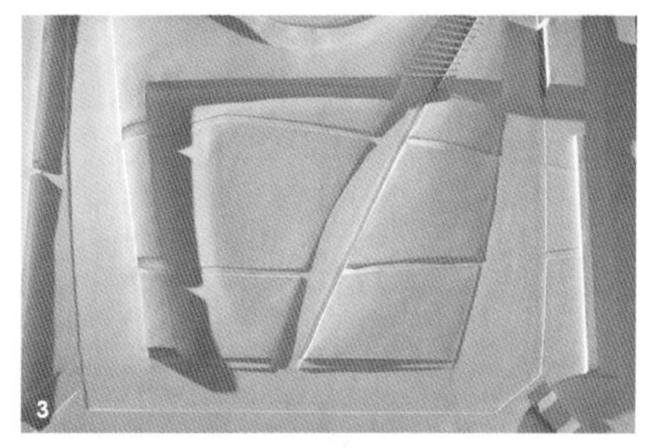

本方案是一个位于芝加哥市中心区的新型公共植物园。项目选址在湖畔千禧公园，位于由弗兰克·盖里设计的贝形露天舞台和由伦佐·皮亚诺设计的芝加哥艺术学院新翼之间，植物园就建设在湖畔千禧停车场的屋顶平台上。随着植物园的逐步建成，高大雄伟的树篱会自北部和西部将这个花园围绕起来。这些树篱高度至人的肩膀，完整的肩状树篱形成了一道生态围墙，它围绕着艺术学院的建筑周边，可以保护园林的内部空间免遭行人穿梭公园的践踏，同时与基地北部顶端闪闪发亮的贝形露天舞台相互呼应。

植物园内部种植了四季皆宜的各种植被，肩状树篱的种植形成园区内的交通环流模式，无论园区的内部或外部都能形成清晰的行人通道层次。设计师模仿中西部景观里的遥远山脊线，通过设置肩状树篱创造了起伏的地平线，展现了花园构图层次中的近景。肩状树篱的骨架由一个金属框架或衔铁构成，并按多种植物的形状塑造，形成一个持久性的、具有树篱特征的结构形态。在设计这种结构的过程中，设计师采用先进的三维生成软件，例如他们使用3D Studio Max对方案的位置和形式、尺寸和开口等进行推敲，并对最终形态进行各种推敲和测试。电脑数字技术提供了一种简单的设计方法，能够为齐肩树篱的剪裁方式提供指导和定位，使设计师得以实现对肩状树篱轮廓的精确雕刻。随着树篱植物的生长，游客可以观看植物逐步发展和完善成自己的完整形式，填满整个衔铁。

在园区所有的肩状树篱之中，花园里有两个内部的“板块”，上面种植了许多宿根花卉和树木，板块从广场的表面强势凸起：深色板块伴随着沉浸在梦幻般茂盛植物群的对比视觉体验，很大程度上改善了场地之前不良的排水和单调的景观系统；浅色板块则实现了对城市现代与艺术的自然融合，通过形成明亮、整洁、可控的景观为游客提供令人愉悦的游览体验。园区内还设置不同的浮桥供游人行走，浮桥结合处是“过去”和“未来”面对面共存的地方，这样浮桥就成为特殊的走廊节点，或者我们可以称之是两个板块之间的“间隔”。水流充斥在桥结合处浮桥两个板块垂直的石面之间，浮桥的方向暗示了场地下方的方向，也表达出过去的湿润与未来的干燥之间的界限。

图1 概念草图
图2 肩状树篱的电脑模型图
图3 花园底盘的整体模型
图4 不同位置的剖面图

11.3 戴安娜——威尔士王妃纪念喷泉

英国伦敦

本项目是为纪念已故王妃戴安娜所设计的纪念喷泉，它位于伦敦海德公园中，方案的设计理念是“外达内通”，这是已故王妃最欣赏的特质。设计师通过不同的水流效果表达这种“外达内通”的设计理念，使喷泉与公园土地的自然条件融为一体。纪念喷泉作为现存环境平面的起始点，周围环绕着茂盛的树木，这些树冠会形成独特的景观和美妙的光影，与喷泉发出的水流声响相互映衬，相得益彰。

纪念喷泉的外观呈现出一个浅色圆环式的景观体，它与周围草地和植物形成鲜明对比，既可以向外辐射能量，同时又吸引附近的人们在这里集聚。喷泉有着自己的独特之处，在电脑的控制下可以实现不同的水流效果，包括“查德尔水景”、“旋风”、“阶梯瀑布”、“摇滚”等，当不喷水时呈现出宁静的一波碧水，这些都是设计师对戴安娜王妃各种不同生活特征的考虑和致敬。

项目的施工过程也采用了先进的计算机建模程序进行辅助，设计师首先在3D Studio MAX中建立一个1：1的喷泉模型，然后通过数控设备对这一数字模型进行处理，再按照1：1的比例对喷泉进行分段建造，最后将所有分段材料运到现场进行组装。

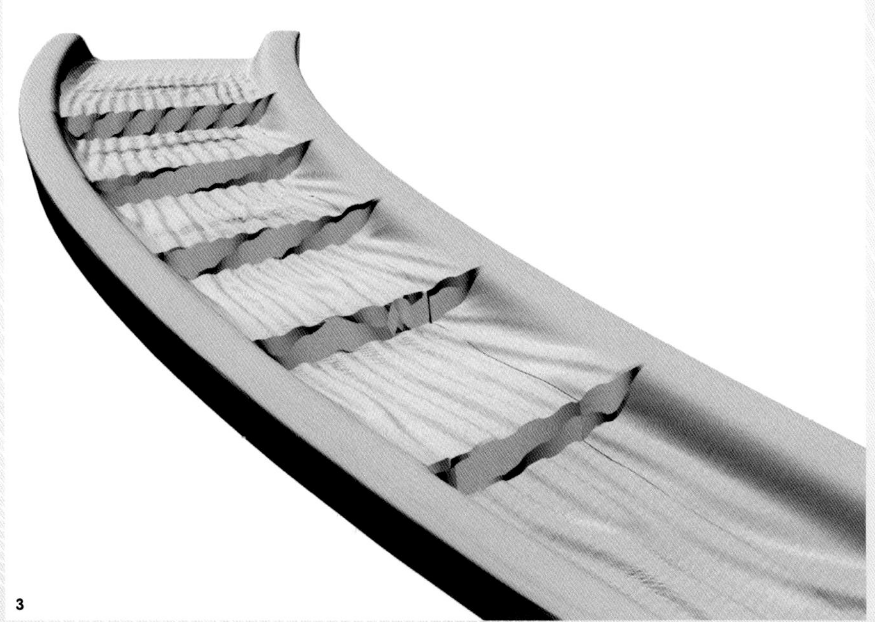

图1-2 椭圆形状的喷泉水池与自然环境有机融合在一起，与草坪及植被相互共生
图3 喷泉水池包括545片康沃尔花岗岩，通过计算机指导切割机进行精确的切割
图4 纪念喷泉的数字模型

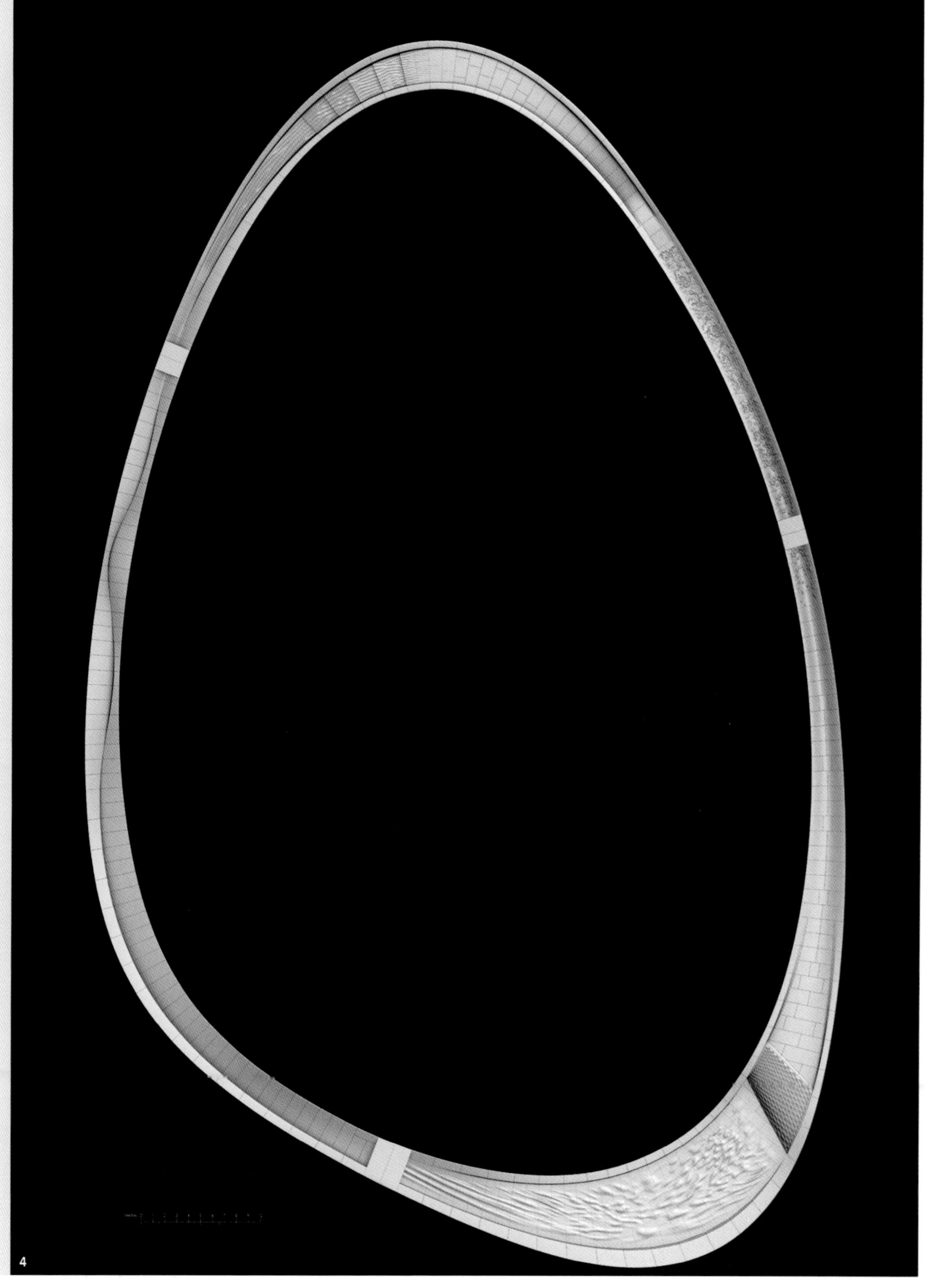

4

12

扎哈·哈迪德

扎哈·哈迪德，伊拉克裔英国女建筑师，扎哈·哈迪德建筑事务所的创始人，2004年普利茨克建筑奖获奖者，她凭借已建成的兼具理论性与学术性的建筑闻名世界。1950年扎哈出生于巴格达，在黎巴嫩就读过数学系，1972年进入伦敦的建筑联盟学院（AA）学习建筑学，1977年毕业获得伦敦建筑联盟（AA，Architectural Association）硕士学位。此后加入大都会建筑事务所，1987年在AA成立了自己的工作室，1994年在哈佛大学设计研究生院执掌教席。如今，扎哈·哈迪德伦敦总部的事务所已拥有350多名雇员。在近三十年中，扎哈对当代建筑的形式与发展方向产生了深远影响。

扎哈的建筑实践与理论研究挑战了建筑学与城市设计的传统观念。她的事务所以独特的形式语言而广为人知，这种建筑语汇试图把现有自然地貌条件与锐角边界、几何复杂表面相整合。扎哈利用多种数字设计手段创造了介于建筑与地景边界之间的形式独特、流动的建筑形式，其事务所在设计中大量使用了不同种类的3D可视化软件。扎哈及其团队在与盖里技术公司、达索公司的合作中，开发了一种新的信息建模系统，这种计算机系统能够大大提高设计的工作效率，并推进设计过程快速向前推进。扎哈的地景形式建筑有着独特的魅力，它反映了扎哈融合几何表皮实验的设计创新哲学。

图 阿布扎比演艺中心，阿布扎比，阿拉伯联合酋长国

12.1
阿布扎比演艺中心

阿拉伯联合酋长国，阿布扎比

1

位于阿联酋的阿布扎比演艺中心基地在海边，其南边是海事博物馆，北边是阿布扎比当代艺术馆，整体是阿布扎比文化建筑群。演艺中心包括五个展厅，通过不同的对位关系将海景和阳光都“借景”到室内，是一座名副其实的海景艺术中心。阿布扎比演艺中心以独特的、疯狂扭转的形体著称，一系列基于组织系统和城市扩张的分析研究成为迪拜演艺中心独特形体结构的拓扑学基础。这些概念源于“闭合系统中提供的能量”和随后的“组织结构发展引起的能量减少”。

城市结构中人行通道和沿海步道等主要流线的交叉象征着演艺中心的能量。优化的根茎般的算法和生长模拟过程把特色空间转译为基本几何形体，并融入了编程图及建造形式的转化。这种生态模拟的主要内容就是把抽象图形转化为形体设计。

演绎中心雕塑般的体形来源于线性运动，发展成包含了连续枝杈体系的生长的有机体。随着它蜿蜒穿过基地，建筑的复杂性不断增加，高度和进深也在逐渐增加，最终在覆盖着演艺中心的形体处到达最高点，演艺中心的体量就有了多个层次。扎哈认为，建筑像藤蔓上的水果一样从结构中生长起来，面向西方，向海面延伸。

图1 西北向鸟瞰图
图2 北向透视图
图3 东向鸟瞰图

2

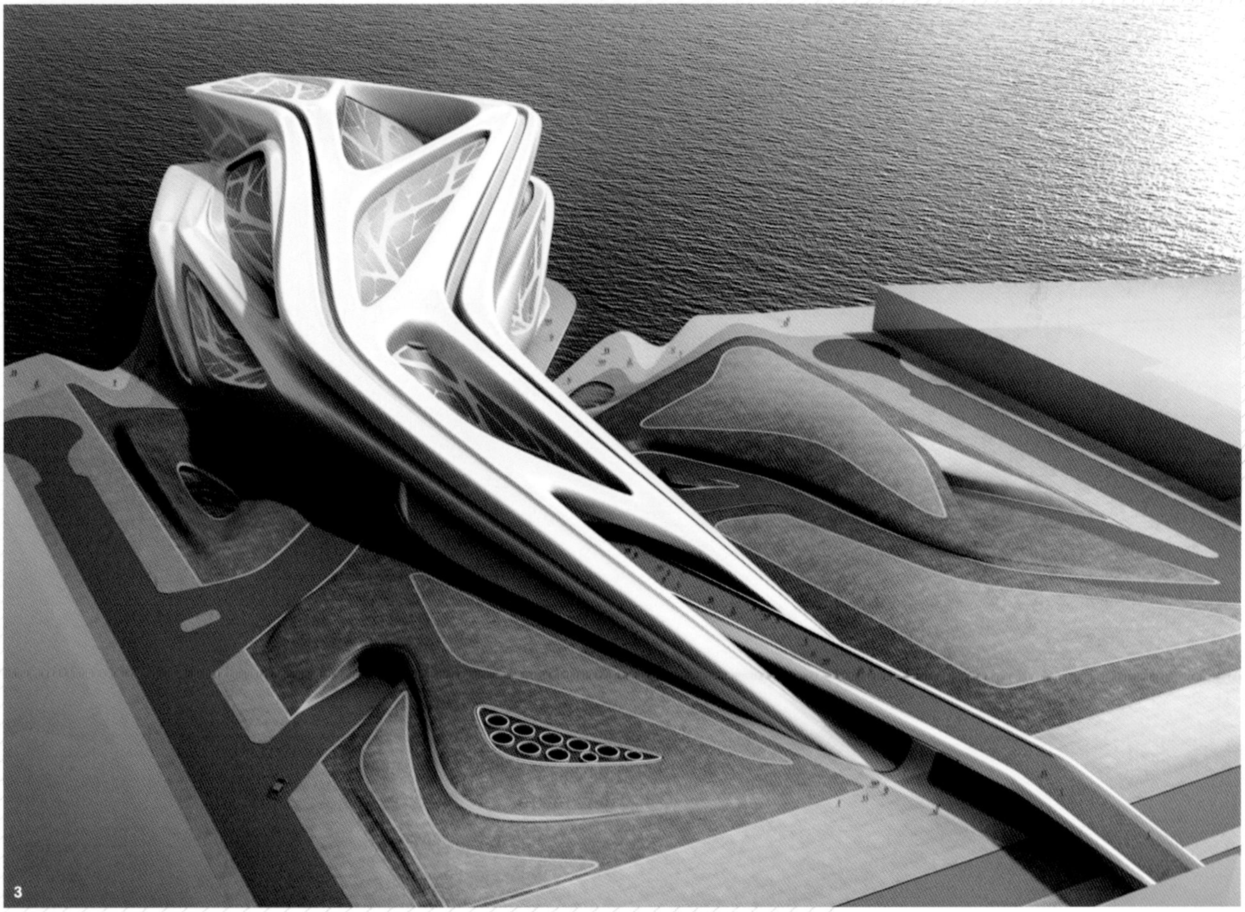

3

12.2
迪拜歌剧院

阿拉伯联合酋长国，迪拜

1

这个令人兴奋的新文化中心位于迪拜七珍珠区。作为划时代的地标性建筑，包含一个歌剧院、一个剧场、一个艺术画廊、一个艺术表演学校以及一个主题酒店，整个项目占据了迪拜克里克一个小岛。歌剧院里包括2500个座位，剧场能够容纳800人，艺术画廊拥有5000平方米的展示空间，足够容纳古根海姆博物馆所有的馆藏品，主题酒店有六层客房可以为游客们提供住宿。

规划中的一条道路把建筑群所在的克里克小岛与迪拜的大陆相连接起来。设计概念和规划方案通过一个单独的结构覆盖了所有功能。该结构轻柔、弯曲的形式引人想起高山与沙丘，建筑整体形态从地面缓缓升起，温柔的进行缠绕和上升，既是地景的一部分，又是天际线上的亮点，令人联想到山丘或者沙丘的影像。柔和曲线的灵感来自于起伏的山峦和海边沙滩优美的弧形海岸线。建筑的周边以整体的结构包围着相互对应着的大剧院和剧场。基地周围是开放的公园区和停车场、单轨站等附属功能。

建筑的两个高点对应内部功能是歌剧院和剧场，顶部的高度能够覆盖舞台的顶部高度。内部门厅是歌剧院和剧场共用的，独到的设计使其成为凌驾于地面层之上的独特景观。同时，它还连接着艺术画廊的内部入口，与画廊室内空间相互串联。

图1 数字模型的空中鸟瞰，能够反映出方案的整体形态
图2 数字模型的夜景半鸟瞰，融合在城市环境中

12.3 奥拉博加和圣马梅斯总体规划

西班牙毕尔巴鄂

奥拉博加（Olabeaga）与圣马梅斯（San Mames）的周边区域的总体规划，对西班牙毕尔巴鄂市和Bizkaia地区来说，提出了一个独特的挑战。将原来毕尔巴鄂港重要的一部分改造成岛屿，通过八座桥梁与大陆相连接。这片区域陡峭的地形一度使其成为该城市19世纪版图的自然边界。然而随着城市的扩张，这片区域占据了都市中心发展的重要位置。

一系列引人注目的三维手段将山坡较矮位置邻水社区肌理的现有形式整合梳理，将之与街道系统相联系。整合了陡峭的地形和城市的空间，将城市肌理中自然留下的裂缝布置为道路用地和景观用地。结合坡地的地形设计了一些地景建筑，蜿蜒起伏的建筑形态与现有地形紧密结合，既能够满足城市的车行和人行交通流线，还能够预留足够的场地，创造尺度宜人的小尺度公共空间。山体和河流蜿蜒的曲线有利于创造全景视角，设计师将地形自身的有利条件全部利用起来。

另外，这种结构显示能够适应整体基础设施的变化，促进大范围的重建，有助于地区主要结构、制度发展为连续的模式。奥拉博加和圣马梅斯的总体规划凸显出三维形体研究所能为城市化提供的助力，证明建筑研究和城市规划所充分结合的潜能。

图1 区域整体鸟瞰，整体呈弯曲的形态
图2 局部透视图
图3-4 群体模型

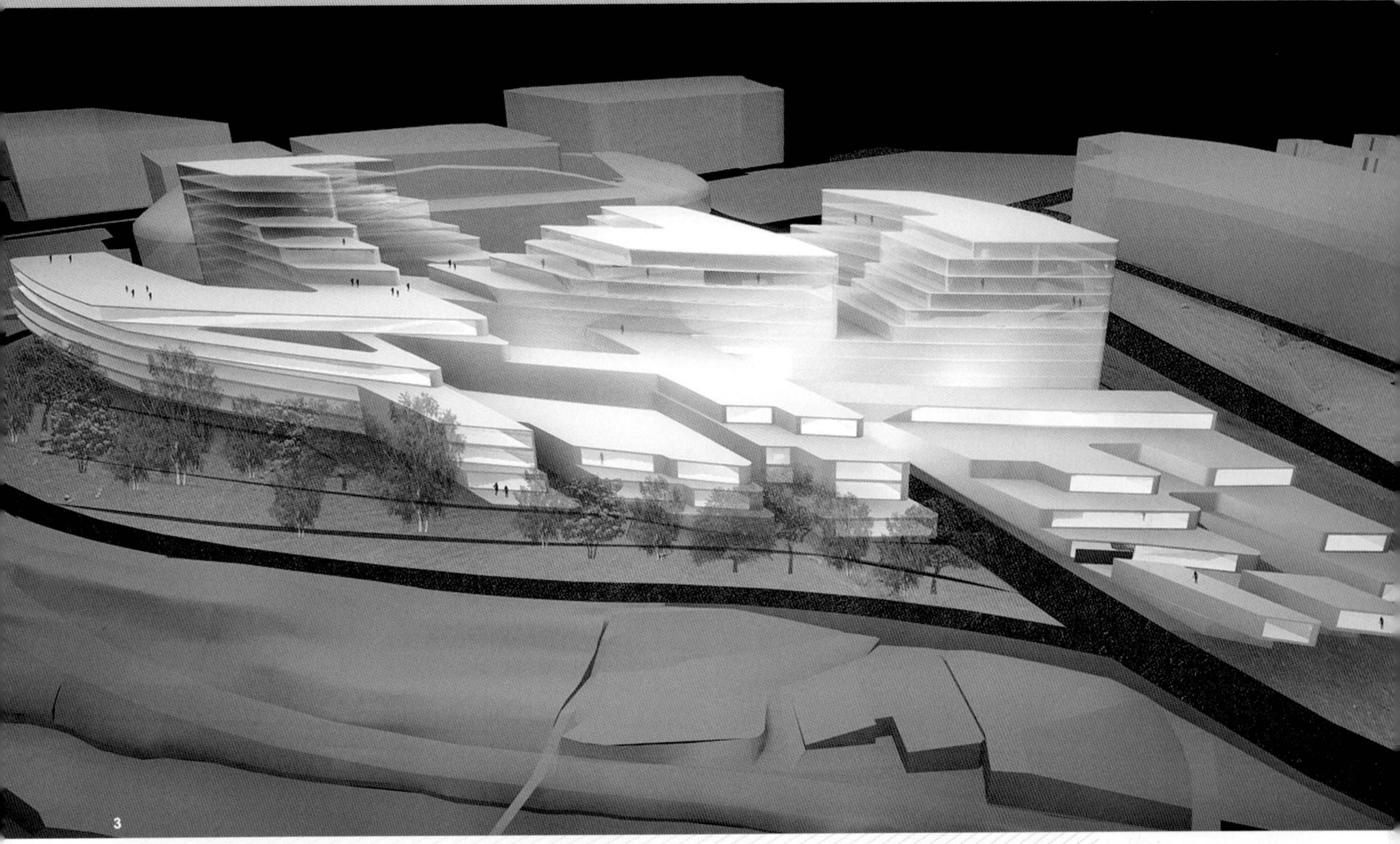

3

4

13

哈格里夫斯及其合伙人事务所

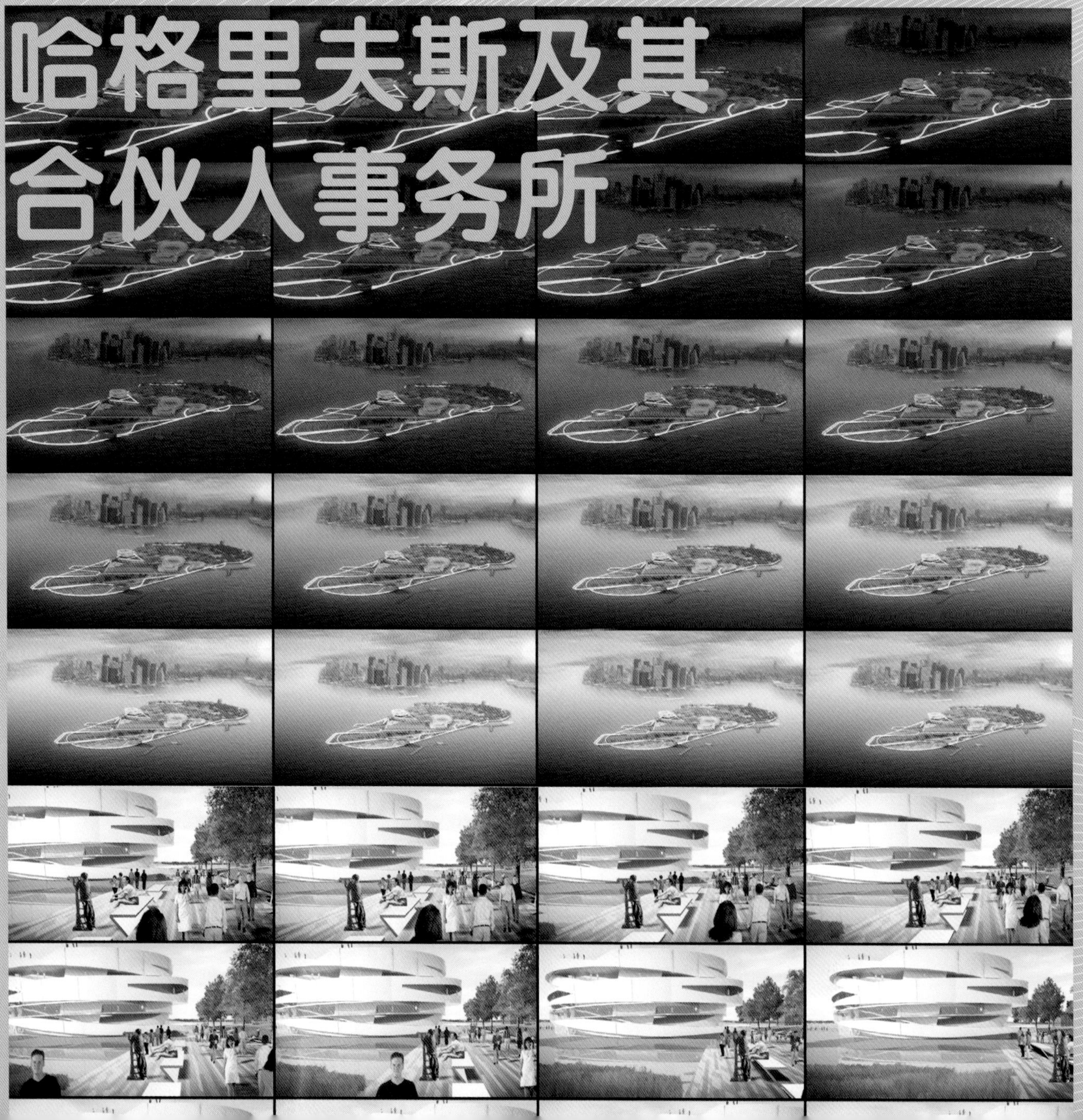

哈格里夫斯合伙人事务所位于美国洛杉矶市，一直在景观建筑领域最前沿已有20多年，他们一直致力于通过先进的技术手段创作出令人难忘的、非常新颖的景观。哈格里夫斯公司以其充满创意的、如诗意雕塑般的景观作品而闻名。设计师成功地把传统制作地形的黏土实体模型等设计手法，和新的先进的数字技术相整合，运用于他们的设计中。

模拟技术和数字技术的结合加强了该公司景观设计中的实验性与视觉性。数字化设计从3D模型、渲染效果图到生动、细致的动画开发，让设计师与业主能更好地发掘方案的可能性。三维建模软件不仅是设计研究工具，而且还能为进一步汇报材料提供精准的框架。先进的数字拼接技术能够将白天和黑夜的景色全面模拟出来，还能够为业主呈现不同季节甚至更长的时间周期中方案的变化情况。

在常用的数字化软件方面，哈格里夫斯事务所在2012伦敦奥运公园的最终动画中采用了由航拍、3D Max和photoshop等软件生成的全景视角。3D Land Desktop经常用于一些需要精确充填量、雕塑感强的形体中，如美国印第安人文化中心（本书第113页）。另外事务所的设计师们还常用3D Max、草图大师、犀牛等一系列软件。这些工具能为公司的设计提供实时、迅速的修改，既能够满足设计师设计时的表达需要，也能满足与甲方对接时的沟通需要。

图 州长岛，上纽约湾，纽约

13.1 总督岛

纽约，上纽约湾

本方案是哈格里夫斯事务所为上纽约湾的一个岛设计一个景观的竞赛方案，设计师使用3DMax，Photoshop，Maya等软件来获得一系列二维渲染图。然后，通过一部摄像机跟踪制作一个电影序列，层层展开创建一个三维的环境。

这个方案保留并增强了岛屿历史的文化吸引力，同时又引入了新流线，增设了多种景观类型，并创造出独特的程序化景观的可能性。方案整合了岛屿南部33公顷的公园与发展用地以及岛屿北部36公顷的国家历史纪念区，创造出宏观而巨大的景观区域。新方案的核心特点是一个“项链”状的长廊，这个多流线、立体的长廊环绕岛屿一周，呈现出极富动感的空间效果，并与水体形成互动关系。岛屿内设计了六种地质类型，从而为方案提供了不同尺度与类型的环境空间。从松林泥炭地、沙丘到现在的果园和田径场，这些地质类型能适应不同的项目、活动和使用者。在设计表达阶段设计者制作了鸟瞰视角的动画来加强方案的代入感，使所有观看动画的客户能够产生身临其境的感受。

图1 方案整体鸟瞰图
图2 动画渲染截图
图3 夜间全景图

13.2 东方之岛

中国香港

数字化设计从方案初期的3d建模、渲染图像，到移动的细部动画的开发，让设计师和客户能够更为直观地表达意图、相互理解，也将方案不同角度的各种潜在可能性表达的非常清晰和透彻，成为一个非常成功的设计范例。随着技术、内部技能以及项目需求的不断扩大，设计师对设计效果表达方式的要求也进一步提升，因此在这一项目中，设计团队将动画运用到了最终的设计成果的展示过程中。他们使用3Dmax和犀牛作为建模软件，在本案喷泉广场的实景渲染和喷泉效果的动态演示中重点使用，充分展示出水流在风和重力作用下的跌落效果，通过这种极富真实感的动画效果，使客户观看动画时能够获得身临其境的感受，通过数字化技术配合光照及音乐，实现整体栩栩如生的效果。

东方之岛喷泉位于香港核心区，周围环绕着各种高层建筑，其中核心主体的是香港本土设计师王欧阳设计的70层的办公塔楼。东方之岛景观广场就位于这些高层建筑集群之间，为建筑群提供呼吸缓冲的三个公共空间。三个大型草坪从较低的静水池处缓缓升起，经过独特的水梯、种植着热带植物的平台，到达大楼的广场层。为了区分不同的场地空间，每个草坪种植了不同的树种，而它们都具有各自的特点。为了展现喷泉随着时间改变而呈现出来的不同形态，设计师用动画手段来进行设计表达，营造了广场空间在不同时间所能创造出来的独特空间氛围。

图1–2 数字透视图，广场夜景
图3 动画框架

13.3
爱力根总部
加利福尼亚州欧文市

本方案使位于加利福尼亚州欧文市的爱力根总部办公楼的景观设计。在设计过程中，使用了3D-MAX，Google SketchUP和Rhinoceros等软件，这些软件为设计师提供了全新的方案推敲、评价及展示模式。在三维视图中对方案的讨论和展示使设计团队与业主单位的沟通更为直观，也更为顺畅。

在这个项目中，设计团队最大限度地利用这些数字方式来对方案的各个方面进行探讨，包括空间的状态、自然与人工采光、植被类型更改的影响、场地材料颜色、场地铺装材质、场地布局方式等等。这些软件彼此配合，成为设计中非常重要的计算机设计软件。

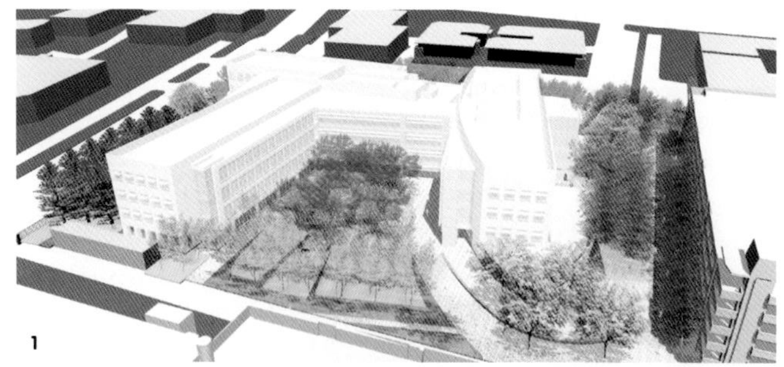
1

2

图1–3 数字透视图，重点突出了不同树种的鲜艳的色彩

3

13.4 美洲印第安人文化中心

俄克拉何马州，俄克拉何马市

本方案为哈格里夫斯事务所为俄克拉何马州进行的美洲印第安人文化中心的设计，设计师通过一个弧形的地景创造了一系列相互关联的景观元素。这一巨大的地景景观从地面升起，到最高点达到30.5米，起伏的形态塑造了非凡的建筑形象，它远眺俄克拉何马河及其周边的牧场，成为城市环境中的重要标志。为了在设计时准确展现这种元素的迭代过程，设计师使用3D Land Desktop生成了整个地形。

在方案形式调整中，设计师运用了数字模型来对方案的细部进行表达和调整。最终项目的设计文件中包括多种不同的图纸，例如土方平衡图，场地容积图等等，以衡量土地完成度的等级，从而加强对土壤加固、流失、侵蚀情况的控制。这些成果无论是对日后跨专业设计调整还是对施工单位来说都是非常必要的。

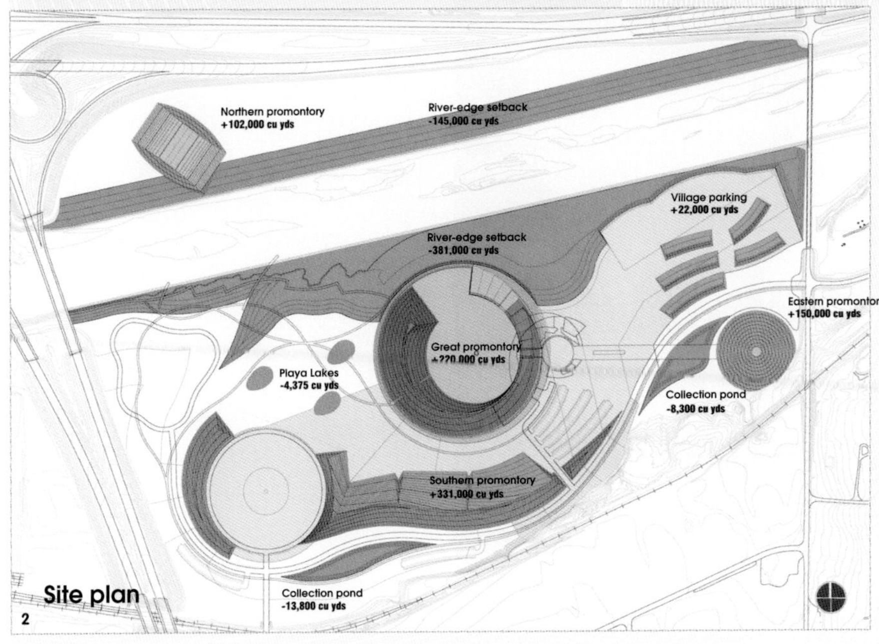

图1 现场建造的全景图，展示出场地地貌情况
图2 CAD施工图

13.5 伦敦2012奥林匹克公园

英国伦敦

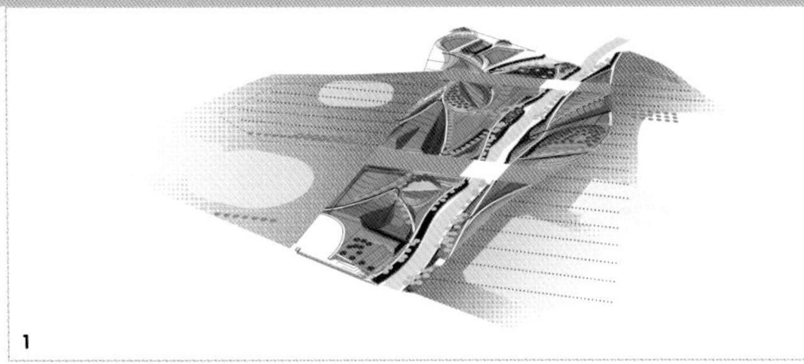

这是伦敦2012年奥林匹克公园的竞赛项目，充分利用参数化软件犀牛建立了整个公园的3D模型，通过3D模型对场地的所有条件和生成地形的基本条件进行了解读。通过这个3D模型，设计师对公园的整体方案进行宏观的把控和调整，对地势、植被、循环、水模拟的系统的生成模式进行监控，也能够对方案效果图的角度和整体动画的视角进行调控。

为了强调公园的两种模式——赛时它作为奥运会，完成各种赛时集散、人流组织、功能复合等；赛后它将作为遗产公园向城市开放，成为伦敦市民休闲娱乐的最优化所。设计师把每个视角都渲染了两套图，作为赛时和赛后的空间转化，来证明不同的空间是怎样在奥运期间接纳大量游客，又是如何在赛后成为一个服务东伦敦周围社区的大公园。

图1 3D数字模型
图2-3 数字拼贴透视

13.6 337号使命岩石海堤

加利福尼亚州旧金山

图1-4 沿海滨不同地点的数字合成效果图

本项目位于加利福尼亚州旧金山，在本项目中，设计师使用3D建模软件作为一项研究工具，能够迅速成图，为项目汇报提供良好的基础数据。设计师完成建模后，在进入PHOTOSHOP进行渲染图修改之前会先确认大部分向量的信息，从而使空间适应真实的透视角度，在进行后期处理时还需要兼顾建筑体量、地形、总平、树木和光线的韵律。这样处理过的方案效果图，其精确程度能够增强真实感，例如将所有构件以精确的尺寸植入，这样观察者能够有 个真实的尺度感，能够从二维平面中获得三维空间的感受，获得更为丰富的场景信息。

这种项目处理过程中的易读性在旧金山48号码头的337号使命岩石海堤项目中得到了充分的体现。这一项目的范围从市区棒球场横跨街道，连接了帕金斯・威尔和阿特利尔・潭设计公司，并通过开阔的亲水空间、对海湾的良好景观的朝向，展现了当地的历史文脉。此项目延续了48号码头的历史文脉，凸显了它的海洋历史和背景，也展现出旧金山海湾的非凡美景。

14 胡德设计

胡德设计公司位于美国加利福尼亚州奥克兰市，其创始人是沃尔特·胡德（Walter Hood）。胡德除了设计师的身份外，还是一位教授，他曾执教于加利福尼亚大学伯克利分校，在景观与建筑专业授业。胡德设计公司的业务范围涉及多个领域，包括建筑设计、城市设计、住区规划、环境艺术研究等等。胡德认为，设计的核心应该是如何加强景观在城市中的角色和作用，这种设计哲学是针对每一个方案的场所、文脉、环境的不同特点，所进行的最为本源的探索。

在城市设计方面，胡德设计公司主要致力于城市环境的修复。他们运用不同的地景策略来满足甲方和公众的需求，同时也注重方案与现存城市文脉之间的呼应和联系。胡德设计公司大部分的设计作品都是前卫、自由而又富有诗意的。近年来，他们开始在设计中大量使用动画，从而获得更具有动感的空间体验。动画作为一种设计表达的工具，能够充分展现出方案多个角度的设计特点，能够流畅地表达方案的设计细部，与效果图相比，动画在表现高度、速度、方案白昼变化、光线细微差别上具有很大的优势。动画既能够让设计师充分表达出设计概念，又能够让业主获得设计方案最为直观的空间感受。

动画最为有趣的一点是能通过近景、中景、远景去拼贴、连接空间，实现持续的演变过程。正如胡德公司在加利福尼亚州圣何塞市机场大门项目的成果表现中，动画的使用将观众带入一段虚拟的旅程中。观众能透过机场的入口对面的大地中散布着一桶桶的干草，这种体验的直观感受非常强。除了动画，胡德公司在设计实践中大量使用多种数字化技术，在公司其他的项目中为业主呈现了非常好的视觉效果，对城市景观设计提供了借鉴作用。

图 花园通道，宾夕法尼亚州匹兹堡

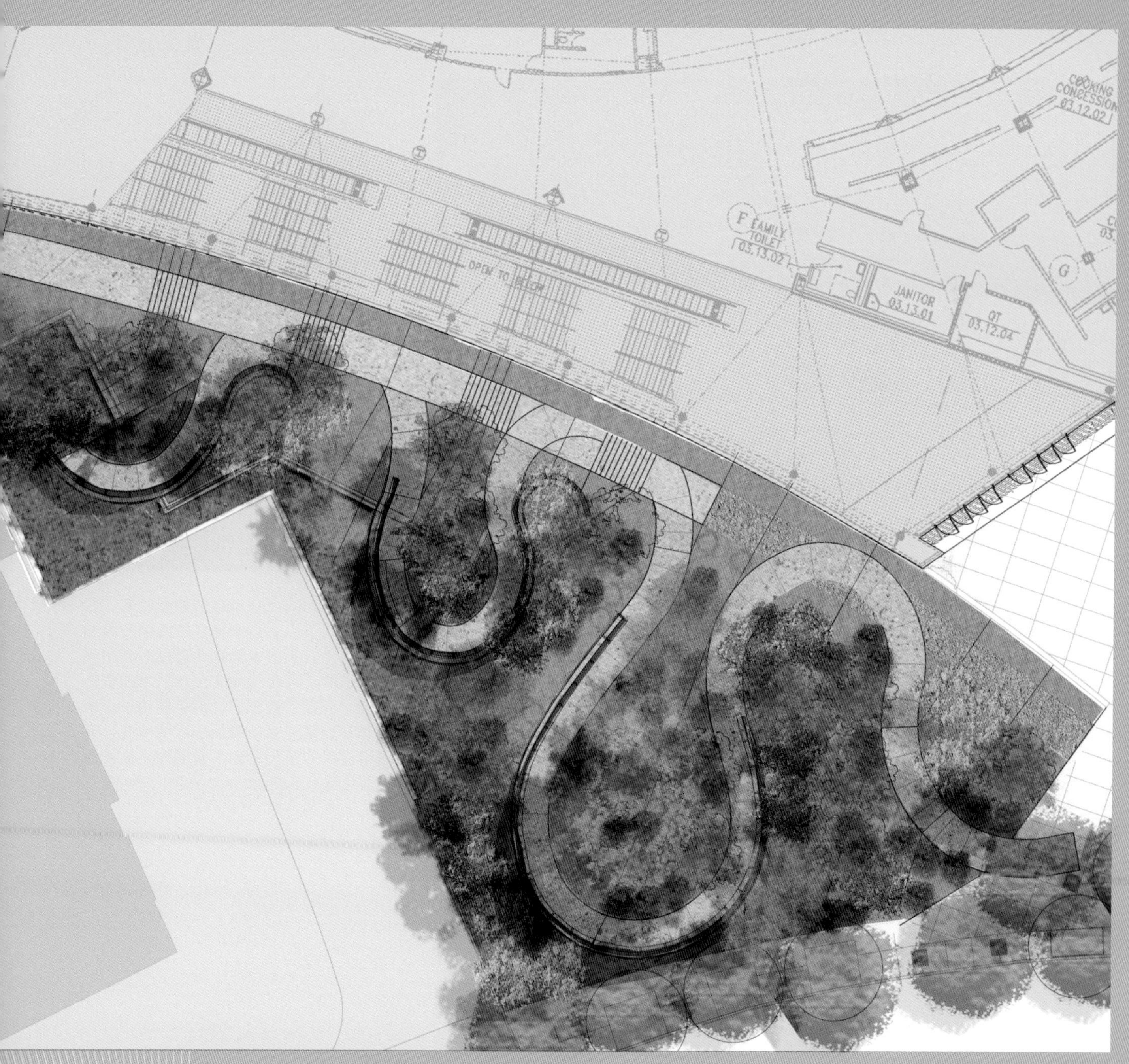
COOKING
CONCESSION
03.12.02
F
FAMILY
TOILET
03.13.02
JANITOR
03.13.01
QT
03.12.04
G
OPEN TO BELOW

14.1 花园通道

宾夕法尼亚州匹兹堡

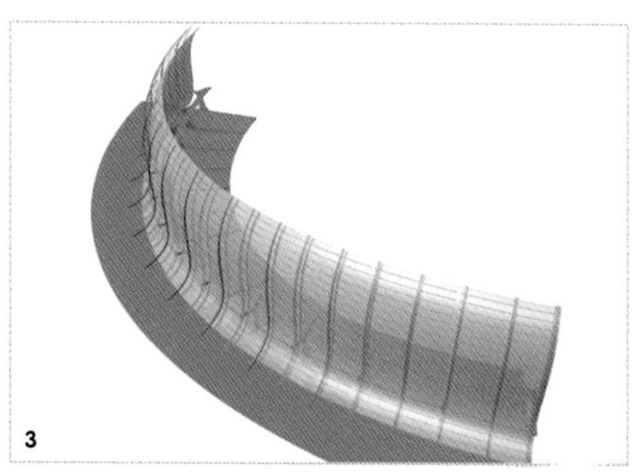

图1，3，4 透视图
图2 帘状结构

本方案位于宾夕法尼亚州匹兹堡的一个美丽的城市公园内，这个公园向市民开放，吸引人们前来参与，具有很高的艺术价值。公园内的主要路径包括两条，一条连接城市上城区第五大道，一条连接山城区中央大道，在公园内以弯曲匍匐的形态对整体园区起到控制作用。设计采用地景式的处理手法，其主体结构为钢网架墙，墙体材料非常独特，墙上覆盖着附近居民照片所拼贴而成的马赛克。这一设计灵感来源于艺术家大卫·盖伦·沃特（David Gallon Walter）所绘制的山城区全景画，这幅巨制的全景画曾作为肯尼迪中心商演的八月威尔森匹兹堡系列全十部剧的背景使用，是一件非常有特色的艺术作品。

设计师设计了四个阶梯式的雨水花园，它们顺应地势，坐落在新匹兹堡舞台西部的高地上。维护结构被称为“帘状结构”，它能够随时间的变化做出调整和改变。在不同的时间节点有越来越多的图像被添加到网架墙上，当游人们在此经过时会看到一个连续的、展现当地文化与艺术的整体背景墙。在创作过程中，胡德使用了影像序列和动画效果来展现使用者的感受，通过多维度的效果展示向大众展现出整体通道的文化与艺术价值。

14.2 木材渡口：筑坝1-5

华盛顿州温哥华

图1–4 沿公路不同节点的数码拼贴效果图

本方案是一个景观连接体，哥伦比亚河从勒冈州波特兰市流淌而来，5号州际公路从华盛顿州温哥华市穿越至此，本方案作为河流与公路的连接体成为了重要的空间节点。本方案的设计理念来源于设计师对海狸活动特征的总结和对其生活习性的调查，海狸通过生活中的筑造行为对溪流的流向和走势产生一定的影响，因此设计师在本方案中对这种生态行为进行了模拟，增加了河流和溪流的生物多样性，从而创造新的居住空间，特别是将树枝进行了层次上的划分，从而创造出既优雅又牢固的整体结构。

本方案设计重新诠释了高速公路的类型学，将它设想为一个多孔的框架结构，允许光线穿透到下面的街道，并作为噪声和污染的缓冲区。在方案围护结构的不同空间层级，采用了当地种植的、可连续采伐的木材，同时在地面的材质选择上也采用了相同的设计思路，这样就能够充分展示出项目所处地域的特征，使方案具备强烈地域感。设计师采用了数字动画的方式来对不同设计节点的细部进行展示，通过这种全景的处理方式，设计师能够清楚地表达出整个方案的设计特色，展现结构的构成方式，将复杂的设计形态通过三维立体的方式呈现出来。

14.3 机场门户

加利福尼亚州圣何塞

图1 机场门户车行道透视图（动画截图）
图2 鸟瞰图（动画截图）
图3 平面图

机场门户（Airport Gateway）项目是一个环境艺术作品，当人们坐在与圣何塞机场跑道相邻的公路上心事的小汽车中，可以清楚地看到这一系列的设计装置——一排排经过打磨的呈韵律感的铝桶在场地上有韵律的出现，金属的质感与阳光下闪亮的草地形成鲜明的对比。

设计的理念来自于成捆的干草堆，因为基地周边是广袤的农田，农田中常常有农民捆扎的一捆捆干草堆，设计师通过铝桶的形态对周边的自然地貌做出了呼应。这些大型的滚筒上雕刻了不同的镂空纹饰，当夜幕来临时能够为场地提供照明，营造出一种超现实主义的场所氛围。在设计过程中，设计师用动画作为一个关键的展示和提供身临其境体验的场所工具，通过对不同用户的体验模拟，让使用者以一种近似穿越的方式去体验去往机场的梦幻般的设计。

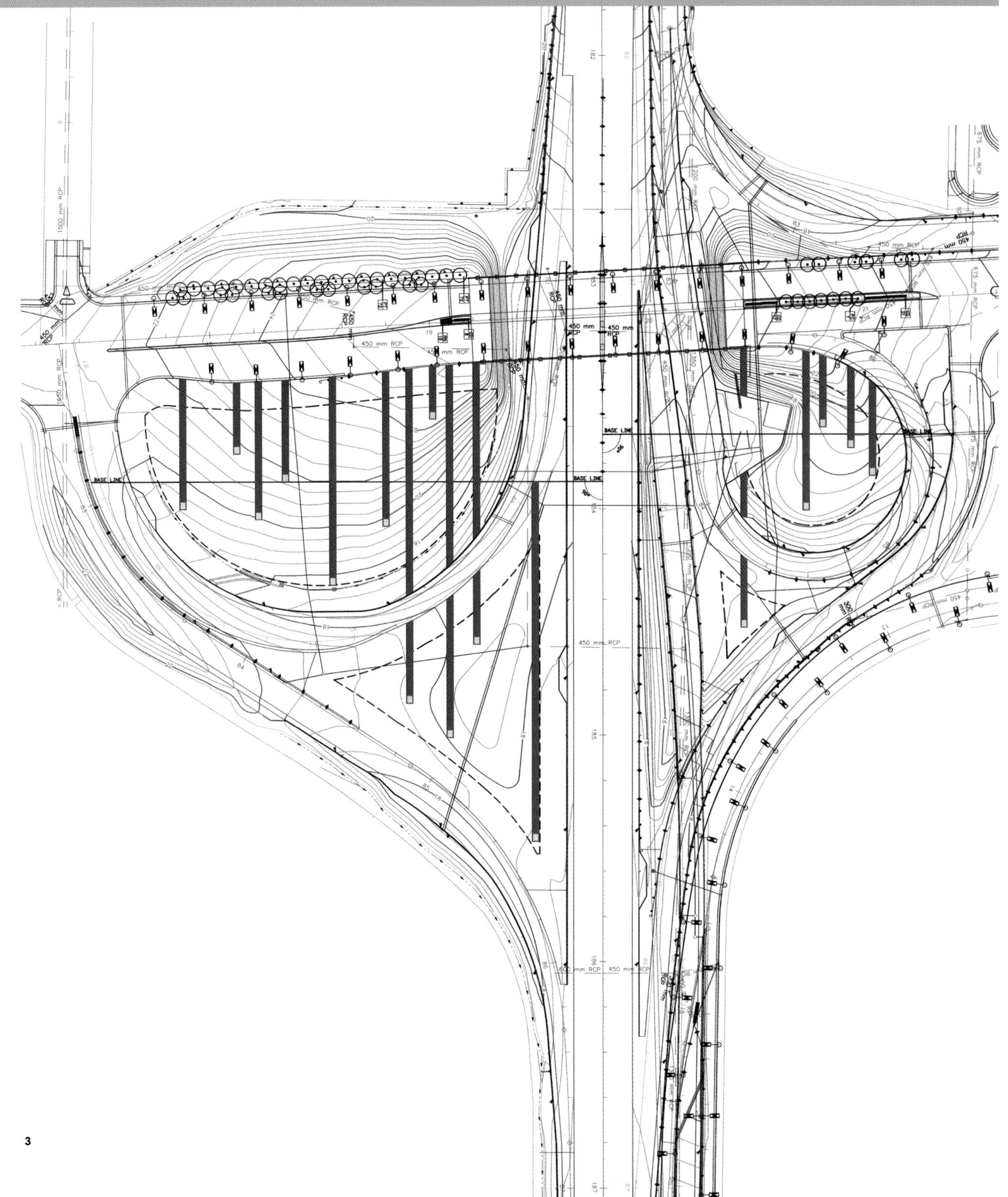

3

15

安德烈斯·杰克建筑师事务所

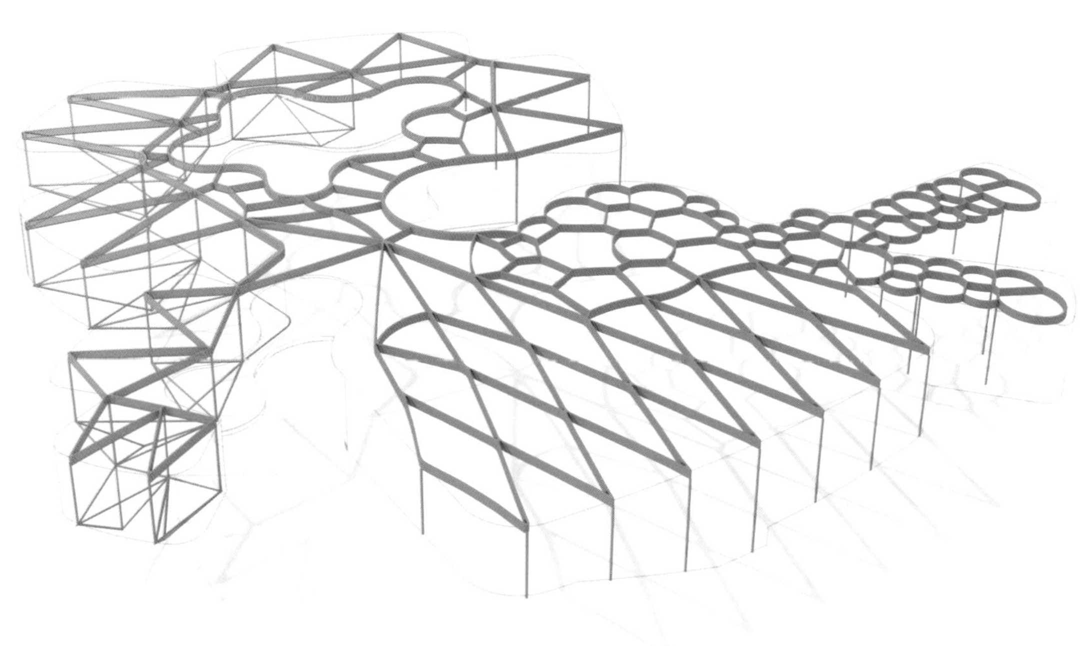

安德烈斯·杰克（Andres Jaque）开设了一间小型的同名设计机构，他本人既是同名事务所的负责人，也是西班牙马德里政治创新工作室的负责人。杰克善于通过网络和实地考察进行研究，他的作品极富想象力，设计手法常常另辟蹊径，其空间效果非常鼓舞人心，为社会公共空间的处理提供了另类的景观设计方案。

作为一个政治活动家，因此，杰克除了对如何处理建筑空间非常感兴趣，也对人们如何使用建筑、人们在建筑中的活动更为感兴趣。他的设计作品并没有特定的风格或形式，他更希望通过自己的设计作品吸引更多的民众参与到设计的过程中来，强调设计的公众性和民主性以及设计方案的包容性和开放新。哈克认为，设计的过程是“定性社会学”，大众可以通过数字化平台以及Web2.0的网络系统参与到这一过程中。同时，他所有的设计都非常关注生态和技术层面的问题，例如本书124页所介绍的景观聚光器的项目，是一个位于西班牙耶克哈城的建筑设计小品，其中体现了哈克对自然、生态、技术等方面的思考。另外，哈克的作品参加过2010年威尼斯双年展，那个作品被称为“破损的泡沫状家庭”，是一个非传统的、具有一定政治性思考的设计作品。

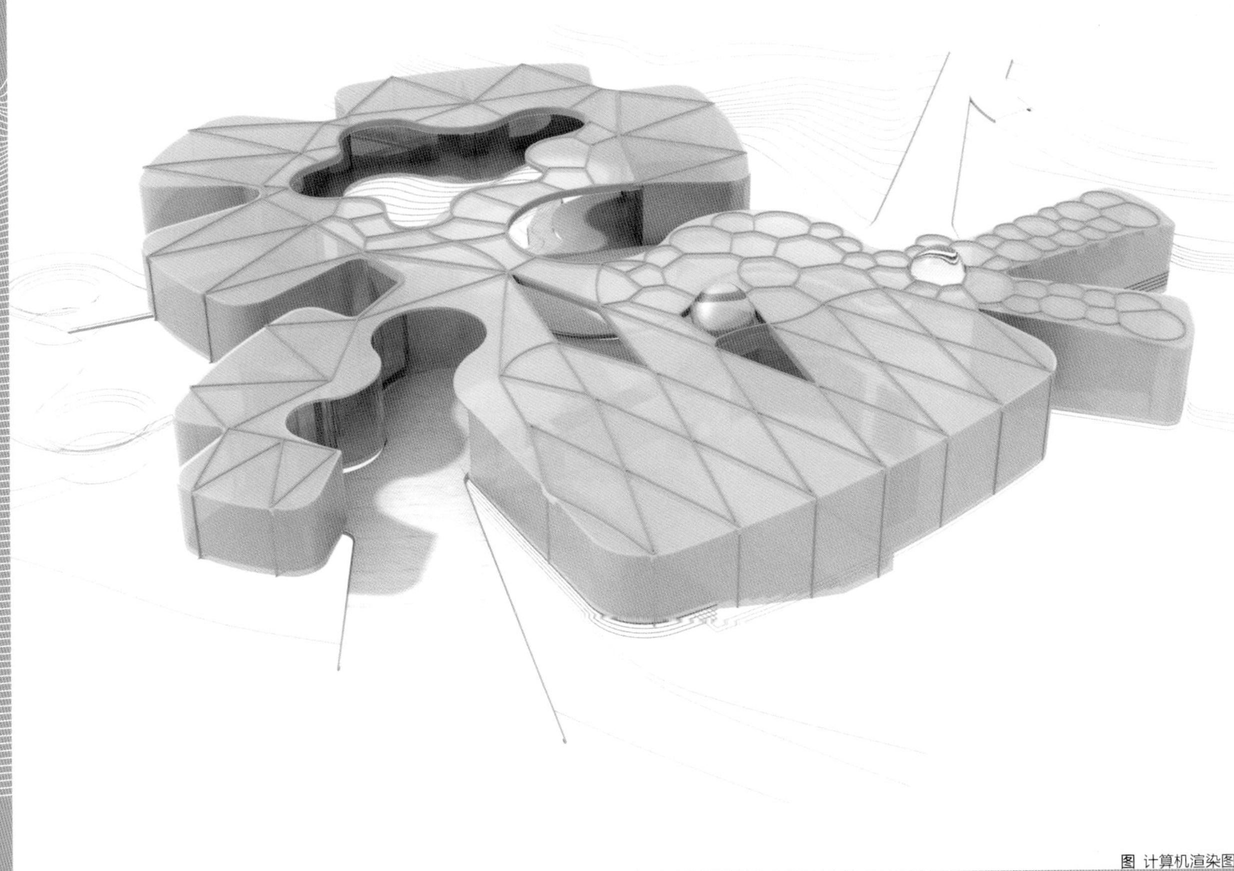

图 计算机渲染图

15.1 景观聚光器

西班牙耶克哈

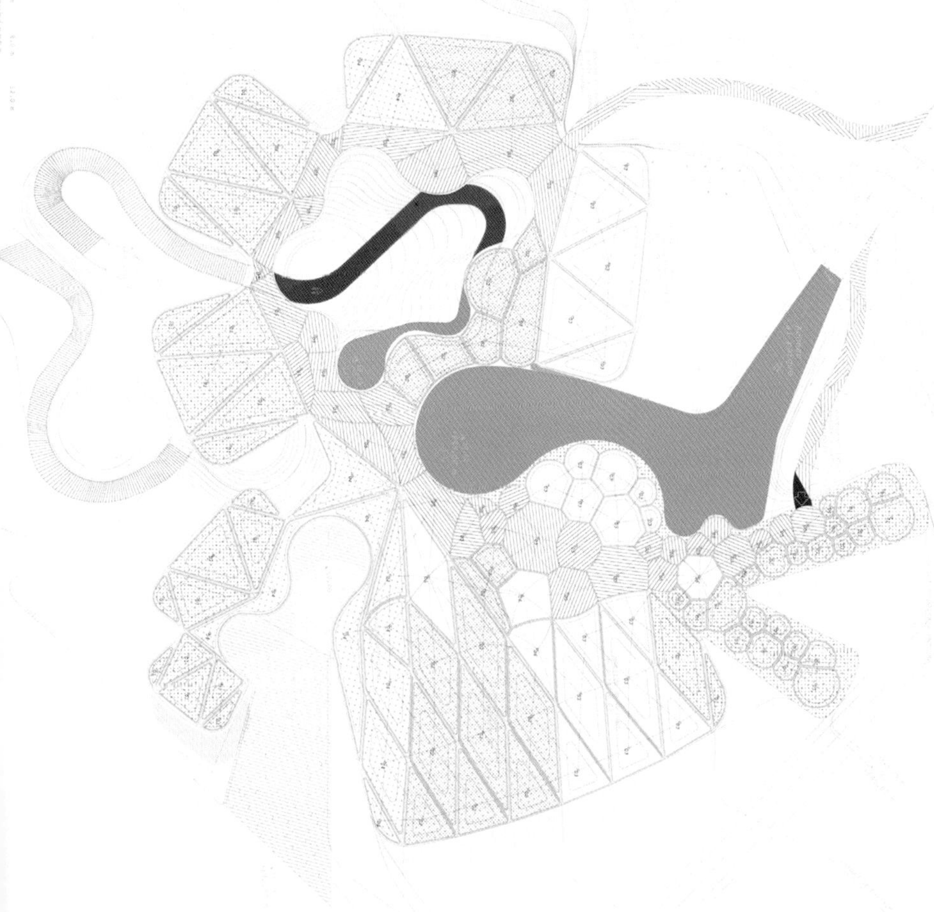

1

西班牙耶克哈市对市区内的不同区域进行了重新整合和规划，在一个未开发自然区域内设置各种景观类型。景观聚光器（Landscape Condenser）是一种独特的建筑装置，能够将周边区域所蕴含的景观树种进行整合，成为区域吸引人气的重要手段。景观聚光器将自然界植被的丰富性和脆弱性都暴露出来，成为临近自然环境的生态缩影。

这一景观建筑设置为三层人工景观，底层是一个带有遮阳系统的聚会场所，这里能够储存水分，将其自然冷却，并能够对环境温度起到一定的调解作用，它能够吸引参观游客进入其中，成为一个休闲空间。第二层从地面微微抬起，立面包含多个以景观、环境、可持续为中心主题的工作室空间、讲演空间、会议等活动空间。顶层是专为周边不同地区域呈现不同地貌情况的聚光器，将不同的植被样式集中在此，充分展现出自然的多样性形态，使建筑极具识别性，成为游客和市民能够充分体验自然环境、重新认识自然环境的空间场所。

图1 方案平面图
图2 规划方案图
图3 轴侧图

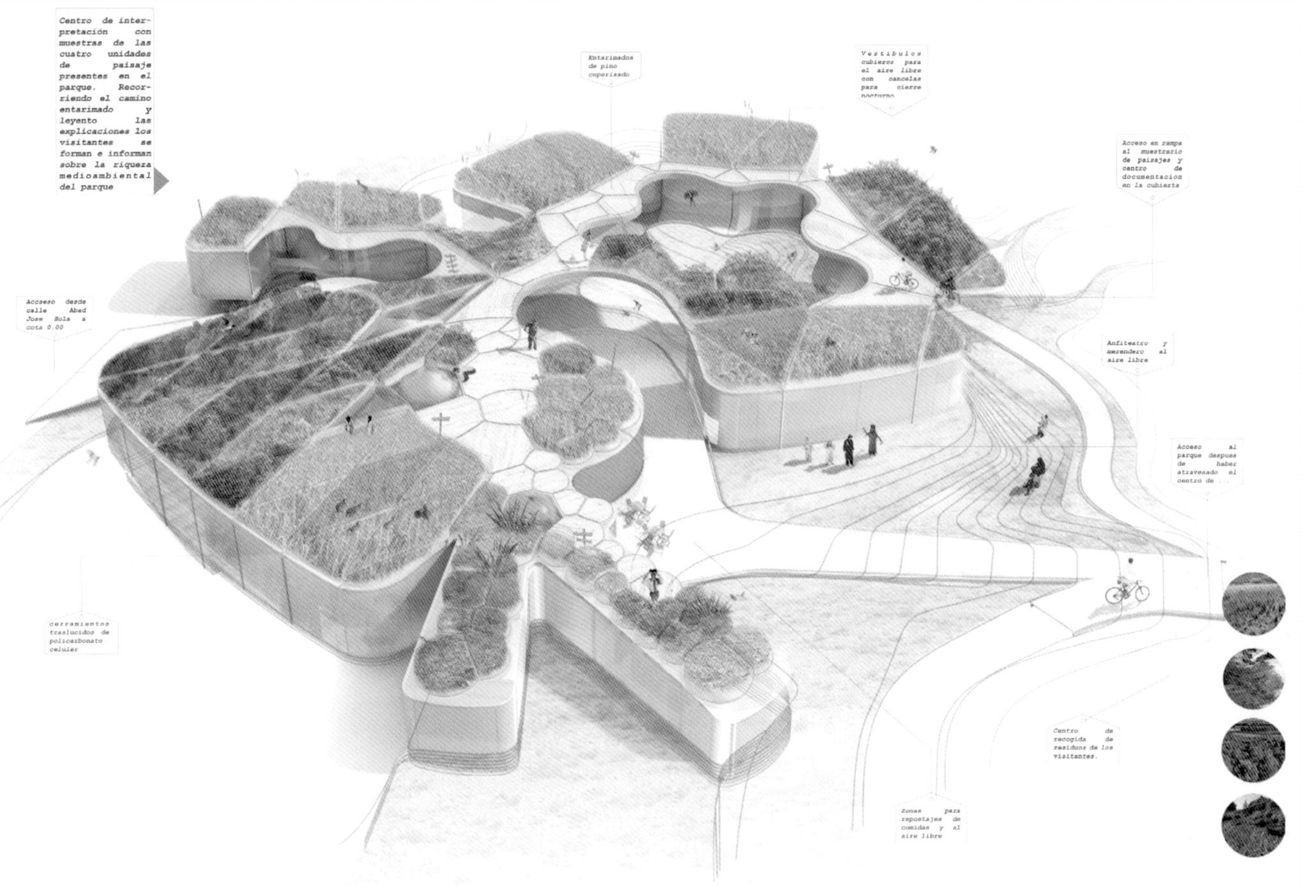

Centro de interpretación con muestras de las cuatro unidades de paisaje presentes en el parque. Recorriendo el camino entarimado y leyento las explicaciones los visitantes se forman e informan sobre la riqueza medioambiental del parque

Entarimados de pino cuperizado

Vestibulos cubieros para el aire libre con cancelas para cierre nocturno

Acceso en rampa al muestrario de paisajes y centro de documentacion en la cubierta

Accseso desde calle Abad Jose Sola a cota 0.00

Anfiteatro y merendero al aire libre

Acceso al parque despues de haber atravesado el centro de ...

cerramientos traslucidos de policarbonato celular

Centro de recogida de residuos de los visitantes.

Zonas para repostajes de comidas y al aire libre

2

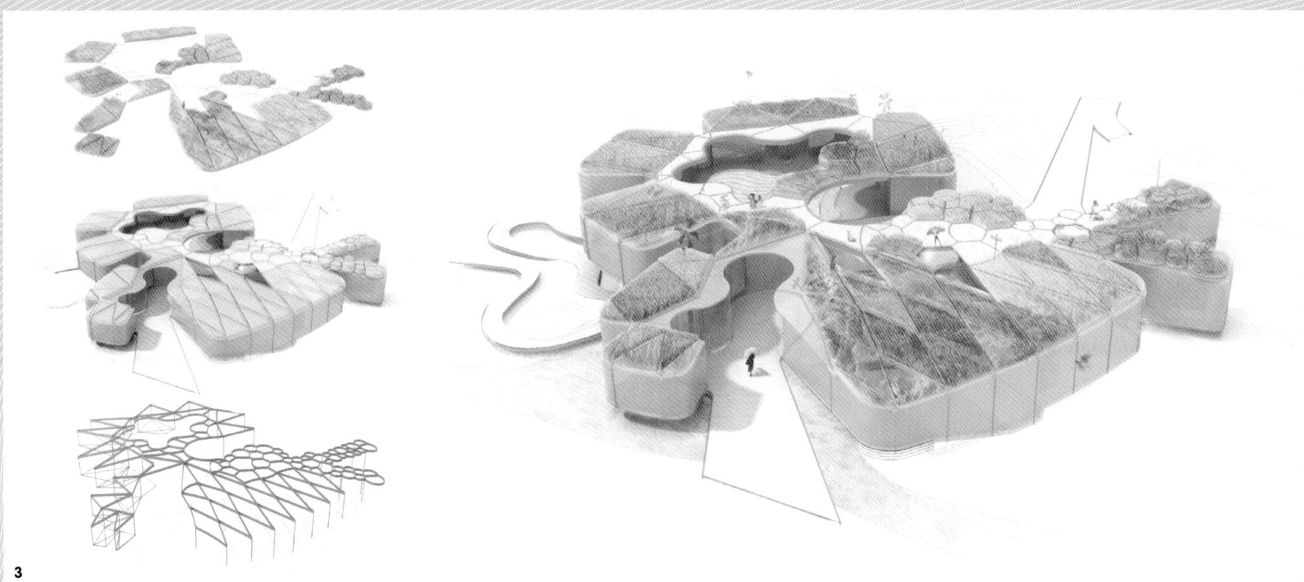

3

16

梦想建筑实验室

梦想建筑实验室由克里斯·博思（Chris Bosse）和托比亚斯·瓦力塞尔（Tobias Wallisser）成立于2007年，目前在悉尼和斯图加特两地拥有工作室，是在数字化设计实验和创新的引领者，公司的项目遍及德国、奥地利、阿联酋、中国和日本。该公司认为，建筑是对其所在社会的反映，建筑的发展依赖于新技术的更新和社会文化的变革。为了实现建筑反应社会进步程度的目的，他们的设计中大量应用了计算机数字技术，不断将数字化领域的新技术应用到设计的过程中去。

该公司注重自然与环境的和谐发展，利用自然生态原则创造人工生态系统。在设计过程中设计师对多种不同的表皮、结构、空间、通风、材料、气候系统等进行比较研究，以选择最为适合的设计方案。在一些项目中他们还会采用数控机床加工技术来进行实体模型加工，因此，数字化技术已经嵌入到他们设计、生产的全过程中。除了大量的工程实践外，梦想建筑实验室也进行了大量的科研项目，主要关注复杂的空间概念、参数化设计和虚拟现实环境。

图 市政府办公室区，河内，越南

16.1
市政府办公室区

越南河内

图1 数字化合成透视，凸显方案的水平和垂直绿色表皮
图2 绿色丝带概念图
图3 场地鸟瞰图
图4 绿色表皮，局部轮廓图
图5 平面图

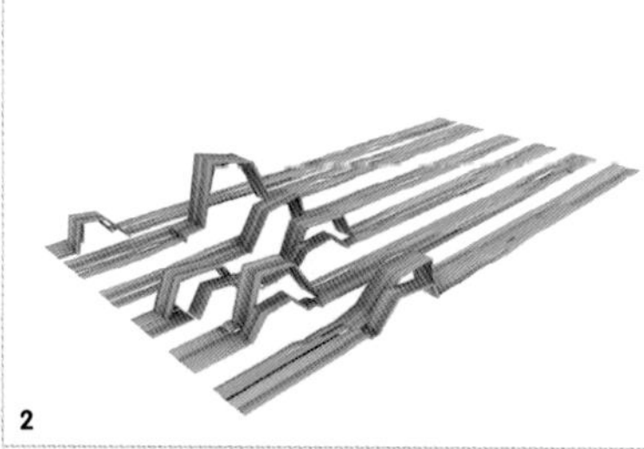

本项目位于越南河内，设计团队采用了“绿色表皮”这一新奇的设计理念，在设计中将水平景观和垂直景观进行联系，创造连接建筑群与周边环境的“绿色丝带”，以实现建筑群与周边自然环境的和谐共生。景观采用传统的“分配”模式，即通过“绿色丝带”将场地景观与建筑景观有机结合，进而通过对绿带上不同空间的组织划分来添加不同的功能和活动，以形成景观的整体框架。整个景观方案反映了当地的文化特性，并实现了生态理念下的社会、文化和环境条件之间的动态交互。建筑群将政府功能、商业功能、娱乐休闲功能结合在一起，创造了崭新的越南新形象。

倾斜的侧立面是整个建筑群的关键标志，它将建筑和景观有机地结合起来，并且具有多种不同的功能，为整个体块提供多种服务。绿色丝带具有一定的贮水功能，储存的水量能够保证自然被动冷却系统和种植系统的用水量。水平景观的组织方式允许场地进行多种不同的活动，并且能够让使用者和景观体系产生互动，这就为场地的景观体系增加了很强的可识别性，强烈而清晰的正交体系将场地进行了明确的功能划分，人行路径也非常清晰明了。场地北部大胆地设计了一个中心对称的礼仪广场，场地南端则设计了形态自由的绿化公园。在数字化设计的过程中，设计师着力突出自由灵动的绿色丝带的潜力，他们使用参数化工具创建了一个网络，通过电子设备来对场地空间和场所设施进行远程控制，例如停车、记录、访问和加载。多重不同的系统确保这一设计成为河内市最为特别的一个景观空间，市民们可以在这里获得多重享受——阳光、空气、景观、结构、光影和浪漫的休闲生活。

4

5

16.2
未来之洲

马斯达尔，阿拉伯联合酋长国

1

2

3

马斯达尔是一座未来的生态城市，它将可持续技术用于现代建筑设计和景观设计中。梦想建筑实验室在马斯达尔设计了一个位于城市中心的广场，其名称为“未来之洲”（oasis of the future），这个广场积极适应环境，促使人们在这里进行社会交往。他们的设计方案主要关注以下三个方面的关键性问题：

■ 展示，展现了在一个现代、动感、标志性的建筑环境之中，可持续发展技术的重要性、益处和利用方式；

■ 激活，在这里使用的可持续技术是适应周边环境的功能性需求的，是能够一天24小时，一年365天持续运行的可持续技术；

■ 互动，设计方案鼓励和刺激社会的交往，有助于马斯达尔人口的发展逐步达到理想的愿景。

未来之洲的设计展示了在友好的建筑环境内所能够使用到的一系列可持续发展技术，这些技术能够实现灵活的使用空间、室内室外的舒适性以及空间的最佳使用性能。这些可持续发展技术包括热辐射表面、补充自然风模式、冷却雾、热质量、时脉码调制、板坯冷却、月神牌ClimaPlus吸音板以及环绕广场的外部立面遮阳系统。设计的目标是在合理的预算区间之内提供最具实用性的设计方案，为阿布扎比能源公司提供碳排放最低的可能性，同时又能保证使用者获得最高水平的舒适度。

在未来之洲中，建筑师还设计了一个互动雨伞装置（他们称之为“未来的花瓣”），这种装置能够在白天遮阳，同时收集能量，在夜间的时候折叠起来，并将白天储存的热量释放出来，以对环境进行一定程度的供暖。在设计这一装置的时候，设计师根据当地太阳能分析的结果对互动雨伞的外立面旋转角度进行了设定，从而保证这一装置能够根据不同的太阳入射角和日照高度进行位置和角度的调整。

图1–3 数码合成效果图
图4 互动雨伞装置细部
图5 互动雨伞装置夜间折叠效果
图6 互动雨伞装置白天打开效果

4

5

6

17
LAND公司

LAND是一家环境与景观建筑设计公司，在意大利和德国设有分支机构。他们的服务对象既包括公众企业，也包括私人业主，公司的设计理念在于积极平衡所有的环境资源，对其进行综合管理和利用，以实现可持续发展的积极目的。LAND在设计实践中一直坚持跨学科设计的理念和思想，认为环境景观设计应该与生态科学、规划设计、建筑设计、城市设计协同发展，只有协同的设计思想才能营造出最佳的设计方案。

LAND的设计工作和研究实践主要集中于战略性规划，主要是在大的区域范围内。Land的范围涵盖公园和花园的开发，既有私人的也有公共的。在设计过程中LAND大量应用各种数字化技术，例如使用AutoCAD和GIS地理信息系统进行场地分析，使用Photoshop进行图像修改，用Illustrator进行图像处理、排版、图表、总图绘制等工作。公司拥有各种各样的专门人才，包括建筑师、景观设计师、园林设计师、农艺师、博物学家、环境工程师，以及其他专业设计人员。不断招收的新员工为公司不断注入新的活力，带来多元化的设计方法、技术和数字化创新技术，以保证LAND公司能够进行更加多元化的设计实践。

图 杜伊斯堡站前广场，德国杜伊斯堡

17.1 杜伊斯堡站前广场

德国杜伊斯堡

这个新城市广场位于杜伊斯堡城市中心，这里充满了工业建筑的历史印记。杜伊斯堡市提出在城市的中心火车站的前部设置这样一个大型的城市广场，它应该能够覆盖城市的主要街道，为城市注入新的生机和活力。LAND的设计方案在投标竞赛中胜出，他们提出了一个具有创新性的方案，以步行系统为整体框架的组成要素，而后通过改变人行流线和交通方式，实现新的交通组织方式，对广场的“交通流量”进行一定的控制和疏导。

设计师在前期阶段对广场人流的交通方式进行了系统的分析：通行点、人行线路、主要出入口、会面地点等等。每天都有大量旅客从火车站出发或者到达，广场成为他们的进出车站的集散过渡空间，也可以作为休闲休憩的场地。LAND的设计师们认为，旅客们的运动轨迹自然而然地将整个广场划分为若干区域，这些区域代表着随时间的推移广场上所发生的自然变化。设计团队使用了AutoCAD，Adobe llustrator和Photoshop等数字化软件，从而很好地表达了方案的空间感，实现了这一吸引眼球的设计方案。

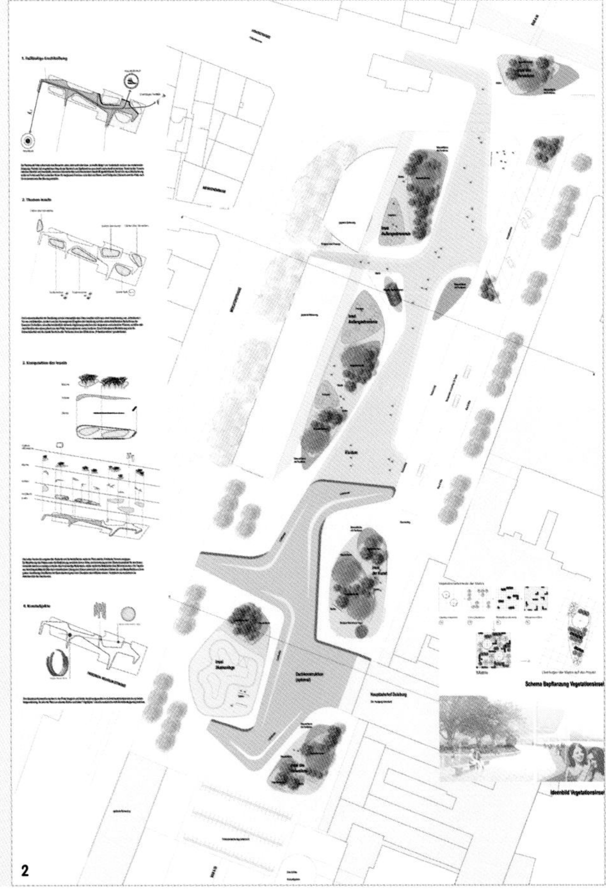

图1 总图
图2 平面图
图3-4 数字合成效果图

3

4

17.2
切塞纳之轴

意大利切塞纳

本项目是LAND公司另一个竞赛获胜方案。在这个项目中LAND提出了一系列与城市“景观轴线”相联系的景观策略，切塞纳市区被铁路分隔成了两个区域，LAND的方案在这两部分区域之间重新建立起了景观和视线上的相互关系。

在这一方案中，LAND给出了他们心目中意大利切塞纳的定义——一个具有文脉的城市，一个充满诗意的城市，一个带有反思精神的城市。方案通过场地平滑连续的起伏反映了城市中水体的存在，并通过连续而平缓的手法实现了水体和周边公园的连接。在面向铁路的主要公园的渲染效果图中，设计者表现了一系列连接岛屿的步行小径，这些道路上既布满了生意盎然的树木和花草，也设计了多种多样的功能空间，为市民提供了一个具有丰富内涵的公共景观空间。

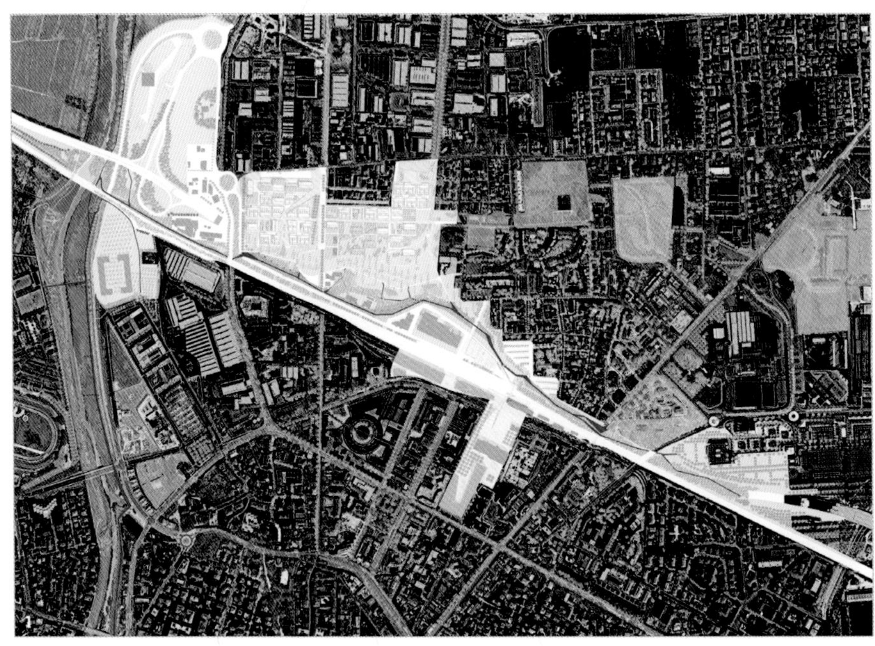

1

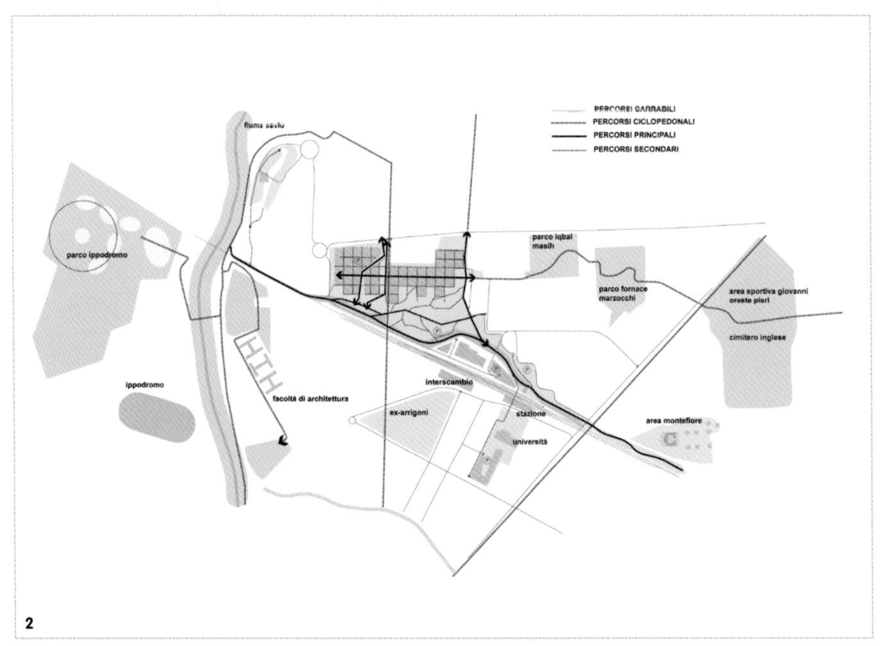

2

图1–2 景观总体规划
图3 局部透视图
图4 3D数字模型的总体规划

18

LAND-1
建筑景观设计公司

LAND-1建筑景观设计公司成立于意大利，致力于景观规划与环境设计的项目，特别注重当代园林景观设计，他们的作品既有公共的，又有为私人客户，还包括国际比赛的参展项目。设计师以艺术的视野进行景观设计，他们认为好的设计应该既拥有合理的功能，又具备创意性的形式，二者完美结合就能够成就和谐宜人的景观设计。

在数字化的技术使用中，设计师通过建模和图像渲染对设计方案进行多方推敲，以实现设计的艺术性和实用性。他们常用的软件包括3D Studio Max建模系统、V-Ray渲染平台，还有相对传统的Photoshop等图像处理软件进行后期图像的处理和数码拼贴，从而实现其作品视觉表达上的艺术性。

图 阴影，蒙特利尔，加拿大魁北克

18.1
阴影

蒙特利尔，加拿大魁北克

LAND-1的设计师认为，阴影是建筑和园林设计的关键性要素，它能够定义空间，表达距离，还能加强透视关系。在园林设计中，阴影能够表达出较深层次情感方面的认知。2002年，LAND-1为魁北克“天使花园节”设计了一个奇妙的景观公园，将场地设计成了类似考古发掘现场的形态。在公园的入口处，游人们能够看到数组看似相同，但形态排布非常自由的裸露地面开口，而后当进入公园后大家会意外发现这些地面上的开口内部似乎种植着浓密的低矮灌木，它们都隐藏在开口的阴影中，非常不易被察觉。当游人从这块场地穿行而过，他们会发现自己的“发掘之旅”似乎永无休止——那些下沉的开口内部是一个个微型的小花园，大家会恍然察觉，在阴影之中隐藏了如此俏皮而又怪异的艺术装置。

设计师使用3D建模软件，对地面上不规则的开洞的大小和深度进行推敲，以便获得对整体地形地貌更为直观的空间感知。数字化技术帮助设计师们预判阴影的效果和氛围，以便对设计方案进行修改和调整。同一角度的数字渲染图与实景图的效果是相同的，这种独特的地面几何形式为这个公园带来了强烈的个性之美。

图1–2 地面上重复的“地面开口”
图3 公园入口区
图4 开口内部在光照条件下充满了阴影
图5 开口内部细部图

18.2 橙之力量

葡萄牙蓬利马

图1 橘子海洋的局部鸟瞰图
图2 儿童在橘子海洋中的玩耍游憩

在2006年葡萄牙蓬利马召开的国际园林节上，LAND-1在自己的参展设计方案的中央位置布置了一棵美丽的橙子树（拉丁语中称为甜橙树），并在树下布置了5万个橙色的塑料球，用以代表一棵橙子树在一百年间所能收获的所有橙子。那届国际园林节的主题是“花园中的能源”，该设计以此为契机，通过橙子树装置表达了对奇妙大自然的敬畏和感谢之情。之所以选择橙子树作为设计的象征，是因为橙子树已经有四千多年的种植历史，它是历史上将东方和西方联系在一起的纽带。甜橙是从南欧起源的，在中国和远东地区都有重要的象征意义，因此设计师选用它来作为装置的主题元素。

橘子海洋的视觉冲击力是由位于场地中央的天然元素（橙子树）、大量的塑料球以及它们所覆盖土壤的强烈对比度来实现的。这个有趣的园林设计中也隐藏着一个不详的生态信息：在当下的社会中，新一代的植物被迫生产永不减产的水果，在这种压力的驱动下最终会产生转基因的产品，以满足谋求“完美”的要求和愿望。设计师正是通过这一装置的设计表达自己对这种社会现象的不满。设计过程中设计师们采用先进的建模软件，对橘子海洋的颜色对比进行调控，对装置的艺术效果进行控制。四棵橙子树呈对称形态布置，每棵树周围的地面上都仔细地摆满了橙子，以橙子树为中心呈中心发散布置，这样精心的设计是为了在理论上能够计算地面橙子的数量。数字化图像显示的方式比以往任何建造工作方法都能更为直观、更为准确的表达设计背后所蕴含的理念。

1

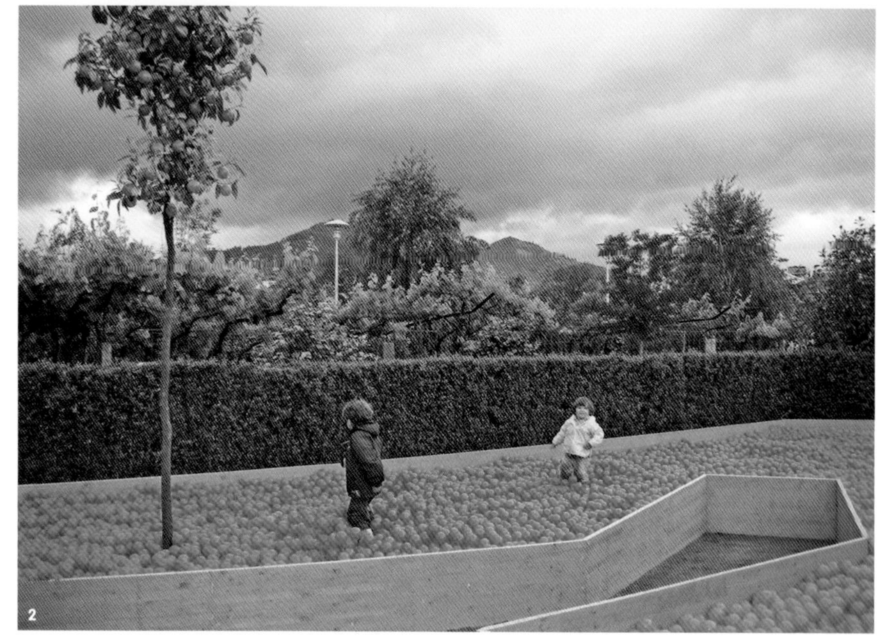
2

18.3
轨道
意大利卢卡

1

2001年在维拉格拉鲍召开的阿特·托普利亚艺术节上，LAND-1的展品重新诠释了绿色雕塑的想法——人类通过塑造植被的不同形态来实现控制自然的目的。在LAND-1的作品中并未像传统方式一样利用垂直的成型植被进行整体形态的塑造，而是将草坪看成一个整体的形态，使之成为雕塑的原材料，在水平的形态基础上进行雕塑设计，实现整体的空间效果。设计团队想象中有一只巨大的手在挠抓土壤，撕裂草带，使草坪上出现了光秃秃的效果。

设计师认为，这一方案中的地面塑形方式不是破坏性的，它背后蕴含着更深层次的解读。为了挖掘这一具有历史性地块的特点，设计师们通过精心的设计，以一种俏皮的艺术的方式进行了景观设计。方案中人工制造的彩色沙滩和几何形态的地形艺术形成了整体而又醒目的地景形态。设计师采用先进的蒙太奇设计手法和数字化图像处理技术，实现了理想型和现实性相合成的视觉效果，体现了理想的景观方案。

图1 草地上的“抓痕”
图2-3 草带的拼贴合成效果
图4 草带局部小透视，与周边环境的呼应关系

19 Landworks 工作室

Landworks工作室由迈克尔·布里尔（Michael Blier）成立于1996年，总部位于美国马萨诸塞州波士顿市，是一家景观建筑事务所，公司重点关注景观设计和建筑设计中的艺术性、生态性和技术性。布里尔自1999年起就在Landworks工作室推行数字化设计方法，他同时在哈佛大学和罗德岛设计学校授课，在课程中他也引入了数字化设计工具，他鼓励自己的雇员和学生们在设计实践中采用先进的设计手段。在布里尔开设自己的工作室之前，他曾经在玛莎·施瓦茨（Martha Schwartz）工作室效力，在这期间他深受施瓦茨的设计理念影响，因此Landworks的设计风格也收到一定导向，体现在很多艺术作品和创意景观项目的设计中。

Landworks工作室推崇可持续设计的思想和创新性的设计原则，他们认为无论项目类型如何，规模大小，都应该在设计中坚持可持续的设计思路和创新性的设计方法。同时他们认为应该推行多技术协作和跨学科的设计方法，即利用不同学科的技术手段来解决当下的设计问题，尤其是项目周边的环境和区域环境系统的集成，对项目本身的设计非常重要。只要可能，Landworks就会在设计中充分利用当地的土壤植被和生态系统，以使方案与环境更好地协调共融。

在Landworks设计过程中，非常重要的一个阶段是设计师对设计技术的详尽测试，以及对每个设计方案环境适应性的全面评估。他们认为这样才能够使设计方案对其周边环境达到适应性最强，规模最适宜，用户体验性最佳。为了实现以上目的，他们使用各种各样的数字化设计软件，包括3D Studio MAX，Google SketchUP，Autodesk Revit，AutoCAD和BIM（建筑信息建模系统）。

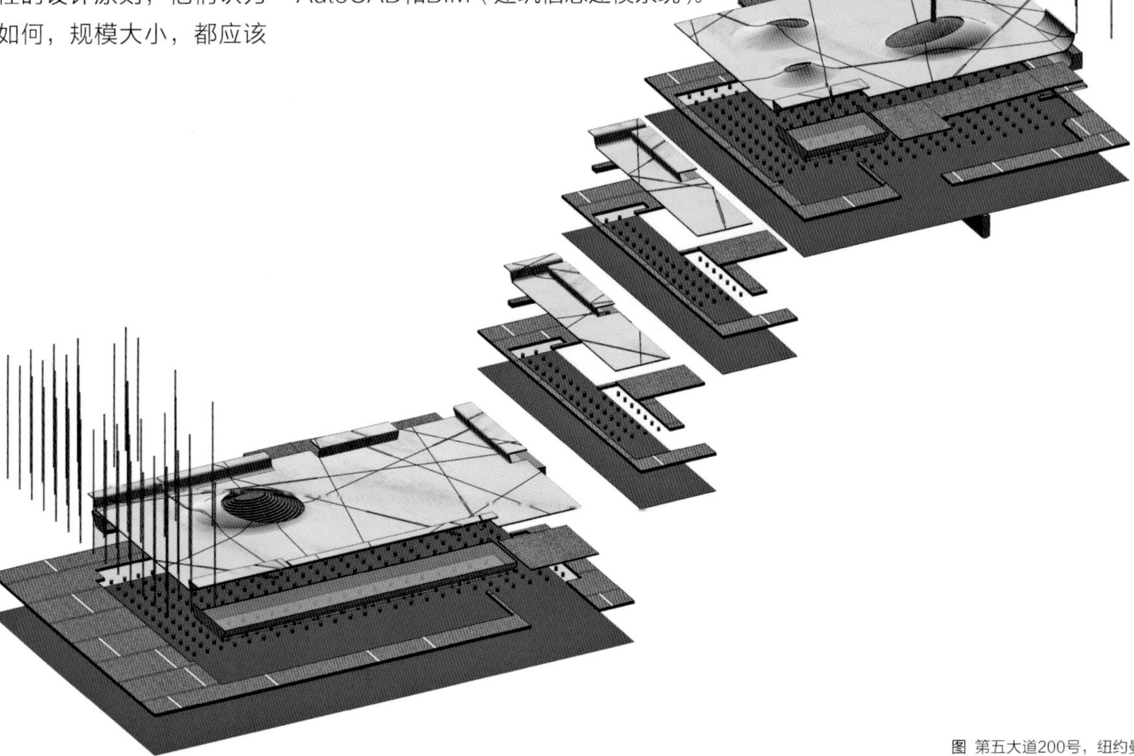

图 第五大道200号，纽约曼哈顿

19.1
第五大道200号

纽约曼哈顿

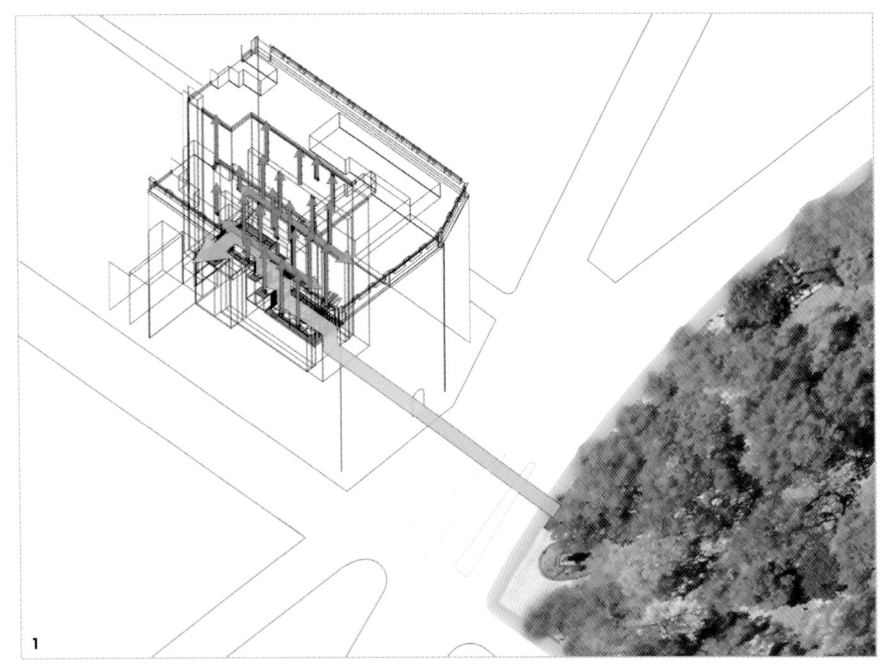
1

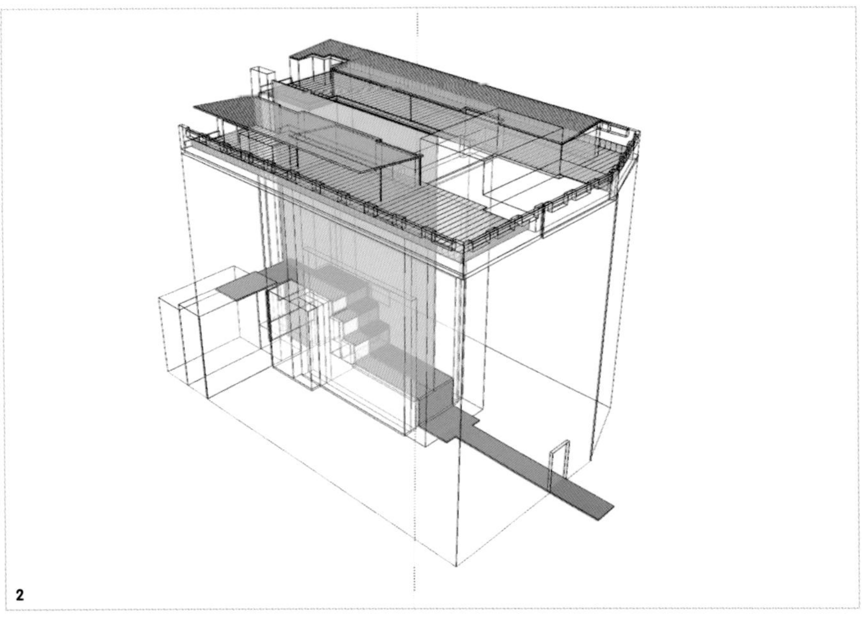
2

本项目位于纽约曼哈顿区第五大道、百老汇大道、第23街和第25街围合的地块之间，这一地理位置非常敏感，具有强烈的历史性，因此设计师在其庭院景观设计中采取了较为谨慎的态度。建筑以前的功能是酒店建筑，它毗邻麦迪逊广场公园，其改造后会成为国际玩具中心大厦的一部分。

方案在建筑中插入了一个简单的“漂浮”的白色托盘空间，以及一个“悬浮”的轻质钢筋混凝土块。这两个物体之间无缝连接，对建筑中大堂、庭院和阳台等不同的空间进行调整和适应，从而保留了建筑的历史性。最终版本的设计方案营造了若干个不同的聚集场所，并为建筑的使用者提供了充满趣味的视觉感受，营造了非常迷人的精致景观。

对于庭院空间垂直方向的尺度感来说，光感、阴影和视觉装置是营造空间氛围的重要元素，它们对于整合庭院的空间质量至关重要。在这一设计中设计师采用了一系列不同的三维数字化软件，包括3D Studio Max，谷歌Sketchup和AutoCAD，以模拟空间场景，对庭院中水平方向和垂直方向的景观设计进行细节推敲，已形成最终的设计方案。

图1 公园连接处
图2“悬浮空间”的数字模型图
图3 平台实景图
图4 绿地效果图
图5“悬浮空间”的轻质钢筋混凝土块，建成效果
图6 托盘轨道的模拟图

3

4

5

6

19.2 AIA总部改造

美国华盛顿

美国建筑师学会（AIA）总部位于首府华盛顿特区，Landworks工作室负责对其进行景观设计，方案反映了美国建筑师学会在生态性和社会性方面的诉求，将在2030年实现碳中和的目的。设计方案与场地内现有的花园系统紧密相连，与附近的历史性建筑八角楼相呼应，并与美国国务院及周边的街区景观产生视觉联系。

方案整体追求生态性的特质和雕塑感的形式，增设了一套生物滞留系统，辅以生态墙和人工湿地，与原来的景观系统形成紧密联系。这些景观元素不仅在视觉上和实体上将不同地块联系起来，同时还具有一定的功能，可以帮助整个基地进行雨水收集和中水处理。此外这一项目还能够向社会大众宣传AIA可持续发展的愿景。项目应用数字化技术进行辅助设计，其中重要的一部分就是BIM建筑信息模型设计。Landworks工作室乐于推行数字应用技术，在本项目的概念设计阶段到最终施工图设计阶段都应用了不同的数字化设计软件。例如Autodesk Revit，所有的设计顾问和设计师在设计的每个阶段都在使用，它保证不同团队的工作充分协调，同时确保较高的设计水平和良好的设计成果。

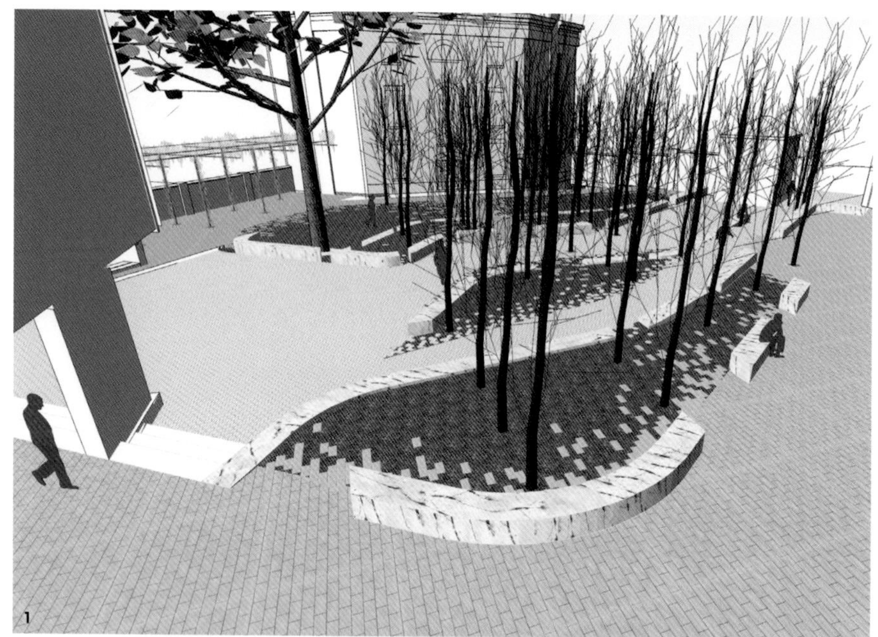
1

2

3
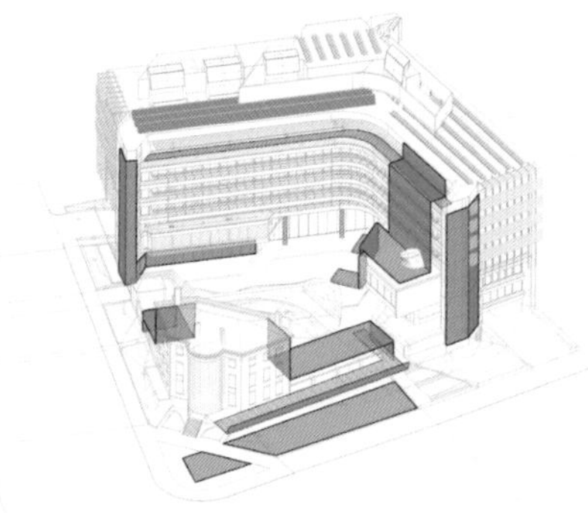

图1-3 数字模型图，使用谷歌Sketchup和CAD绘制

19.3 673广场

美国华盛顿

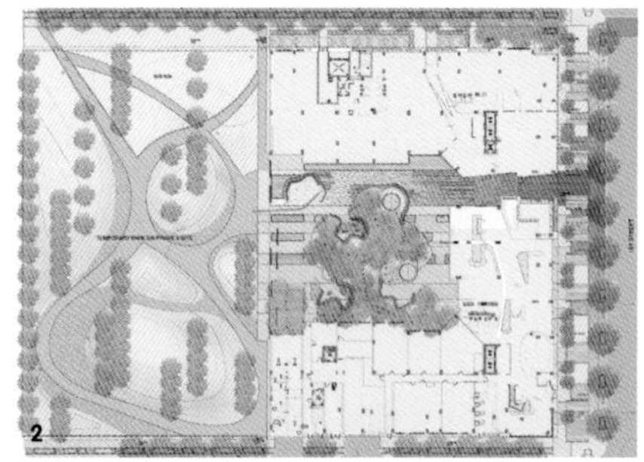

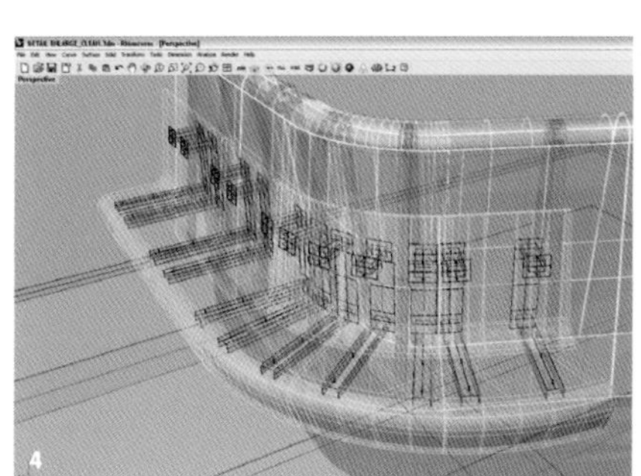

673广场是华盛顿特区附近马萨诸塞州大道北部NOMA区的一个公寓综合体，其设计理念之一是“联通性”。这种理念通过极富雕塑感的景观形式和不同材料的精心“编织”来实现，设计师在这里创造了“形式充满动感，样式非常时尚，现代感十足的视觉景观标识空间”。Landworks工作室与客户阿克斯顿·史密斯以及建筑工作室共同合作，为居民们设计了室内外相互交融，具有“体验式变化和趣味性视觉”的景观空间。

设计师精心地为每个空间设计具有特色的功能内容，同时也不忘塑造引人入胜的外部形态和雕塑般的体量感。方案中一个细节是他们特别设计的蛇形长椅，为实现这种流畅的自由形态，设计师们在概念阶段使用犀牛软件进行建模，在施工图设计阶段也应用这一软件进行外形定位。有了数字三维模型的辅助，设计组可以对景观小品的照明效果进行检测，对复杂形态表皮所覆盖的整体结构进行清晰的定位，同时在施工阶段，三维模型还能够帮助施工人员更好地理解设计思路，进行现场操作，将复杂问题简单化。

图1 蛇形长椅的夜间照明效果
图2 673广场整体平面图
图3 673广场功能结构图
图4 蛇形长椅的数字模型

20
横向设计室

横向设计室（Lateral Office）是一个实验性设计-研究工作室，其创办者是罗拉·谢泼德（Lola Sheppard）和梅森·怀特（Mason White），主要设计范畴是景观、建筑和城市设计。横向工作室致力于通过研究型设计来应对在当代状况中复杂而又紧迫的问题，并试图找出当代都市、公共领域以及基础设施中的棘手的问题，乐于参加不同的设计竞赛、设计展览，出版了多种设计领域的文献资料。

罗拉·谢泼德和梅森·怀特认为，建筑设计和景观建筑设计这两门学科都具有一定的战略性、跨学科性、网络化、互动性和动态性。他们认为在当今时代建筑的内涵范畴扩大了，而建筑的角色是实质功能的表面、容器和管道，其实是更大网络和反馈系统中的一部分，这个更大的网络恰恰是扩大的城市化系统。他们将这种思想带入自己的理论研究工作中去，并在设计实践中加以应用和佐证。最近，横向设计室在网络上开辟了一个博客，名为“红外网络实验室”，通过对建筑、景观、城市规划等领域的设计集成研究，形成一个巨大的网络体系，这个网络包括运输和流动性、生态性和环境性、经济性和政治性、能源和资源、物流和运输等等多种多样的元素，它们在这个平台里共同作用，成为我们所进行的建筑和景观设计的更为宽泛的大环境。

水之生态，加利福尼亚帝王谷

20.1 水之生态

加利福尼亚帝王谷

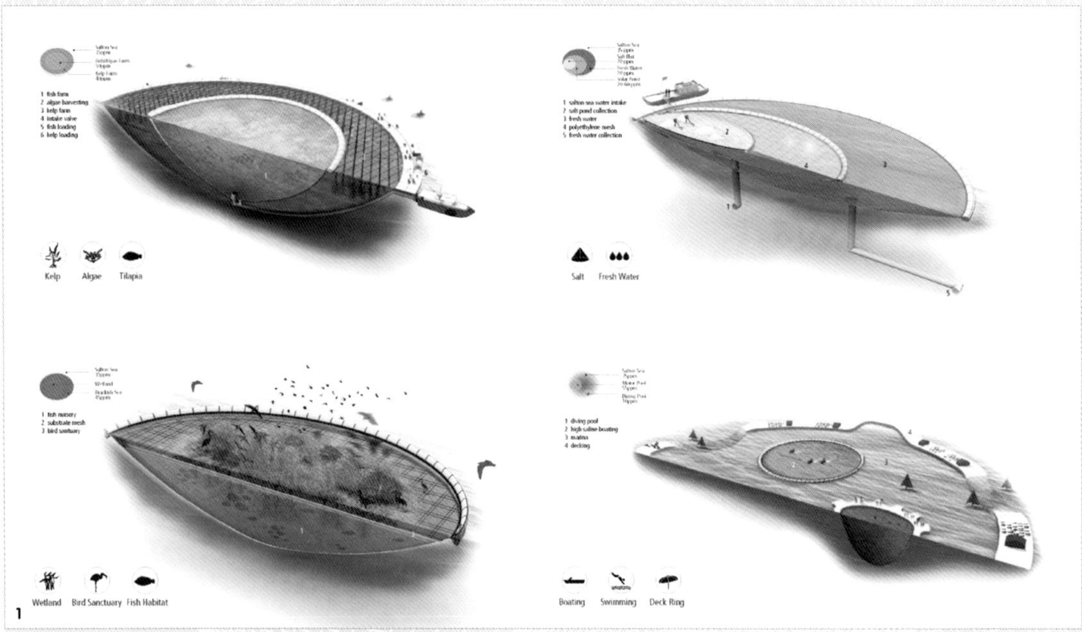

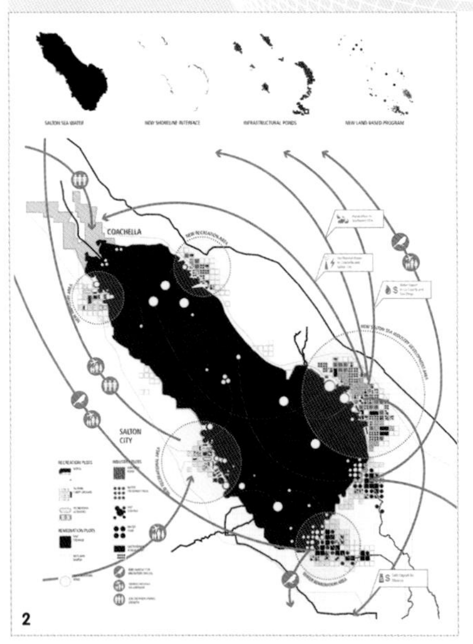

索尔顿湖是一个超盐湖，位于加利福尼亚州帝王谷，其水平面低于海平面，当其在1905年成形时，人工水渠之一被破坏了，湖中涌出源源不断的大水将湖周边的景观淹没了。横向设计室将设计方案命名为“水之生态”，他们提出在这里设计一个灵活的生态基础架构，对索尔顿湖区周边脆弱的生态系统进行重建，并形成具有一定生产能力和文化特征的生态链。他们希望设计出可以替代建筑的市政基础设施，能够为一个非常大的区域范围进行工作。索尔顿湖周边有三座新建的码头城市，逐步增加的人口为这一地区带来较为旺盛的生命力，通过横向工作室的方案，索尔顿湖区能够成为周边大区域的生产、娱乐和自然中心。

方案中设计师们提出了四种湖区功能——生产、收获、娱乐和居住——根据不同的功能块设置了不同大小的湖区内水池，每一个都在尺度和复杂程度上不尽相同。每个水池内都有自己的微生态环境，其内部可以实现生态自给，也可以与周边的其他水池进行生态平衡。当水池需要进行维修维护，或者到了收获季节时，它们可以漂移到湖岸边，进行植被收集或者整体的围护。水池可以相互合并，也可以杂交产生新的景观，设计师将其设计成为能够被动分离水和盐分的生态系统，从而能够为周边区域供水、供盐，具有很大的经济效益。本项目提供了一个能够作为生态系统的基础设施，它既可以扩大也可以缩小，可以改变物种属性，也可以培育、保护和创造新的物种。

“水之生态”创造了具有适应性的、对环境充分相应的生态型景观。这些基础设施非常易于更换，易于修整，它们兼做景观，能够自我生长，随着这些水生生态系统的成长，湖区的景观也随之发生着变化，是一种既具有生态性又具有观赏性的创造性设计。

图1 四个湖区类型
图2 经济流、生态流、娱乐流
图3、5 工业区鸟瞰图，功能转化为鱼类和藻类养殖，海水淡化和盐分提取
图4 娱乐区鸟瞰图，不同的水池带有不同的娱乐功能和主题
图6 生态区鸟瞰图，主要用来进行湿地生态供给，以及为鸟类提供栖居地

20.2 冰链

白令海峡，俄罗斯和阿拉斯加之间

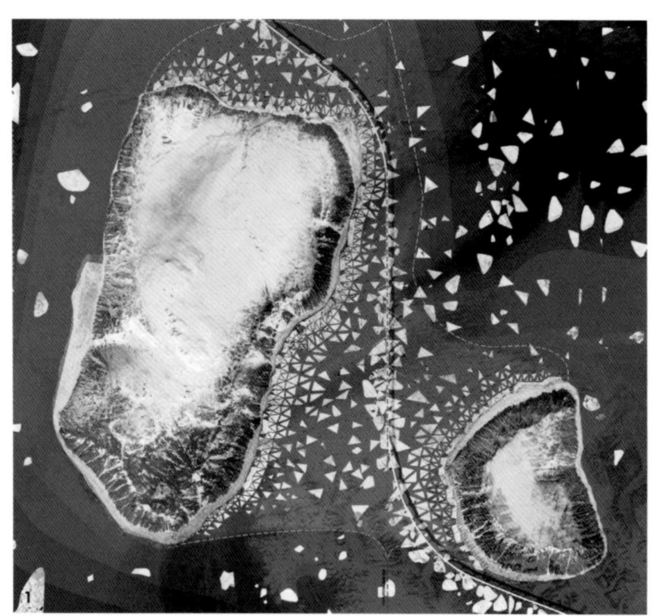

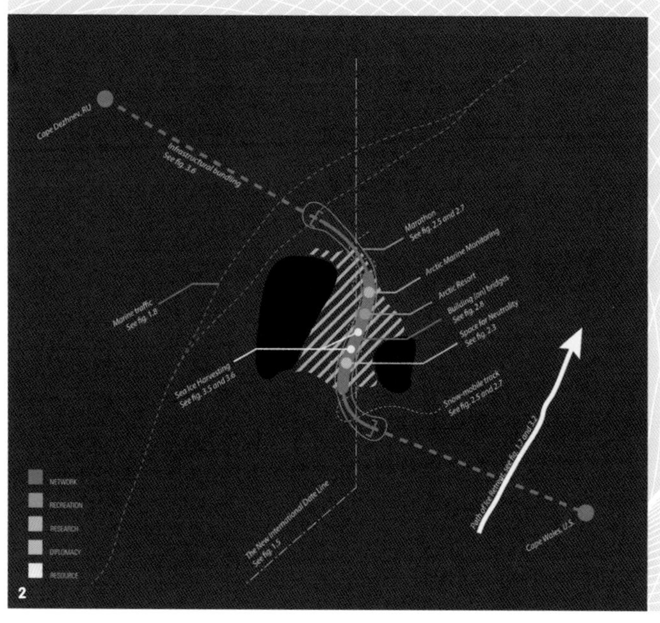

"冰链"（IceLink）项目重点关注了白令海峡的相关问题，这不仅是一个具有纪念意义和象征意义的举动，也是对白令海峡周边地区的整个基地范围内所具备的生产能力和实践能力的测试和考验。设计前期对白令海峡周边地区独特的地貌情况、气候条件和场地情况进行充分的分析和考虑，恢复并加强前白令大陆桥的连接。这座大桥在冰河世纪的不同时期已经将阿拉斯加和东西伯利亚联系起来，在当时就已经成为当地非常具有实用性的市政基础设施。

国际变更线从白令海峡中的迪奥米德群岛中穿过，在该区域内是一个非常显著的地域标识。重新配置的国际变更线从一根线变成了一个区域，这个区域内的空间成为一个中立空间，这一空间无论在本地、本区域还是全球范围内均拥有通讯特权，独特的社区性和显著的可持续性。横向设计室的方案由两个主要的基础设施元素组成：隧道桥梁组成的连接纽带和冰雪公园。链接纽带的两部分是隧道和桥梁，它们都能够跨越海峡建立起连接系统。隧道是从北美洲和亚洲穿越过来的，到离小迪奥米德岛和大迪奥米德岛东侧和西侧的距离约为2-3公里（1.2-1.9英里）时产生形式上的变化。在设计区域两端的地下隧道从水下升起，在空中相互相连成为桥梁，桥梁跨越了大迪奥米德岛的北部和小迪奥米德岛的南部，与国际变更线相切，而后与现行的国际变更线并行达4公里（2.5英里）之长。

白令海峡的连接链由公路、铁路、水体、文化设施、娱乐设施、研究设施等共同组成，它们共同组成了一个新的交换路径，同时它也成为了推进文化交流、科学研究、科普教学以及其他公共项目的催化剂。由于海水较浅，两个岛屿之间存在着大量的天然冰，设计师根据这一自然条件设计了一个巨大的冰雪公园，其面积约2450公顷（6054亩），设计师在其中设置了约850个冰桅杆，旨在加强和突出公园中的冰雪特性，强调这一具有季节性的自然特点。

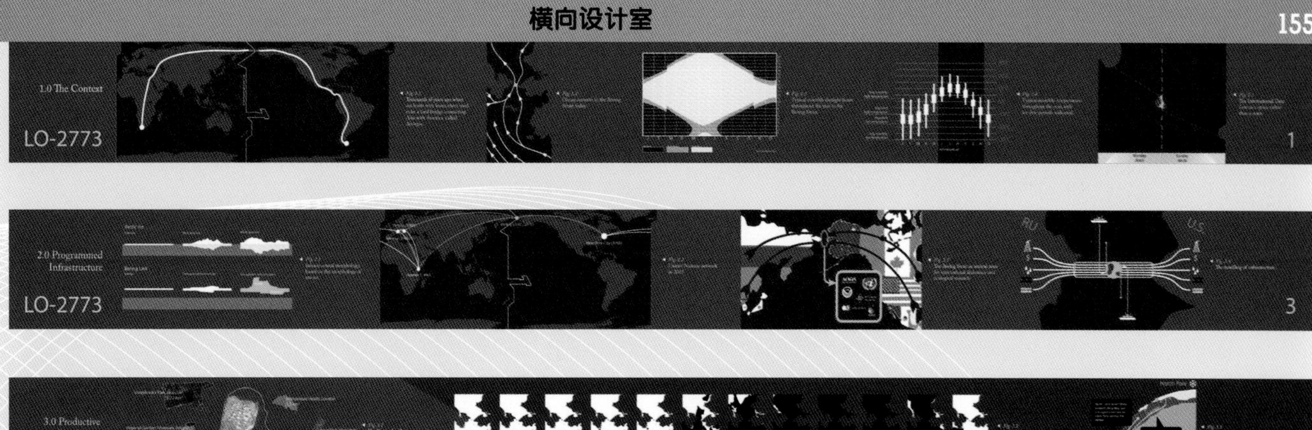

3

4

5

6

图1 场地平面图
图2 设计概念图
图3 设计理念发展图
图4 夜景鸟瞰
图5 夹板小尺度透视图
图6 整体区域鸟瞰图

21

METAGARDENS
设计事务所

METAGARDENS事务所成立于2000年，其创建者是费尔南多·冈萨雷斯（Fernando Gonzalez），公司位于英国伦敦。METAGARDENS设计事务所在数字化设计领域处于前沿水平，在公司不同的设计实践中大力推行数字技术，以减少人工环境与真实环境之间的距离和鸿沟。公司的名称就体现出其设计哲学——前缀“元”代表一种改变，一种积极的转型。冈萨雷斯和他的团队认为，从根本上说“新的技术创新能够为人造生命领域带来不可逆转的推动，数字化技术是一种具有前瞻性的思维方法，它着眼于计算机领域、生物技术领域和控制论系统领域的创新思想，通过这些前沿思路能够大大优化我们的设计进程，提高设计效率，使设计效果更佳完美。”

METAGARDENS事务所的工作凸显出在当下的数字化时代中，建成环境和实验性项目所面临的机遇和挑战。该公司开发了一种设计方法，是通过先进的数字技术进行具有探索性质的实践，这是一种超越了普通和传统方法的实验性手段，例如，他们将园艺和植被当成一种人工建造和人工合成的设计方式。他们常用的实验性工具包括，虚拟现实软件、数控机床、参数化设计、先进的数字景观可视化软件等，常用的软件包括3D MAX和玛雅，通过这些辅助技术，该公司实现了自己标新立异、充满梦幻感的设计方案。

图 海德公园，英国伦敦

21.1
海德公园

英国伦敦

1

2

本项目是伦敦市中心海德公园附近的一栋三层公寓的内部庭院设计，METAGARDENS事务所在这一项目中对庭院的界面处理进行了多层考量。美国艺术家詹姆斯·特里尔（James Turrell）为这个庭院设计了灯光照明装置，当夜幕来临的时候，这个小小的空间被梦幻般的灯光笼罩，产生奇妙的空间感受。设计所面临的挑战是如何创造出一个优雅的、低维护的景观方案，它要对庭院内精心设计的内部装饰和玻璃画廊起到补充的作用，并且不能使庭院的负重以及特里尔的光照装置产生超负荷的情况。客户的要求是将这个景观庭院设计好，成为周边居住区的核心景观空间，同时这个庭院的氛围应该适合沉思。另一个挑战是要激活其他静态空间，并激活庭院墙。

受中国园林和卷轴山水画的启发，冈萨雷斯在设计中采用了屏风和花格窗的设计元素，这使人联想到东方的住宅和院落，创造了绿洲一般的景观空间。设计中的另外一个重点是东方哲学和特里尔艺术装置之间的联系，通过智能地平衡“自我”和“自然”之间的关系，使所有的使用者进入这一空间后，获得宁静沉思的状态。在庭院内界面墙体内壁的处理上，冈萨雷斯采用了表面处理的手法，通过快速原型的计算机建模实现，这种转变的方式创造出一个新的垂直表面。

这种新型墙体是由有机铜结构制作而成的，在东侧的墙体立面上有植物盆栽和长椅与之相连。这种座椅结构类似于河流流经山区的形式，从而加强了宁静景观的概念。这种充满了曲线美和不对称的设计在白天提供了多种变化的庭院效果，方案采用了具有反射性的暖色材质，这将庭院内部的灰暗空间映射的十分明亮，方案细部的处理和平滑的线条为设计平添了优雅的感觉。庭院内种植了三种植物：竹子、枫树和蕨类植物。枫树的叶子类似羽毛的质感，轻灵飘逸的感觉和明亮宜人的色彩为整个庭院提供了宁静的氛围，可供人们在此静赏休憩。竹子和蕨类植物为庭院提供了四季皆宜的景观，而枫树的季节性则为庭院空间增加了时间流逝的感觉。

图1 数字化模型，庭院内景透视图
图2 概念性草图

21.2 电子之梦

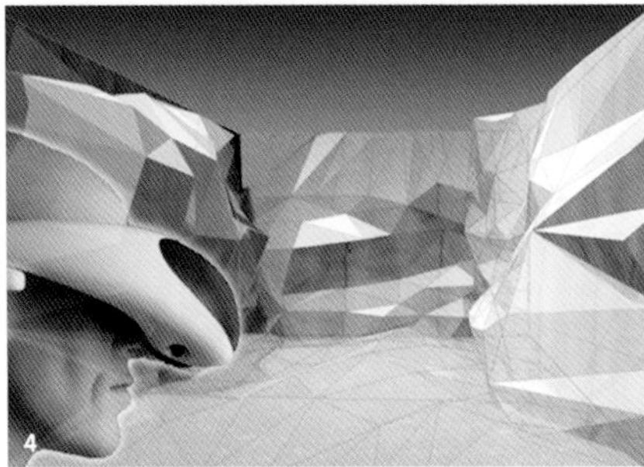

本项目并不是传统的花园设计，而是通过虚拟技术创造出来的，它重点关注人类行为与自然之间的互动。设计的灵感来自于计算机辅助的虚拟环境系统，它采用了先进的图形界面，提供身临其境的体验式感受，使用者可以通过计算机直观而真实地感受到虚拟设计的建成效果。“电子之梦”方案采用数字化手段真实模拟建成环境，使环境设计成为一种具有互动性的过程，在方案中提供了崭新的顶级园艺技术，而所有设计内容均可以自由组合，灵活处理。进行虚拟体验时，使用者佩戴特殊的眼镜（轻量级立体眼镜）和数据手套，它们通过无线技术与计算机相连；使用者可以在电脑上插入光盘，或者上网在线搜索不同的园艺场景，例如草本木本植物、日本庭院图片等，将它们应用到自己的花园设计中。用户也可以在虚拟界面中种植自己的植物，并将自己创造的植物加入系统的植物库中，也可以随时调用历史种植记录，所有的这些操作都可以实时在电脑屏幕上显示出来。

在这一项目中用于进行虚拟界面处理的数字化软件叫做Genr8，它是建模软件玛雅的插件。通过基于物体表面的L系统和进化算法的组合作用，Genr8能够模拟不同物体的生成过程，组合修改不同的NURBS界面，例如它可以模拟细胞生长的模型以及环境是如何影响这一生长过程的。“电子之梦”是一个复杂的互动性环境，能够测试景观方案给使用者的四维空间感受，创造出如梦似幻的虚拟景观体验。

图1 空的景观模拟界面
图2 边界界面处理
图3 界面拼合艾斯特别墅图片的空间效果
图4 去掉图片的模拟界面

21.3 超级玻璃箱

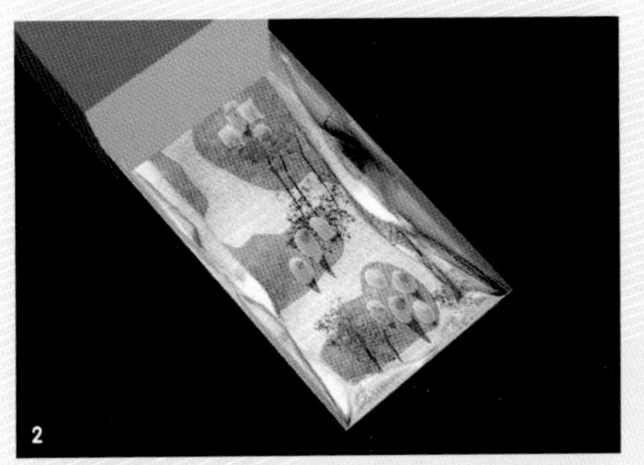

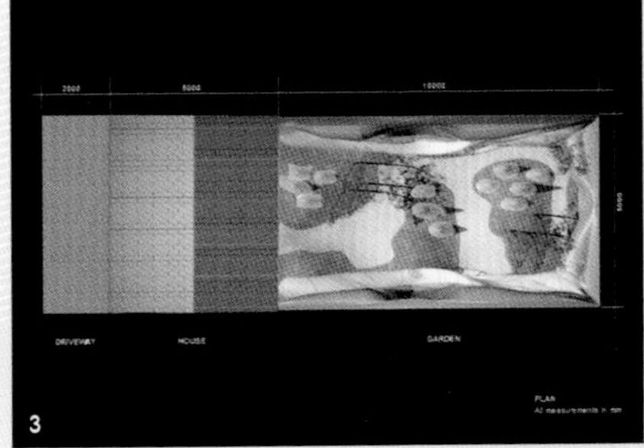

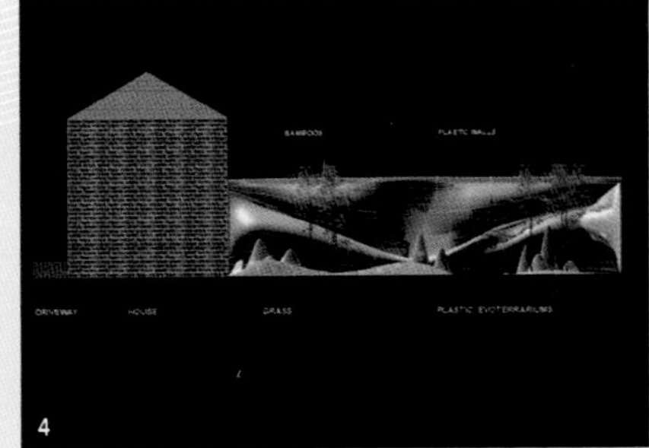

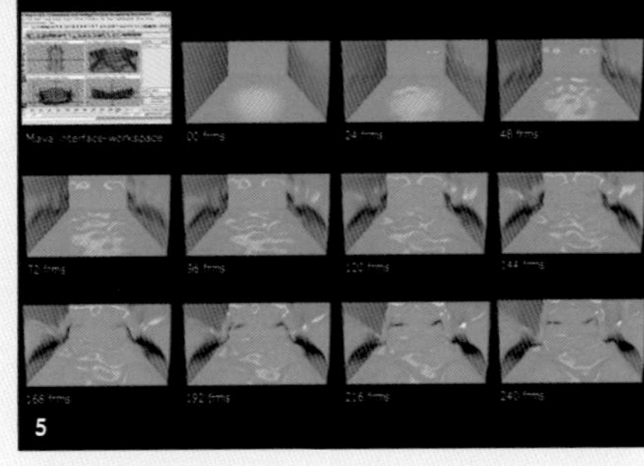

超级玻璃箱（Evoterrarium）是一个创新的概念，涉及到“花园演变”的相关概念。冈萨雷斯认为，郊区花园的设计已经被两个限制因素所约束：一个是构成建筑结构体系主体框架材料本身的特性限制，例如较硬的砖或者石头的材料属性；另一个是天气原因带来的气候条件限制，因为天气可能会对不同植物的种植和生长情况产生影响。如何能打破这些限制条件呢？冈萨雷斯利用玛雅软件创造了一种计算机模拟器，它能在计算机中将花园作为一个盒子转化成自由灵活的空间形式，而后将其插入到某种虚拟环境中，在这里花园的形态将在外力作用下产生一定的变化，这些外力包括风力作用和雨水冲刷等等。

这种数字化设计的结果是我们得到了一个智能机器，设计师将之称为“超级玻璃箱”，它由一种流体的、可生物降解的塑料表皮附着在内部植筋的砖墙上共同组成。通过智能机器的作用，郊区花园从一个简单的几何体转变成为可延展的、具有动态性的、内部相互作用的系统，可以将各种不常见的植物种植在这个虚拟容器的内部。这个智能机器的表皮也可以选用可降解塑料，就像传统的温室大棚一样，它具有加热和冷却内部空间的作用。砖墙的墙壁上由生物降解塑料片覆盖，它们是由激光切割机和热塑形机器对泡沫板切割作用塑形而成的。它们在现场被焊接到等离子切割机制成的不锈钢骨架上，而后再用发泡模具进行发泡处理，整体的形式控制是通过数控机床技术来实现的。

图1 细部效果图
图2 独立盒子，可进行数字模拟
图3 超级玻璃箱平面图
图4 超级玻璃箱剖面图
图5 不同形式的模拟平台

21.4
掐丝

英国伦敦

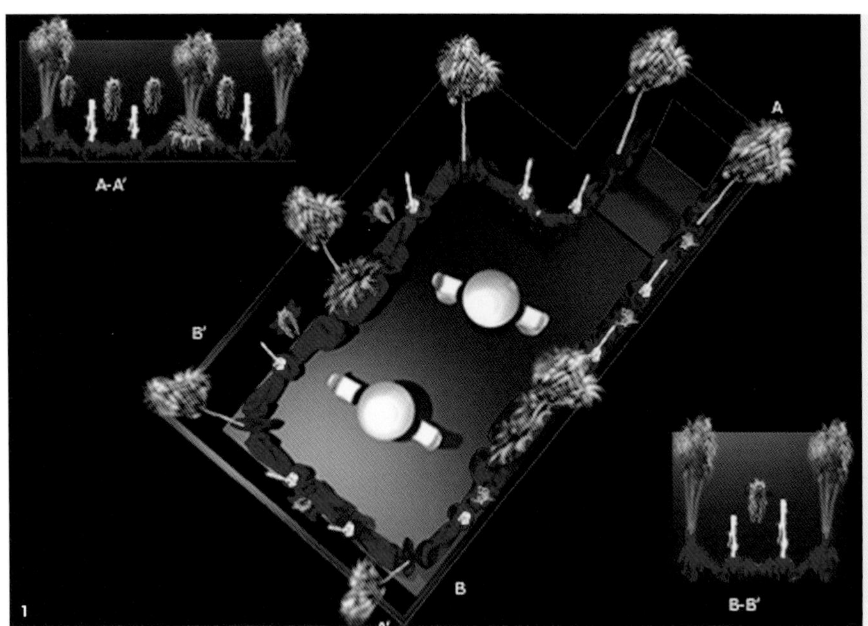

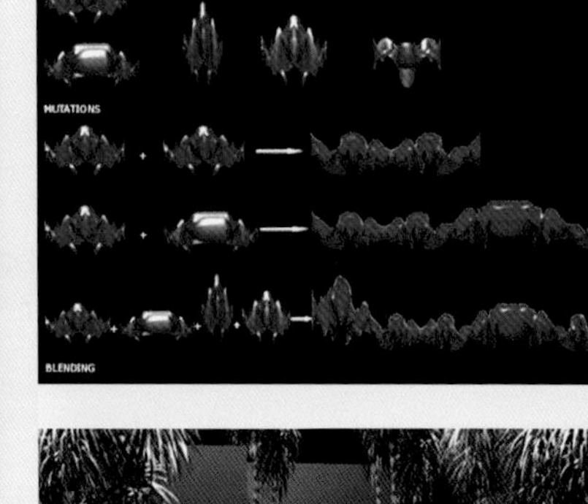

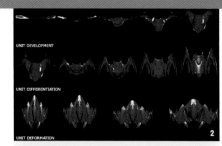

本项目的目的是为伦敦市中心的一个小型的封闭空间创造一个具有刺激性的办公环境，设计中探索了数字化技术在非常规院落设计中应用的可行性。方案的灵感来自于中国传统园林，它充分体现了设计师所具备的艺术素养和在小型外部空间中创造富有力量感的空间的能力。设计师在这里设置了重重叠叠的穿孔岩石，它们彼此间交错搭配，创造了特殊的空间氛围。大大小小的石头块构成了一个网络，不同的石块成为不同部件，组装在一起成为一个整体，形成一种富有韵律感的艺术性。与此同时，石块好似有生命的有机体，通过几种不同的形式表达了设计发展的不同阶段。

为了实现方案中复杂的花园形态，冈萨雷斯采用了玛雅等先进的数字化软件，首先建成方案中基本的构成组件。建成NURBS面后，将其转变成柔性表面，通过物理力的相互作用使外部形态发生改变。而后通过基本组件的组合和变形，形成多种不同的元件，再通过编程对应产生不同的功能，例如喷泉、蕨类植物种植器、爬藤类植物的攀爬架等等。做好的组件采用玻璃纤维的质感，喷成红色的表面，它们组合在一起形成一个动态的有机体，创造出新的空间形式和景观元素。“掐丝”（Filigrana）项目是一个参数化设计的景观实例，在计算机控制的作用下其景观效果总在发生着不断的变化。

图1 鸟瞰图
图2 形式演进过程
图3 形式突变
图4-5 透视图

21.5
怪物

英国伦敦

图1–3 形式生成
图4 平面渲染
图5 模型细部
图6 轴侧图
图7 实体模型

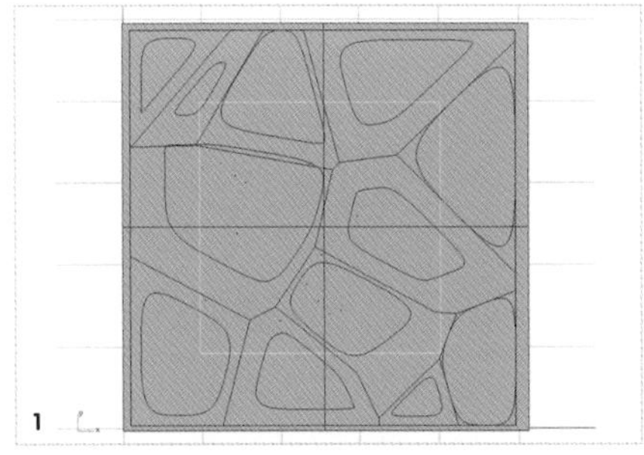
1

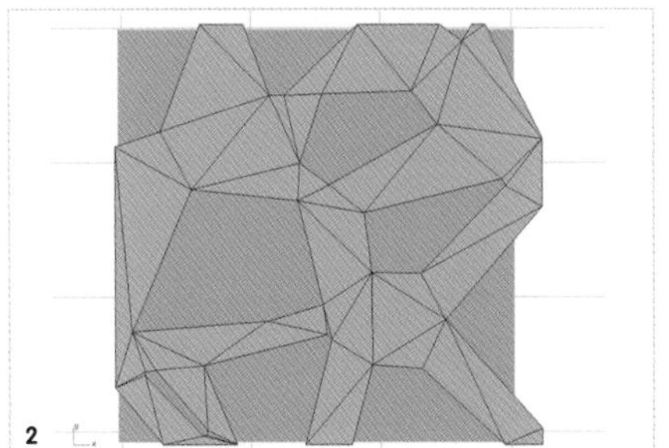
2

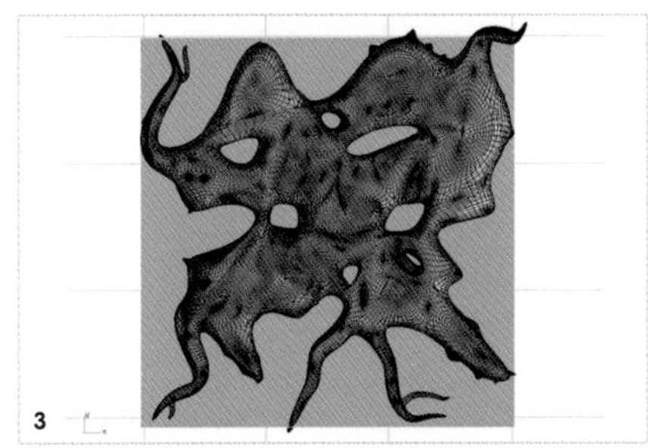
3

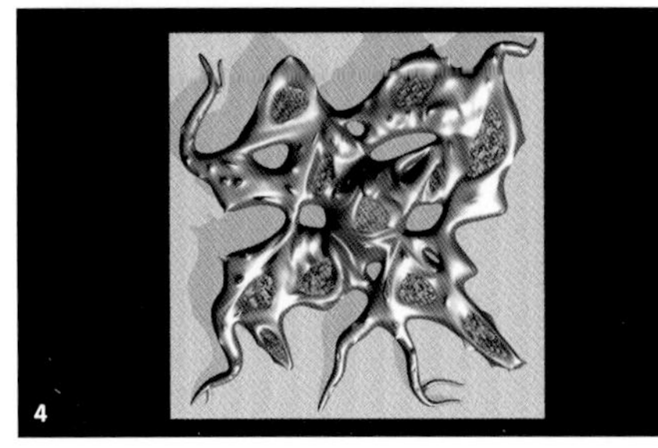
4

5

6

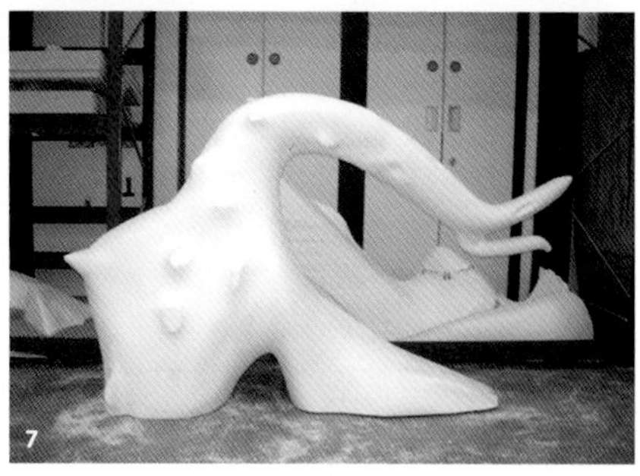
7

本项目是冈萨雷斯与制造专家大都会事务所共同合作完成的，这是一个具有革命性的设计方案，是2009年汉普顿宫花展（Hampton Court Flower Show）的获奖方案。项目名称Monstruosa是西班牙语中“怪物”的意思，代表着外星来客，是一种具有掠夺性的动物，其生命的主要目的就是为了宣扬自己的品种。为了更好地表达这一概念，冈萨雷斯利用食肉植物的复杂生物形态对项目进行了一定的阐释——“主人的生活：植物为了将自己演变成更为强大的‘生物机器’，需要将自己植入自己后代的组织中去，以完成这一复杂的演进过程。”

设计通过参数化装置实现，设计师使用犀牛建立了正方形并设立了一系列随机的点，而后利用Voronoi图算法将之转化为结构形态，进而使用玛雅对结构的厚度进行改变，根据设计的概念逐步改变生成模型的形态。当概念模型确定后，设计师使用数控机床将数码模型制造成一比一的实体模型。设计师对多种多样的植物进行了建模复制，这些植物包括：眼镜蛇瓶子草、黄瓶子草的变种、蚕茧瓶子草、翼状瓶子草、好望角毛毡苔、茅膏菜龙须草变种、丝状叶茅膏菜变种、捕蝇草、“蜘蛛”捕蝇草等等。

21.6 寄生大将军

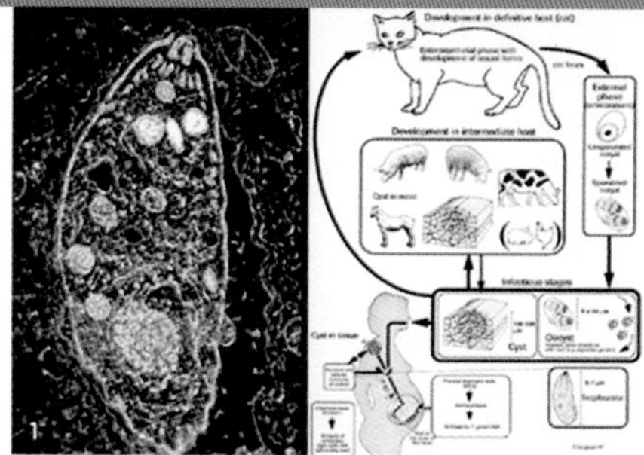

本方案是对一栋高层建筑的屋顶空间进行的景观设计，其设计所蕴含的构思涉及到以下两方面：寄生虫的侵入性以及生态系统控制元件。以这两个概念为出发点，设计屋顶的形态使屋顶的边界出现模糊形态，呈现“出血”和“流动”的状态。设计采用参数化设计方法，使用玛雅软件对方案的形态进行整体控制，其中NURBS面就像“寄生”在另一体块中一般，成为一种柔软的界面控制方式，它利用了空间的遗传性，模仿细胞的复制生长过程，通过界面的生长成功地“入侵”到使用空间中，形成最终的使用方案。

现代摩天大楼的屋顶空间似乎总是一成不变的、缺乏动感的，“寄生大将军”的方案作为一种催化剂，为屋顶空间注入活力、产生活跃的景观。方案屋顶采用红色可丽耐板材以及暖色调的木材，都是采用数控技术切割成型的。屋顶平台上还设计了植物台地，在小草和睡莲铺满的露台上预留了步行小路，供人们休闲漫步使用。设计师计划在种植完成后加上一些具有建筑感的朱蕉，辅以封装的豆荚挂在屋顶的墙体上。总而言之，本项目是一种通过数字化技术设计的信景观形式，它成为一种装点高层大厦屋顶空间的新方法。

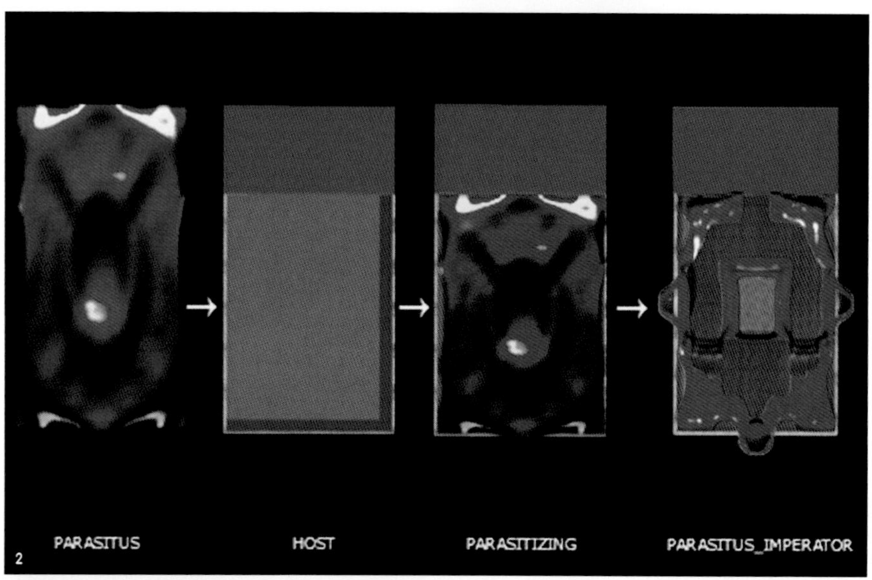

图1 概念图
图2 计算机定植步骤
图3 轴侧图

21.7
脉动

英国伦敦

1

2

3

4

5

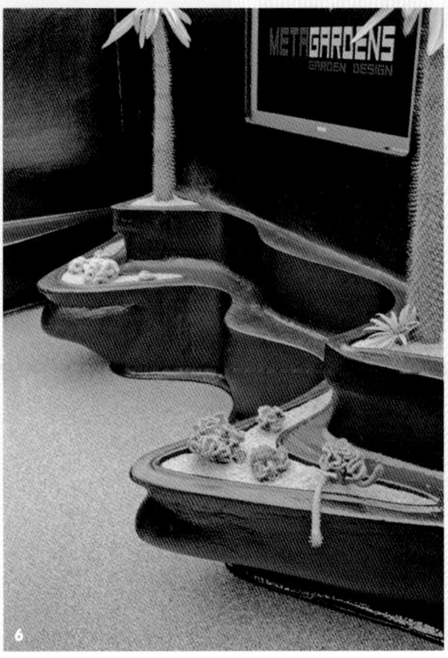

6

图1-3 数码拼贴透视图
图4 数控机床制作模型
图5-6 建成实景照片

本项目是伦敦2008年汉普顿庭院花展（Hampton Court Flower Show）的参展项目，它充分展示了先进的3D建模工具和数字化技术在21世纪的景观规划设计方案中大量应用的可行性。设计的灵感来自于大自然，设计师被自然界具有节奏感的自然力量所折服，希望在方案设计中通过设计元素的起伏和运动隐喻自然界中特定的形式：水体的细水微澜，山体的起伏跌宕，熔岩的缓慢流动。

项目的整个表面由可回收的防水阻燃发泡聚苯乙烯制成，先用数字软件建模后由数控机床进行切割，将塑料基底塑形后用黑色涂料进行喷涂处理。经这种喷涂处理后，景观体形成了一个易于维护的树脂表面，其内部由各种天然的可再生骨料组成。在制作过程中材料受自身属性的限制会出现收缩和扩张的形态，因此设计师将之形象地命名为“脉动”，用这个词来形容植物种植在具有动态变化的背景中的状态。这些景观体高低不平、起伏变化的形态具有一定的戏剧感，植物自然柔软的表面与景观体光滑流畅的流体感形成极大的对比，强烈的突出了设计的主题。

设计师首先营造了景观体轮廓的主要曲线，在玛雅中将之转化为“软体”，在此之前通过一个“波变形”与曲线发生连接关系。设计师还采用了多种参数化软件和数字化脚本来进行整个自由体型的设计和表达。而在这 景观装置中展示的植物也是种类繁多的，包括鸡冠花、凌霄花、多头鸡冠花、仙人掌、龙沙兰、黑仙人掌、白茆、棒槌树、普亚等等。

22

迈耶和西尔伯贝格

迈耶和西尔伯贝格（Meyer& Silberberg）是一家经验丰富的景观建筑设计公司，公司以具有标志性的景观设计著称，他们的设计作品大多兼具优雅性和简洁性。该公司提倡设计师都掌握具有创造性的设计技术，他们认为对数字化技术的熟练程度能够直接吸引客户，完成优秀的设计成果。公司的业务范围包括小型的私人花园设计，中型的公共空间设计，大型的城市公园设计以及城市尺度的总体规划设计。他们认为项目的基地属性是设计过程中非常重要的设计因素，景观设计应该与地域性紧密结合，并且突出当地的场所精神和核心文化。在工程实践中设计师不会拘泥于项目的尺度和类型，会在不同情况下均关注方案与周围环境的合宜性，即在满足功能合理的前提下在形式体量上与周边环境达到和谐和统一。

当前景观设计的发展趋势是在设计过程中大量应用智能的数字化应用程序，因此迈耶和西尔伯贝格公司在设计过程中也对数字化技术进行了重点关注，设计师从项目开始的阶段就会使用手写板来进行初期概念分析、场地分析、草图绘制等基础工作。随着设计概念在平面和剖面上的发展和深化，设计师绘制的草图被输入到AutoCAD中，而后在设计的深化阶段会使用数字化工具和数字化工具进行推敲。在平面和剖面设计中，他们常用Photoshop来进行渲染，而在透视的绘制中则采用谷歌Sketchup和Artlantis来进行快速模型制作，选取三维透视角度等工作，完成建模后再转回Photoshop中以合成引人瞩目的图像效果。

图 法院广场，加利福尼亚圣罗莎

22.1 法院广场

加利福尼亚圣罗莎

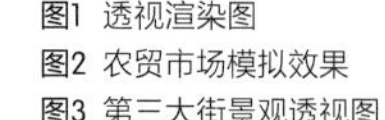
图1 透视渲染图
图2 农贸市场模拟效果
图3 第三大街景观透视图

本方案为美国加利福尼亚州圣罗莎市中心的法院广场城市设计竞赛的获奖方案，设计师力求在方案中突出城市独特的历史文脉。该设计包括三个不同的区域：遗产公园、绿化村庄和亭阁广场，方案中所有路径和铺装均独具匠心，精巧营造，巧妙地遵循了生态设计的整体框架，从而形成了一个生机盎然、自给自足的生态园区。设计师在园区设计中设置了很多基于生态理念的装置和设备，包括照明系统、喷气灌溉系统、动力系统等，广场周边的建筑上安装了很多光伏电池，能够为广场区域内的所有动力设备提供能源。另外设计师还增设了雨水收集系统，利用安装在园区围墙基座内的生物洼地进行过滤处理，而后用于园区内的植物灌溉及场地清洗。

遗产公园是三个区域中较为私密的区域，设计师们在这里纪念圣罗莎市多年以来著名的城市居民，例如漫画家查尔斯·舒尔茨、植物学家路德·伯班克等。而绿化村庄和亭阁广场则有更大更开敞的公共空间，这些空间灵活性更强，适于举办城市中各种不同的大型活动，例如爵士音乐节、农贸市场等。在设计过程中设计师使用了不同的数字化软件程序以辅助方案的概念生成，例如AutoCAD，Photoshop和谷歌SketchUP等。方案的硬质景观元素是由Artlantis软件渲染而成的，这款软件能够精细地刻画材质的光感和纹理，呈现出异常真实的感觉，这是谷歌SketchUP和Photoshop都无法实现的。

1

2

3

22.2 发呆迷宫

蒙特利尔，加拿大魁北克

发呆迷宫（Daze Maze）是迈耶和西尔伯贝格为蒙特利尔2008年的梅蒂斯花园节设计的参展项目，设计师在这个项目中创造了丰富的、非常具有趣味性的空间，同时这些空间会带来很大的方向迷惑感，使迷宫的主题更为明确。这个迷宫是用很多色彩明亮、颜色跳跃的尼龙灯笼组成的，它们组合形成了大型的垂直板，从而形成了迷宫色彩斑斓的阻隔墙壁。迷宫向不同角度开设多个开口，打造出绚丽多彩的三维空间视觉感受。这个项目与传统的迷宫形式不同，这个迷宫没有开始点、中间点或者终点的概念，也没有限定好的走出迷宫的方向。它只是会令踏入迷宫中的人们产生方向的迷失感，令他们可能在某一空间中停留片刻，成为大众的一种休息空间。

设计者认为，发呆迷宫“隐喻了无规则和不稳定的运动轨迹，是色彩对视觉的强烈冲击，能够让使用者在这里体会到节日欢快而快乐的氛围。”在本项目中设计师使用了很多数字化设计的软件，包括AutoCAD，Photoshop和谷歌SketchUP，这些数字化软件在项目的平面整体布局和项目细部推敲中成为关键性的设计工具。

图1 整体效果图
图2 透视效果图
图3 平面图

23
MLZ设计工作室

MLZ设计工作室成立于2007年，由景观设计师马特·赞贝利创办。在宾西州立大学进行研究生求学期间，赞贝利就开始对景观设计领域中先进的数字化技术和可视化设计的应用进行了一系列的研究工作。赞贝利本人精通大量的地理分析、草图绘制、三维建模、视觉表现、平面排版方面的数字化软件应用，例如Esri ArcGIS图像处理软件、Visual Nature Studio可视自然工作室软件、谷歌SketchUp、3D Studio MAX、Cinema 4D、Rhinoceros犀牛、VisualMILL、VRML Realtime Environment即时环境软件，还有很多其他不同的渲染器和建模软件。

基于对以上这些数字化工具的熟练运用掌握以及对环境设计的理解，赞贝利积极探索数字化技术在景观设计、建筑设计、规划设计等领域的应用，也致力于通过数字技术来实现设计方案的可视化。他在设计过程中通常先绘制概念草图，而后将这些草图数字化，与地理信息系统的地图信息相融合，使用插件将这些数字化处理的草图在SketchUP中打开。草图中的面和模型可以使用3D技术进行修改和渲染，而后合成到真实场景中进行详细推敲。另外，赞贝利还非常关注不同数据格式之间的整合，例如CAD、GIS和BIM的交互使用，以形成实用性较强的模型，这些模型能够反过来影响设计的思想，进而对设计产生积极的推动作用。

为了进一步加强表现图的氛围营造、植被的真实表现和纹理的可视化质感，赞贝利开始在设计使用两款新的软件：无限视图7（Vue7 Infinite）和4D电影（Cinema4D）。他主张在设计实践中不断探索不同的设计方法和表现方式，这样才能够减少设计方案和建成作品之间的差异。在设计实践过程中赞贝利也经常与其他领域的专业技术人员进行合作，这为他提供了许多宝贵的反馈意见，使他的设计作品既富有艺术性又能与时俱进，不断实现着自我超越，从而得到越来越好的设计作品。

图 大地景观，俄勒冈州波特兰市

23.1 大地景观

俄勒冈州波特兰市

俄勒冈州2008年举办了一次栖息地整合大赛，“大地景观”是MLZ为这次大赛的获奖作品。这一方案中他们重点关注有机设计的发展趋势，来反映场地的地理性、社会性、经济性和环境性。多用途使用的设计将工作、娱乐、生活和教育融合到一个小的环境中，成为一个能与环境进行互动的系统，既能够对周边自然环境的影响产生反馈，也能反过来影响周边环境的生长。赞贝利创造了层次分明的景观形式，所有的建筑屋面均采用了绿色屋面系统，同时他还设计了一套复杂的、相互交织的步行系统。每一个景观结构均被公共绿化空间所包围，城市公共广场设置了雨水回收处理系统，能够充分展示设计师的生态思想。在河岸两侧还设有植被再生区，充分展示了植被的代季生长情况。

赞贝利在这一项目的设计过程中充分使用了数字化工具，从最初的概念草图阶段、深化设计阶段和定稿渲染阶段，都使用了数字化技术。概念草图使用CAD软件进行处理，而后将CAD文件导入到谷歌SketchUP中建立集结模型，通过计算机模拟对建筑的形式进行推敲，对景观的方案进行改进。将建筑方案与现状场地紧密结合是非常重要的，方案最基本的地形模型是用谷歌SketchUP的插件进行制作的，而后使用谷歌SketchUP进行模型改进，使用4D电影软件进行方案“有机形态”的修改和完善。一旦所有增加的部分和改进的部分完成后，方案的模型导出到无限视图6软件中进行最终的渲染，以实现实景效果的再现。

图1 室外共享空间夜景效果图
图2 人行漫步道夜景效果图
图3 方案模型的轴侧线框图

2

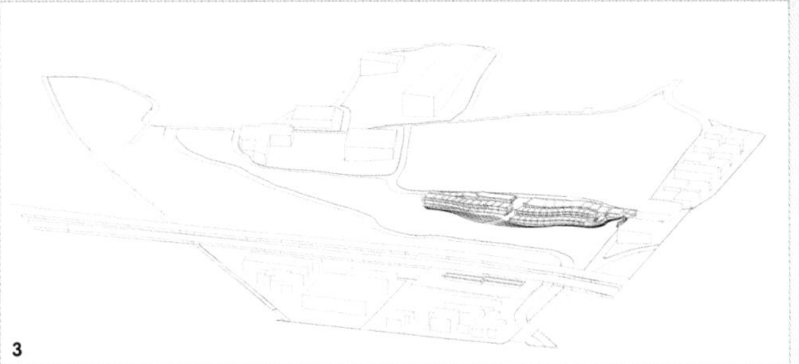

3

23.2 数字化景观建筑设计实践

实体建造之前的视觉模拟

本项目的设计是赞贝利与总部位于多伦多的Cosburn协会的一个合作项目，赞贝利为Cosburn协会不断深化发展的方案提供先进的数字化技术支撑，以实现完美的视觉效果。在这种情况下，数字化设计并没有直接参与到方案成型的“创作”思维过程，而是基于“关闭”现有的工作流程，在项目的整个过程中不断为业主提供反馈，以便更好地理解设计的可行性和美观性。通过这个过程，赞贝利能够在虚拟的环境中发现潜在的设计问题和施工问题，这就使设计方案成为一个更加具有凝聚力的设计，未来在施工过程中也更易于操作。利用数字化技术，赞贝利能够渲染出非常具有说服力的高品质图像，这对于不同阶段的设计决策、客户演示、美学考量和项目讨论都具有非常重要的意义

整个数字化设计过程是在CAD中进行的，因为CAD允许创建最小的数据，并且其成果可以与现有设计流程无缝连接。用CAD建成的场地模型中相对用面较少，它的图层分级设置和植物种植方式可以减少在后期三维模式中面的数量，从而降低模型大小，提高软件运行速度。用CAD完成初期平面后，设计师将其导入到谷歌SketchUP中，既能够对不同的图层进行控制，也可以对特殊的模型元素进行编辑。当模型推敲完成，最终方案确定后，设计模型被导入到无限视图7中，这一软件可以自动更新相关联的模型，还能够批量替换模型中的植物形式，这就保证了设计的灵活性和精确性，以及绿化方案视觉上的极度准确性，从而创造出最佳的设计方案。

图1 旨在突出基地特征的场地数字化集成模型
图2 用不规则三角形连接而成的场地详细数字化模型

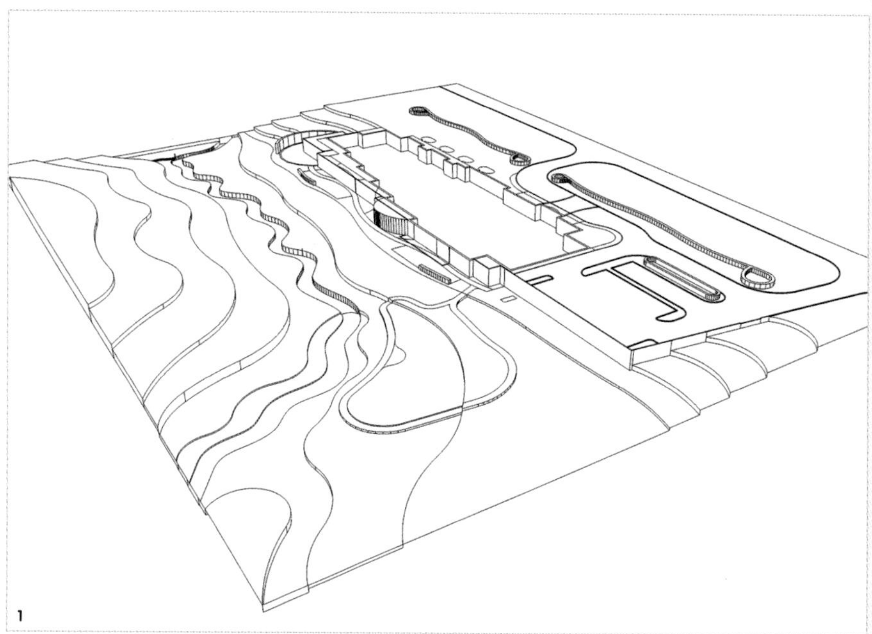
1

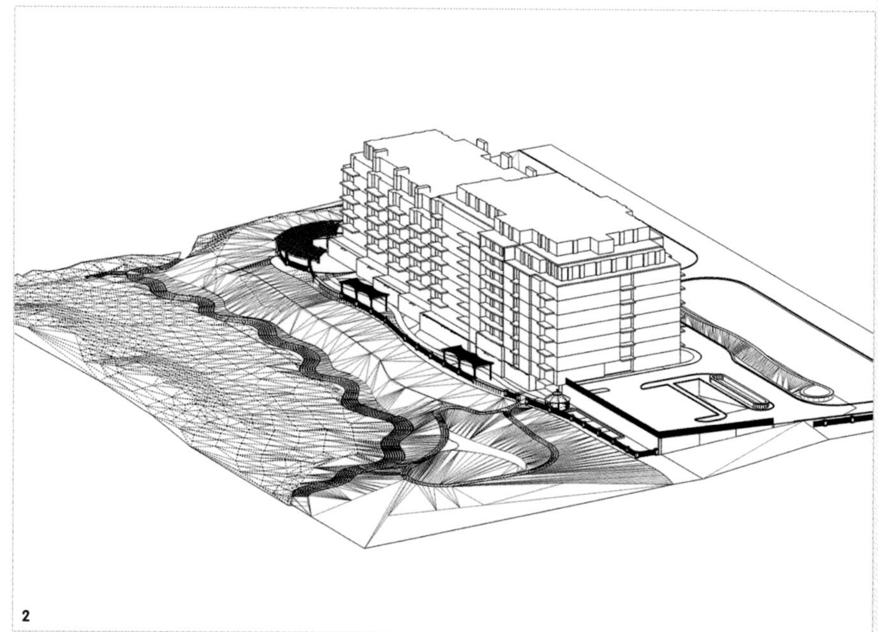
2

23.3 门

意大利，罗马

“门”（Porta Latina）项目是一个以研究为主要目的和基础的项目，主要关注罗马富有历史意义的奥勒良城墙与周边城市空闲空间之间的关系。奥勒良城墙建于公元271—公元275之间的罗马时期，当时是教皇奥勒良和教皇普罗布斯的统治期间。项目的设计对象是具有历史意义的奥勒良城墙，它凸显了历史的印记，城墙由多层不同的材料砌筑而成，这些斑驳的砖墙被历史刻上了浓厚的历史感，而赞柏利设计了现代材料钢筋混凝土材料制成的人行道和钢结构的人行天桥，通过材料质感的强烈变化能够让游人充分体会历史的巨变。现代的钢混结构也标识出奥勒良城墙的主要入口，这个充满现代气息的新入口是一个单拱结构，既典雅端庄又现代感十足；同时这些钢结构也将古老的城墙变为一条休闲步道的侧壁，人们在这里拾级而上，成就了一个富有趣味而又浪漫的休闲步道和休憩空间。

在这一项目中，赞贝利使用了一系列数字化设计工具，他首先使用CAD将詹巴蒂斯塔·诺利（Giambattista Nolli）于1748年绘制的罗马地图和S.A.R.A. Nistri提供的城市地图进行了合并。而后将CAD生成的线条图导入谷歌SketchUp中，根据方案需要进行实体建模。赞贝利在方案中设计了沿着墙壁逐渐上升的曲线桥，这一模型无法在谷歌SketchUp中实现，因此赞贝利将半成品模型导入4D电影（Cinema4D）软件中，进一步加强曲线步道所需要的精度，通过曲线的“柔和放样”来创建走道的几何形状。一旦方案确定，赞贝利会将三维模型重新导入谷歌SketchUP中进行完善，而后将它导出到无限视图6（Vue6 Infinite）中，在这里增加植被、渲染氛围、进行细部调整。所有最终的图像和动画都是在无限视图软件中进行渲染。

图1 鸟瞰渲染图
图2 用CAD绘制的基地总平面图
图3 三维线框模型

24
MVRDV 事务所

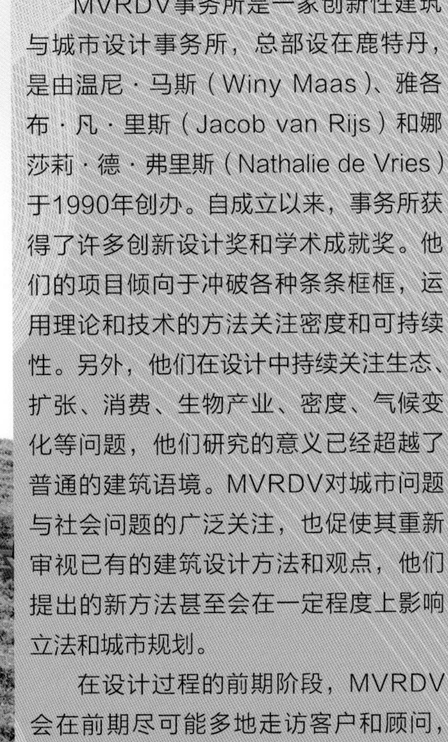

MVRDV事务所是一家创新性建筑与城市设计事务所，总部设在鹿特丹，是由温尼·马斯（Winy Maas）、雅各布·凡·里斯（Jacob van Rijs）和娜莎莉·德·弗里斯（Nathalie de Vries）于1990年创办。自成立以来，事务所获得了许多创新设计奖和学术成就奖。他们的项目倾向于冲破各种条条框框，运用理论和技术的方法关注密度和可持续性。另外，他们在设计中持续关注生态、扩张、消费、生物产业、密度、气候变化等问题，他们研究的意义已经超越了普通的建筑语境。MVRDV对城市问题与社会问题的广泛关注，也促使其重新审视已有的建筑设计方法和观点，他们提出的新方法甚至会在一定程度上影响立法和城市规划。

在设计过程的前期阶段，MVRDV会在前期尽可能多地走访客户和顾问，并乐于收集尽可能多的相关信息，包括城市区划法、当地的历史和生态情况以及建筑法规，并使用这些数据进行设计。建筑师的感觉将尽可能融入到社会、可持续性以及技术中。MVRDV倡导多学科交融的设计方法，多专业的跨学科设计会为方案带来最为先进的技术措施和可利用资源，是保证设计方案创新性的重要手段。MVRDV能够快速地将最初的设计理念深入推进到实施阶段，他们认为好的设计辅助工具能够对设计方案提供高度支持，还能有效激发出新的思想火花，帮助方案实现更具有创新性的设计方法。

MVRDV的设计作品包括2000年汉诺威世博会的荷兰馆、荷兰埃因霍温的商业园区“飞行论坛”、Metacity / Datatown的出版大楼（1999年）以及韩国首尔附近的广域能源中心（第178页）等。在他们的众多项目设计中，MVRDV常使用先进的建模程序和图像合成技术来实现方案效果的再现，他们也会利用包括BIM在内的多种数字化技术来提高设计效率，确保项目的效果。

图 阿尔梅勒2030，阿尔梅勒森林，荷兰

24.1
广域能源中心
韩国广域

1

2

本方案是广域能源中心项目投标的中标方案，项目位于首尔南边的广域市，距离首尔35公里（22英里），方案计划在这里建造一座能够容纳77000名居民的新城。其设计理念是打造一个掩映在有机“山体”结构中的青翠卫城，这个项目综合体位于开发区南端，四周环绕着湖泊和树木丛生的小山。通过使用先进的数字化技术，建筑师对设计的不同阶段进行了逐步的分析模拟，对景观点的布置、景观元素的尺寸、景观坡地的堆砌方式等进行试验，从而形成了整体方案中疏密有致、高低错落的山体方案。

在数字软件中设计师将建筑的基本元素设计成圆环，每一栋建筑都由若干个大小不同的圆环上下叠加形成。当我们将底层的圆环向某一方向推出后，就会在建筑上形成一个平台，从而获得了适合户外使用，充满绿色植被的景观空间。设计师结

合底层的平台设置了一些瀑布、叠水和流水，形成了层层跌落的水体景观，丰富了室外的建筑界面。在这一系列的跌落空间中，设计师设置了居住、博览、零售和办公空间，它们联动在一起形成了一系列绿色山丘，设计师对不同山丘的位置进行了精妙的推敲，结合建筑的奇妙体量设置了多种丰富的绿色景观空间。

群山似的屋顶和梯田似排屋设置了箱式树篱和其他植物，形成了一个山谷公园。在梯田露台上设置了不同的室外活动设施，它们与斜坡和丘陵相连接，形成了一套完整的步行系统，人们可以在周边的山体、街道、湖泊及建筑群中自由漫步。广域能源中心有望成为鲜明特征的绿色空间，在视觉上具有强大冲击力的建筑群模拟了山地景观，就像从地面上出现一样。

图1 室内景观效果图
图2 景观峡谷透视图
图3 整体鸟瞰图
图4 局部中庭透视图
图5 项目与周边自然环境的完美融合

24.2 阿尔梅勒2030

荷兰阿尔默勒豪特森林

在荷兰的阿尔默勒豪特有超过两万块用地正在出售，这些用地处于阿尔默勒地区的田野和森林中，未来可用于私人开发。为了使新的设计方案适应未来的社区，建筑师进行了多种多样的尝试，设计中首先设置了多个绿植区以实现可持续发展的目的。设计师在基地中按照可持续发展的思路设置了一套200米 × 150米（656英尺 × 492英尺）的网格，将基地划分成若干个小块。这些划块的用地可以形成弹性密度的规划方案，从低密度（每公顷6栋）到高密度（每公顷45-60栋），这种灵活自由的地块密度形成了未来规划的基础。

在规划中，绿色区域会随着地块的开发而慢慢演变，同时会一直保留大量的植被、树木和自然景观。建筑师为未来建设建立了一个缓慢的发展增长，根据需要增加基础设施。按照这种方式，城市可以逐步发展，每次只开发一块用地，而不会破坏绿地系统，通过渐变过程实现开发用地对绿地系统的逐渐替代。通过这个项目的实践，MVRDV为特殊地段建立了密度和计划规划，并对未来可持续发展起积极作用。

图1 总体规划图
图2 场地密度和森林密度对比
图3 场地规划

24.3
生态城市蒙特科夫

西班牙洛格罗尼

图1 整体效果图
图2-3 透视效果图

2007年，MVRDV与西班牙建筑事务所GRAS一起，参加了西班牙洛格罗尼可持续城市的设计竞赛。洛格罗尼位于西班牙北部的拉里奥哈葡萄酒产区，未来将要容纳约13万居民在此居住。在这一方案中MVRDV设计了约3万套社会住房，并为这些住宅配套设计了相关的学校建筑、社区用房、体育设施、零售用房、餐饮用房等建筑项目，并且所有的建筑均按照可持续发展的方式进行设计。未来的罗格罗诺城将在自己的城市内部产生一些能量，而它所消耗的能量将会与生成能量达到平衡，最终实现碳中和的目的。

56公顷（138英亩）的场地坐落在蒙特科夫（Montecorvo）和拉芳萨拉达（La Fonsalada）两个小山上，为洛格罗尼城市带来了优美的景色。同时，山坡的南部可用太阳能发电。为了更好地利用太阳能，在地面上铺设了很多光伏电池织锦，大地仿佛披上一层金色。在山顶上，风车发电为住宅和其他建筑提供充足的能源，同时也成为乡村地区标志性的地标。新社区需要的百分之百能源全部来源于场地太阳能和风能的共同发电。开发设计的另一个特点是，只有10%的场地用于办公楼，以便尽可能减少对景区的影响。剩余的空间就变成了壮丽的生态公园——一个将景观和能源产品混合在一起的生态公园。密集型城市开发就像一条缎带通过景观漫步。

24.4 2012花展装置

荷兰鹿特丹

本项目是MVRDV为2012年荷兰世界园艺博览会进行的设计，其主题是垂直的现代诺亚方舟。设计师设计了一个集成而紧凑的结构框架，在结构体上进行植物的密植，这一装置成为绿色植物的研究平台，它能够为农业领域的创新基础提供展示场所。装置独特的外形揭示出世界范围的粮食生产需求正在不断增长，与此同时世界人口也在不断增长，食物的生产、植物的精炼提纯、全球的生态化和林业化、大自然的保护等等命题已经不再是国家范畴的事情，而是每一个城市都需要考虑和经历的事情，需要所有市民的积极参与和共同谋划，成为一种特殊的城市体验。

垂直结构的概念展示了在一个越来越密集的世界里，如何战略性地解决植物和园艺价值的问题。在鹿特丹展会的装置中，建筑师提出了三种不同的设计概念，每种方案展示了建造这一垂直花房的不同方式，尽管建造步骤不同，但其共同的目的都是提高植物的种植密度。

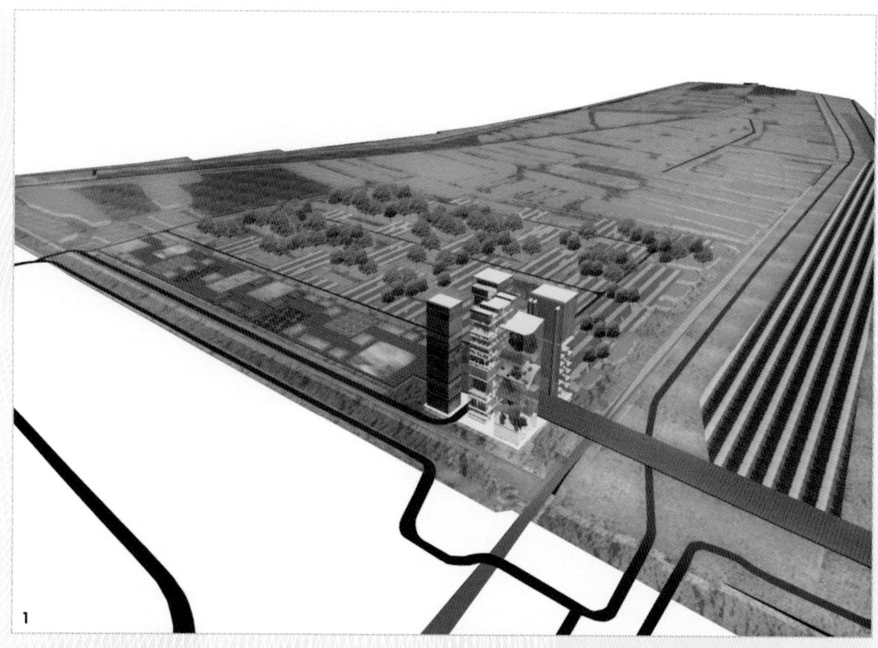
1

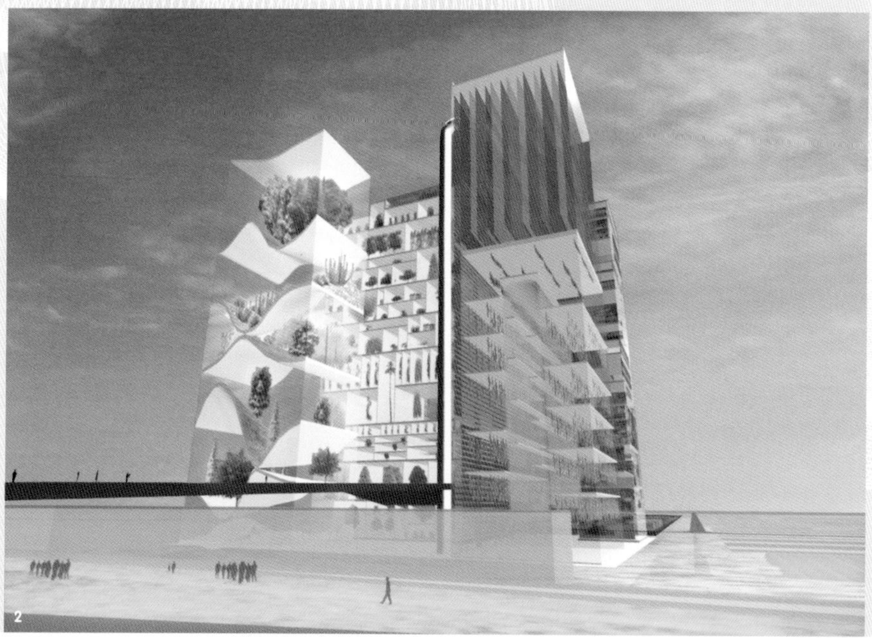
2

图1 鸟瞰图
图2 绿色种植结构的数字模型
图3-6 不同的“绿色”致密化方案

3

HOOGLAND

5

6

25

NOX事务所

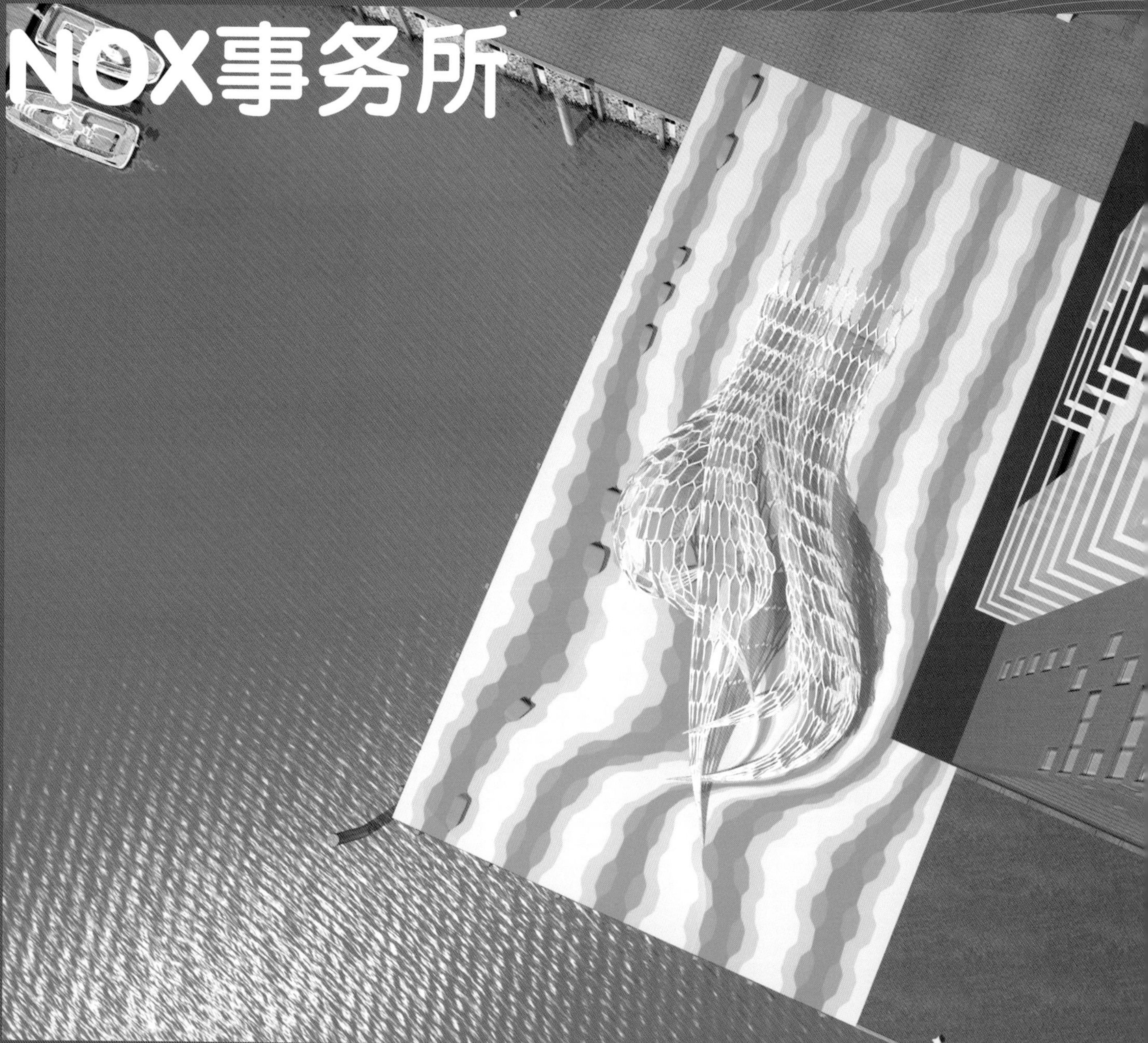

NOX事务所由丹麦建筑师拉尔斯·佩斯布鲁克（Lars Spuybroek）创立，是一家建筑和景观设计公司，注重设计具有创造力的设计作品。NOX在实践中常采用数字化设计手段作为设计工具，帮助项目实现更佳的艺术效果。斯博布鲁克认为建筑和景观作品最首要的设计要素是应该蕴含着“美、情感和感情”。

自从20世纪90年代初成立开始，NOX就一直走在建筑和景观的数字化设计开发的前端。事务所的设计理念既是艺术的，也是建筑的，认为设计作品是人们感觉和心情的反映，对佩斯布鲁克来说，数字化软件是一种“甚至能够扩大人类感知经验的工具”，他相信数字化技术能够使从未手工建造过的设计方案成为可能。事务所的设计策略尝试避免线条的使用，更乐于使用数字化分析曲线和不规则形状。通过CAD、3D STUDIO MAX、犀牛、Photoshop等数字化工具的帮助，设计师创造出独特的“机器”，它们遵循特定的几何体系，由大量互相交织的体量组成。

NOX的设计作品曾在世界各地的许多博物馆展出，包括巴黎的蓬皮杜艺术中心、伦敦的维多利亚和阿尔伯特博物馆、纽约的当代艺术博物馆等，并多次获邀在威尼斯双年展的展会中展出。1997年，NOX用数字化生成几何建造了第一个完全互动式建筑——位于荷兰Neeltje Jans岛上的HtwoOexpo水族馆。同时，这个项目激发了人们批判性地审视空间上的加强和应对环境的热情。

图 回音花园，荷兰鹿特丹

25.1
眼桥

德国亚琛

1

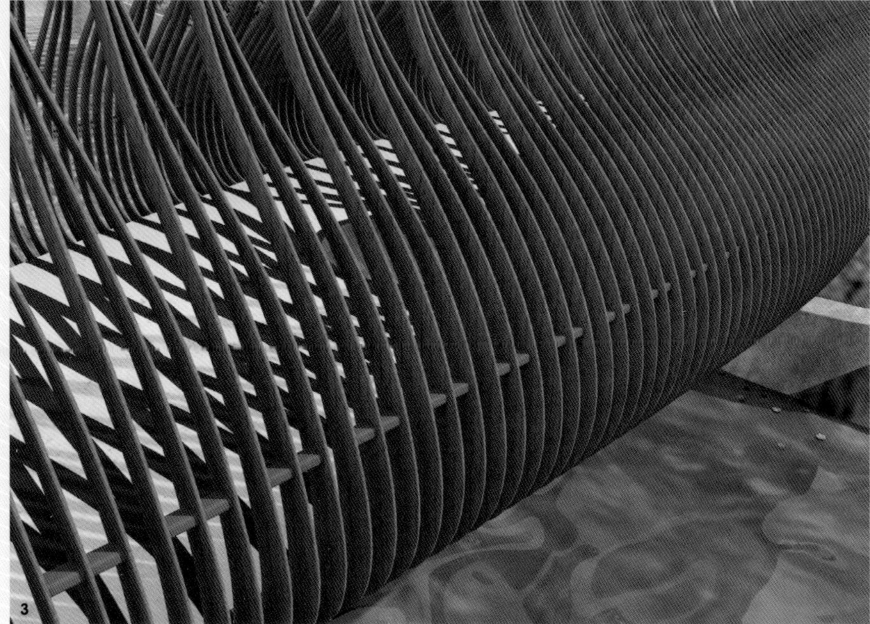

这个竞赛获胜方案要求在一条河流与森林交汇地设计一座具有艺术性的人行天桥，要求整个桥体结构设计典雅，仿佛微风吹拂下轻轻舞动的树枝，与桥下静静流淌过的河水相互辉映。

木质构件的密实间隔间，通向森林方向，营造出一种引人注目的视角，而通向河流的另一个方向则营造出一个完全的开放视野。为了加深河流与森林的相互融合，设计师在桥的中间位置适当加宽，为游人创造一个停留的位置，并将他们的注意力吸引到下面的河流。

图1，3 桥结构的细部
图2 一点透视图
图4 整体鸟瞰图

25.2
首尔歌剧院

韩国首尔

3

4

5

首尔歌剧院坐落在汉江中心的一个小岛上，这个小岛通过两座桥梁与城市相连。设计师的建筑理念是基于所谓的“景观石”的象征。或者称为“首尔的远山”，意思是很多像山脉一般的石头。建筑的整体形态仿佛山地景观，NOX在这里借鉴了约翰·罗斯金的生态设计思想，以及布鲁诺·陶特高山建筑的设计概念，创造出这个形态极具特色的地标性建筑。

建筑的外皮是由NOX一系列山谷和山峰组成，并起到柱子和穹顶结构支撑的作用，从而得到这种类似剪影的建筑形象。建筑内部的功能包括一个歌剧院大厅和一个音乐厅，以及与之相关的一系列辅助空间。建筑的表皮根据节目的需要，可从不透明渐变到全透明。当覆盖后台区时，建筑表皮是关闭的，当覆盖大厅和舞台时，表皮是开敞的，包括可以俯瞰首尔壮丽景色的歌剧院顶部的餐厅。

图1，2 整体鸟瞰图
图3 夜景
图4 建筑室内
图5 高原区

25.3 回音花园

荷兰鹿特丹

回音花园（Whispering Garden）是建筑师们另一个竞赛获奖设计，这是一个互动的公共艺术作品，位于鹿特丹的默兹河畔。项目的设计理念来自于海妖的传说，传说中海妖会盘踞在大海上，引诱过往的船只撞向海中的暗礁。在本项目中，设计师对于风能进行了多方面的研究，包括风力的特征、强度、朝向、力量、持续时间等，并聘请声学艺术家埃德温·范·德·海德（Edwin van der Heide）参与项目的创作，将所收集的信息数据输入到计算机中，创造出一个电子女声，这个电子女声模拟风的声音，持续唱元音，这种音调与其他音调一起，合成一种和弦音的森林之声。

网状钢结构的拟人化形式，让人想起了新艺术风格画家阿方斯·穆哈（Alphonse Mucha）的绘画作品——作品中常常都有秀发飘逸的美丽女士。根据拉尔斯·佩斯布鲁克（Lars Spuybroek）的观点，回音花园是一个"通感节点"（这里"通感"的意思是将不同感官系统的感受汇总合并），在这里空间的风与光，光与结构，结构与声音，声音与建筑，建筑与人的感受相融合，所有的这些循环往复，使所有一切相互感知，也使所有一切都变得非常感性。

1

2

图1 回音花园内部
图2 回音花园结构透视图

25.4 丝绸之路

中国西安

本项目是NOX另一个竞赛的获奖方案，建筑师从中国古代的“丝绸之路”获得灵感，在这里设计了一条真正的虚幻之路。拉尔斯·佩斯布鲁克认为，“建筑内部的空间直接与互联网上的虚拟空间相互关联，可以将西欧和中国人群组织起来，进行独特的虚拟交流。”在这一建筑内部，人们可以将西欧的照片传送到西安，既可以传送静止的图像，还可以通过图像传递其中所包含的感情和思想。

这一建筑有一个巨大的可开合屋面，而屋面形式可以从全透明到不透明之间的转化，根据建筑内部不同的空间形式、不同的内部功能而采取不同的表面形式，以适应各种不同的使用需要。建筑内部功能包括不同的教育和文化功能，例如研讨会教室、“丝绸之路历史”展示区、剧院空间等等。

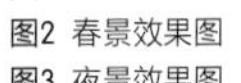

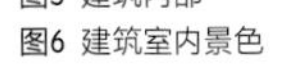

图1 冬景效果图
图2 春景效果图
图3 夜景效果图
图4 结构形态效果图
图5 建筑内部
图6 建筑室内景色

26

O2规划与设计事务所

O2规划与设计事务所是一家总部在加拿大的景观建筑事务所，主要从事城市规划、地理空间分析以及大型景观设计等。O2的设计理念是基于特殊的环境敏感性的综合性设计，所有项目的设计方案都是将设计创意、环境知识、场地分析和可持续发展理念融合在一起的综合方案，充分反映了他们的设计思想和设计理念。

通过对广袤用地的广泛分析，设计师采用切实可行的策略来满足特定的设计需要。同时，与现有环境、自然生态系统、生态过程保持一致。以保证未来的设计能够与场地的现有环境充分适应，对原有生态系统充分尊重，与原始生态过程相互融合。事务所在生产性景观区域、大型公园、有争议的区域、再生场地、棕地规划、区域规划、城市和乡村规划、教育用地景观设计等方面提供规划和设计方法。

其设计过程常使用各种数字化设计技术，并乐于在数字化设计领域进行钻研，采用最为先进的软件版本。数字化景观建模程序的使用为设计师提供了非常直观的辅助工具，例如场地生态栖息地的选择、物种丰富化的配置等，在规划尺度和设计过程中起到了非常重要的作用。O2事务所也使用先进的技术包括GIS地理信息系统、遥控传感系统、数字建模系统、三维可视化系统和虚拟环境模拟系统等，这些软件的使用令设计方案的过程更为直观更为简单，也使设计形成令人信服的图像，使设计成果能够更为容易地被客户接收。

图 企业园区规划设计

26.1 企业园区规划设计

这是一个城市企业园区的规划设计，设计团队使用了三维建模工具来表现建筑与景观的解决方案。

创造完整的园区三维模型和现有的条件进行比较 为视觉化的未来设计做出选择。在这一项目的开发设计中使用了多种不同的软件平台。

图1 园区中心建筑及庭院的白天效果图
图2 同一地点的夜晚效果图，表达某大型活动时的空间氛围

26.2 农林业的景观规划

肯尼亚恩布

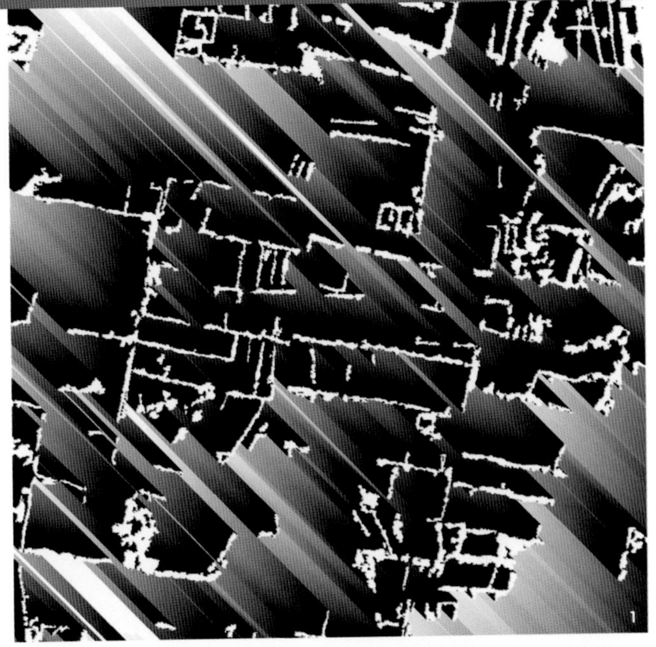

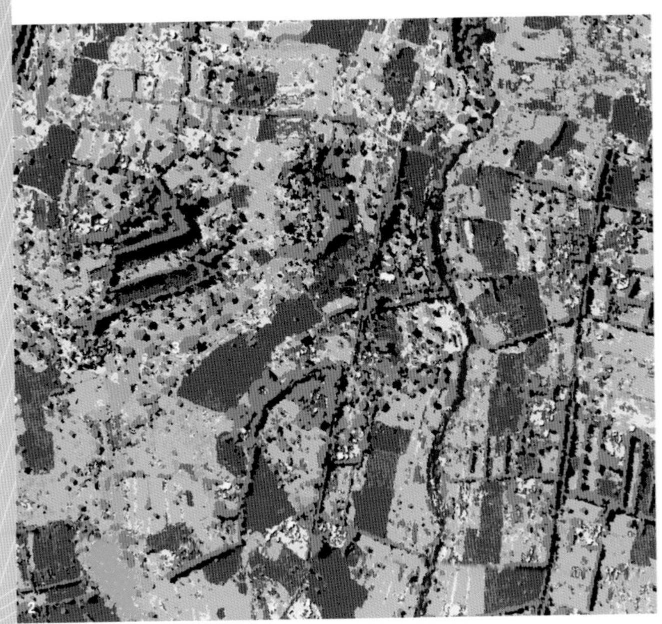

道格拉斯·奥尔森（Douglas Olson）是事务所的总裁，在恩布镇附近开发了一个农林业景观的数字模型，位于肯尼亚山较低处的山坡上。距离内罗毕东北部120公里（75英里），项目拟对恩布镇的农林业发展进行远期规划，并对其景观效果进行整体分析，并通过模型来分析该地区树木种植以及农作物生产对景观设计的影响。

设计师使用一个紧凑型的机载光谱成像仪，对土地覆盖成分进行分类，检测地面作物的活力和光合活性。同时采用了一系列GIS地理信息定位系统来进行景观模式分析，掌握当地农作物的生产情况。仪器收集的信息被用来确定树木之间的间距和树篱之间的距离，而这些间距会进而对玉米等农作物的产量产生一定的影响。经过这种可视化辅助分析，O2提出了一个最佳的绿篱密度，能够最大限度地提高该地区的农作物产量。

图1 GIS地理信息系统中进行的景观模式分析
图2-3 土地覆盖成分分析

26.3 加拿大石油公司沙利文天然气田开发

加拿大艾伯塔

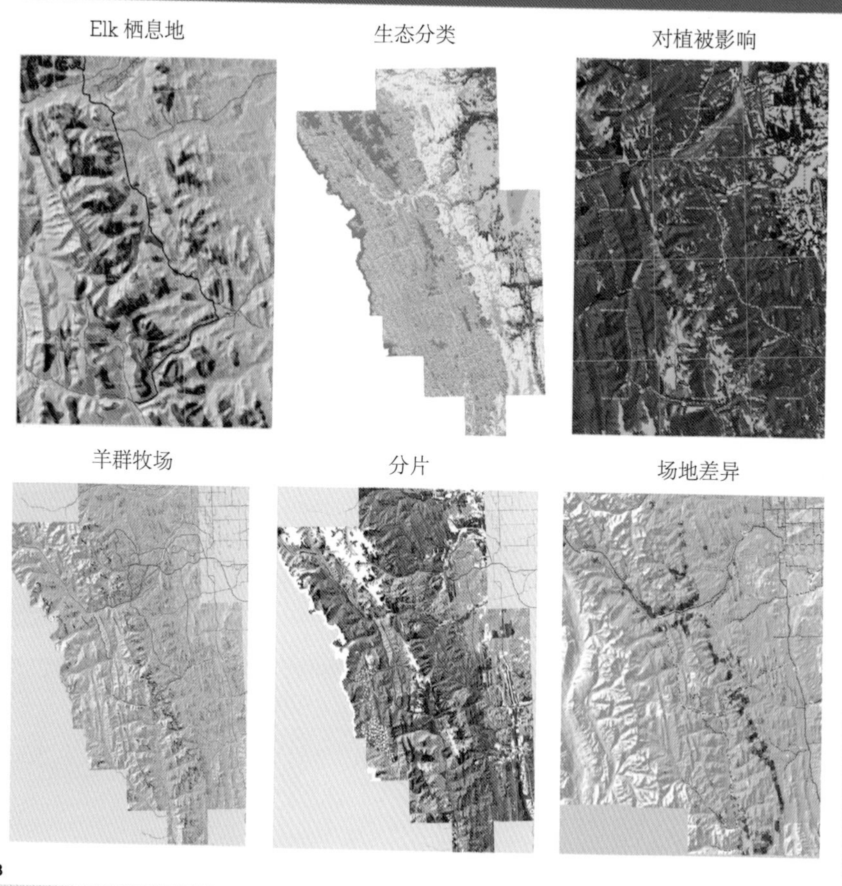

本项目位于艾伯塔省西南部，作为项目的一部分是尽量减小大型天然气田开发对环境所造成的影响。设计师采用了先进的高分辨率图像和UDAR机载光学遥感技术，绘制了整个区域景观的虚拟三维模型，这种虚拟模型有助于获取对场地的深入了解，并可以对远程位置进行规划。这种详尽的数字模型包括树木和植被，其高度精确到15厘米（6英寸）。

随着数字化模型的逐渐深入，设计师们创造了一系列的生态景观GIS模型，以便进一步协助设施的完善。模型中将野生景观和具有视觉冲击的设计模式协同作用，通过多种多样的分析方式实现项目规划阶段需要的基础设施。在具体设计的过程中，道路系统是通过LIDAR、AutoCAD和Civil 3D系统进行设计的，并通过景观可视化软件将土壤数据、水流量分析和植被情况加入到数字化景观当中，从而将基地的基本模型进一步细化深入，实现更精细的设计模型。在数字模型中现有的路面通道与规划中的道路系统、管线系统一并建模完成，如果方案改变，可以在软件中进行剪切或填充，能够使模型较为整洁，降低模型运转时机器运行的速度。

最后的路面设计模型与现有的地面LIDAR中的模型表面相融合，进而将整体模型输出到景观可视化软件中去，在这些软件中加入不同的植被和地面纹理样式。当石油公司开发新的气田增加新的道路时，我们可以非常直观地在软件中看到它对于现状环境的影响到什么程度，从而判断和选择增设道路的最佳位置。

图1，2 输入到可视化软件中的最终设计方案
图3 生态化GID模型

26.4 TELUS星火

加拿大艾伯塔省卡尔加里

1

本项目位于艾伯塔省的鼻溪谷（Nose Creek Valley）内，卡尔加里动物园以北。基地面积6公顷（15英亩），TELUS星火是TELUS科学世界中新的科学中心。建筑师认为，这一方案将与原来的科学世界良好融合，并为该地块增加“兴趣点、趣味性、教育感和可持续发展性”。项目包括四个永久性展示空间、一间儿童博物馆、一座学习中心、一座游客展示画廊和一座探索剧院。

一个室外的科学惊奇公园，主要用来进行室外展览，设计师受地貌和地质断层结构的启发，从平面布局的形态上对这些自然过程进行了模拟。作为LEED金牌设施，本设计还提供了雨洪管理设施，以尽量减少对附近溪流的影响。

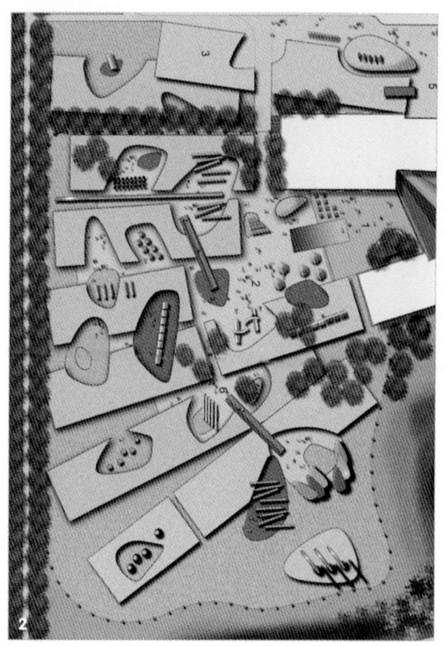

图1 整体鸟瞰图，前景为科学之园

图2 惊奇公园平面图

27

菲利普·帕尔和约尔格·雷基克

菲利普·帕尔（Philip Paar）是景观规划师和三维建模可视化技术的专家，他与景观设计师约尔格·雷基克（Jorg Rekittke）一起进行了多个景观建筑项目的探索和实践，他们合作开发了创新型数字化工具软件Biosphere3D和Lenne3D，这两种软件可以进行复杂的图像渲染和景观模型建模处理。帕尔和他的团队，包括计算机专家马尔特·克拉森（Malte Clasen）和史蒂芬·恩内特（Steffen Ernet），他们成功地将帕尔的景观设计研究成果转化为景观可视化软件，并加以数据分析，使之成为能够在市场销售的软件。

Biosphere3D和Lenne3D都是以GIS为基础，可以创建实时的3D可视化景观，还能够模拟复杂的植被生长状况。Lenne3D的命名是为了纪念德国景观设计师彼得·约瑟夫·莱内（Peter Joseph Lenne，1789-1866），莱内认为景观之所以能够自成体系，唯一的途径就是建立景观与人类的密切联系。200年过去了，帕尔和雷基克试图通过复杂的景观可视化研究来加强这种关系。

2010年，帕尔与软件开发商蒂姆·戴铂（Timm Dapper）、计算机图像专家加尔达·查波克（Jalda Schaback）一起在柏林成立了一间计算机软件开发公司Laubwerk，公司致力于解决超现实风格的植被和景观方面的创作问题，已经建立了一系列数字植物学软件的新原则。公司开发了Biosphere3D，Lenne3D和Laubwerk等多款软件，在计算机图形技术开发方面处于行业领先地位，这些软件在景观规划和设计方面得到了大量应用。帕尔和雷基克一直持续开发新的数字化工具，为设计师们创造出准确而又美丽的可视化景观元素和渲染场景。

图 参数化典型地貌景观

27.1 参数化典型地貌景观

在未来不同的政策下，景观设计将如何发展？帕尔和他的团队回答了这个问题。他们认为，这个问题与风景有关，用地图作为抽象信息来探讨这一问题将会很难。他们的目标是发展数据准确同时又具有较强吸引力的可视化方式，用这样的方式来解决类似的问题。

为了创建欧洲范围内的景观可视化植被模型，设计团队创建出一种三维景观生成器，这种生成器能够将土地用途进行分类，使区域植被模式与土地用途相互匹配。设计范围内共有30个集成区域，成为30个独立单元，设计者使用Laubwerk软件工具生成5×5（公里）（3×3英里）的虚拟地图，通过这种矩形网格形成了具有代表性的综合性景观，网格单元划分为每个面积为20×20（米）的单元。这项工作系统性强，工作量大，无疑是一项非常具有挑战性的项目，但是设计团队中包括了景观建筑师、地理信息系统专家和技术人员，他们具有很强的综合能力和解决问题的能力，能够将这个新项目发展进行下来。三维景观生成器能够根据不同地块的地形情况和使用功能合成相关数据，并将其转化为一个能够反映出土地使用情况的景观模型。它是一个空间景观可视化合成软件，以地块的基本信息为基础，以其他景观动态空间模型为建模的基础数据，来形成最终的可视化景观方案。

在这一项目中，设计师利用自己开发的软件就可以成功地对30个空间区域内的相关植物群落的不同特点进行单独的定义。GIS地理信息系统所覆盖的集群区域是由欧洲地区原生植被系统的覆盖范围所决定的。这种软件拥有强大的模型库，里面包含了多种多样的物种信息，建模时所需要的虚拟树木、灌木、草本、大型多年生植物等等，都是从三维植物模型库中调用而来的。在每个场景中不同的集群区域中每个植物的分布文件都会经过精确的计算，平均而言，1平方公里（0.6平方英里）的土地上，植物分布文件大约包含500万个不同的数据。

图 景观方案的一个例子

27.2 数字植物学

帕尔公司Laubwerk开发了一种新的软件程序，用来描绘代表性景观的植物形态。设计师认为，对于景观建筑设计而言，植物的特征是非常重要而独特的一种影响因素。因为当前太多的数字软件程序对植被的渲染效果都很差，因此帕尔团队的目标是开发出一种更好的渲染工具，在数字化景观建筑中表现出植被的美丽与特性。

在景观设计的实践中，植物的2D广告牌和蒙太奇照片仍然是最常用的技术，因为3D植物虽然渲染效果非常漂亮，但其过程太缓慢，或者速度快且不准确。Laubwerk是一种新的景观渲染工具，它是由很多植物的狂热爱好者和计算机天才们共同开发的，包括帕尔。开发团队相信植物的数字化表现需要特殊的关注和独特的创造力，并一直在持续努力开发更多有效的建模工具，既能够完美呈现植物的美丽形态，又能够实现快速渲染。

2

图1 草坪局部放大后的微观景观
图2 欧洲白桦的数码原型

27.3 三维生物圈

地球场景模拟中的自由景观

1

三维生物圈（Biosphere 3D）是一种开放代码的景观设计可视化工具，它支持多尺度转换，注重景观方案场景的实时渲染效果，能够渲染出较为真实的植被效果。这款软件的学术“前辈”是帕尔团队开发的Lenne3D播放器，Lenne3D的目标是创建真实的场景模拟器，它采用了与人体视角相平的视点，软件的代入感极强，用户可以通过它真实体验到在景观方案和景观规划中徜徉时的栩栩如生的感受。

在2005年，计算机软件还存在着很多缺陷和限制因素，例如地形尺度上的限制、可扩展规模的不足等，这些限制条件促使软件开发商着手去开发进行新的软件，以解决这些实践中所遇到的操作问题。十年后的今天，计算机技术产生了突飞猛进的进步，帕尔团队成功地开发了三维生物圈软件，设计师通过三维的植物模型、形态文件、KMZ或Collada文件等去合成卫星图像技术、合成光栅数字高程模型、合成非常逼真的场景画面，对场地的所有信息进行梳理，整理完善的场地模型等。景观方案的建成模型可以输出到其他的应用程序中进行进一步的编辑，例如GIS地理信息系统、GIS数据仿真模型、3D CAD系列工具、谷歌Sketchup等等。该系统还能够提供交互式的阴影映射，科学准确的气氛渲染，以及许多其他具有价值的计算功能。

帕尔团队的一个研究项目名为Silvisio，这个项目是由德国联邦教育与研究部进行资助的，帕尔团队从项目开发的最初阶段开始就采用了开放资源的模式。目前该项目的主要研究是由位于柏林的Zuse-Institut研究所牵头负责，由帕尔的软件公司进行视觉辅助工作，项目使用Lenne3D作为支撑软件。由三维生物圈软件是免费和开放的，它可以通过C++程序进行程序拓展，以满足特定的用户界面需求和特定程序要求。

图1 泰勒山顶所欣赏到的虚拟景观，金伯利气候变化适应性视觉景观

图2 杰里科附近的虚拟宫殿，希尔王的第三座冬季宫殿和绿洲的模拟景观

27.4 Gleisdreieck公园

德国柏林

这个研究项目关注用数字化技术与方法来实验。2006年，柏林市举办了一场景观建筑的竞赛，希望在市中心、从前的铁路场地上，创造出一个景观公园。帕尔和他的团队参加了这次投标，他们认为设计的重点在于对数字化技术和数字化手段的试验与探索。设计团队利用不同的数字工具和技术对投标方案的平面、透视、效果图等进行了充分的表达。他们采用了在景观设计实践中大量使用的数字化软件，例如CAD和图像编辑工具软件，同时也应用了一些使用率相对较低的工具软件，例如GIS地理信息系统和实时景观可视化系统。

设计团队采用的设计软件包括CAD绘图、3D草图、GIS编辑、植被造型、地理参照三维可视化及拼贴合成软件等，投标成果要求要对方案的成果按照不同的渲染角度进行效果图的制作。团队的设计目标是将场地模型从CAD中直接转化为三维实时模型，这样就能够将设计方案按照设计师的意图随时选取角度，进行多种模式的渲染。

图1 设计进程早期阶段的交互式虚拟地理三维模型

图2 方案完成阶段的渲染图，使用三维可视化技术，使用图片和手绘效果进行合成处理

27.5 未来的能源景观

德国韦尔措

本项目位于韦尔措镇，位于德国勃兰登堡的东南部，基地以前是露天煤矿，煤矿废弃后成为无用的露天棕地。设计师在这一项目中没有使用近期很火的大型植物（刺槐）等进行植物种植，而是通过视觉仿真模拟了一个类似的文化景观。

在模拟场景中，设计师采用了一系列模拟农作物的植被作为景观元素，成功塑造了不同寻常的景观场景，线性农业结构的塑造产生了新的山水景观模式，例如狭窄的景观通道、植物的季相变化以及随着时光推移出现不同的收获场景都是设计所表现出来的独特景观。

图1 2008年的景观效果
图2 2015年的景观效果
图3 丰收后的景观效果

28 新兴景观公司

新兴景观公司于2007年在哥伦比亚麦德林市成立，创建者为三位年轻的建筑师：路易斯·卡列哈斯（Luis Callejas），塞巴斯蒂安·梅希亚（Sebastian Mejia），埃德加·梅佐（Edgar Mazo）。他们致力于在艺术、景观和建筑之间建立一种持续的对话，这种对话更多是通过对环境操作以及建筑与景观设计之间的交叉操作予以实现的。

三位建筑师的设计哲学反映在他们的名字上——“新兴景观”体现出来他们对自己设计作品的一种期望。他们认为在建造的建成环境中非常重要的一个因素是，任何设计作品都处在一个环境中，其自然环境、文脉系统会为设计作品带来一些无形的张力，而设计应与这些力量相互协调、相互适应，协同发展，而且这些协同作用应该是随时间推移缓慢而持续地发生的。在设计中他们经常借鉴地质学、生物学、气象学的理论，认为每个设计周边的环境具有不同的情感、性格和意义，因此所有的设计都应该是对其自身周边环境进行呼应的。他们的设计具有独特的视觉表现力和强烈的科技感，并且在每一个案例中都遵从周边的环境文脉，呈现独属于“彼时彼地”的设计作品。

新兴景观公司在他们的设计过程使用各种到数字化表现技术，他们常用真实照片实景融入的方式进行设计渲染，即将现状基地环境拍成照片而后通过蒙太奇叠加的方式将设计效果图与实景相融合。三位设计师年轻而充满活力，他们应用多种复杂的数字化建模及渲染技术，其作品也充满了新鲜感和创造性。

图：浮云项目，伊图安戈，哥伦比亚

28.1
浮云

哥伦比亚伊图安戈

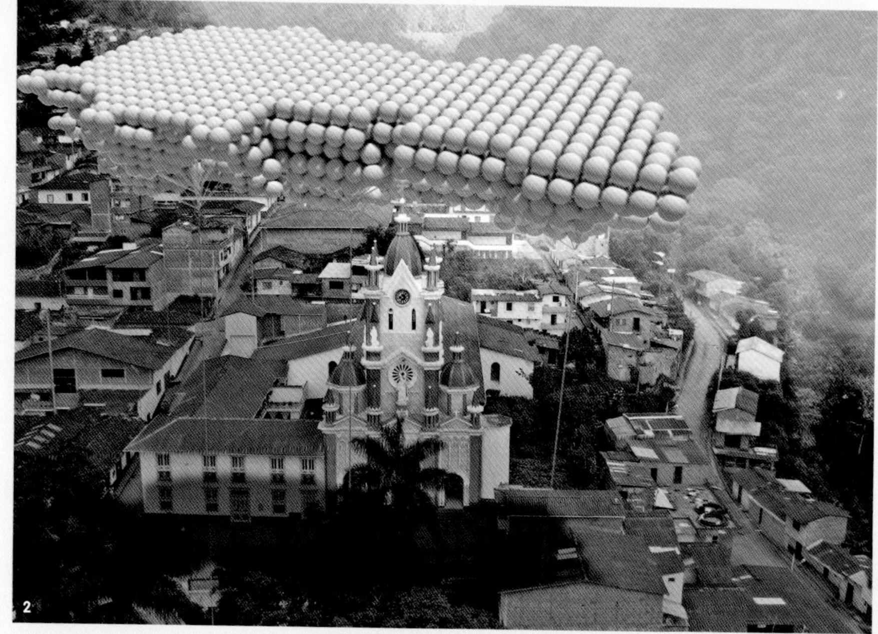

哥伦比亚伊图安戈新大坝的建设使周边的城镇受到一定的影响，在浮云项目中，设计师在每个小镇上安装了五套设备，用来作为水力发电机组，从而对小镇进行数据监测。“浮云”则成为项目的通讯设备——每个物体悬浮在地上150米（492英尺）的高空中，彼此通过无线电通讯保持联络，能够使不同距离、地形复杂的小镇之间保证信息的不断交换。云设备中还设有新的无线电台和天气预报系统，

图1 浮云侧面效果图
图2 小镇圣安德烈德乔希亚的鸟瞰图

28.2
拉戈公园
厄瓜多尔基多

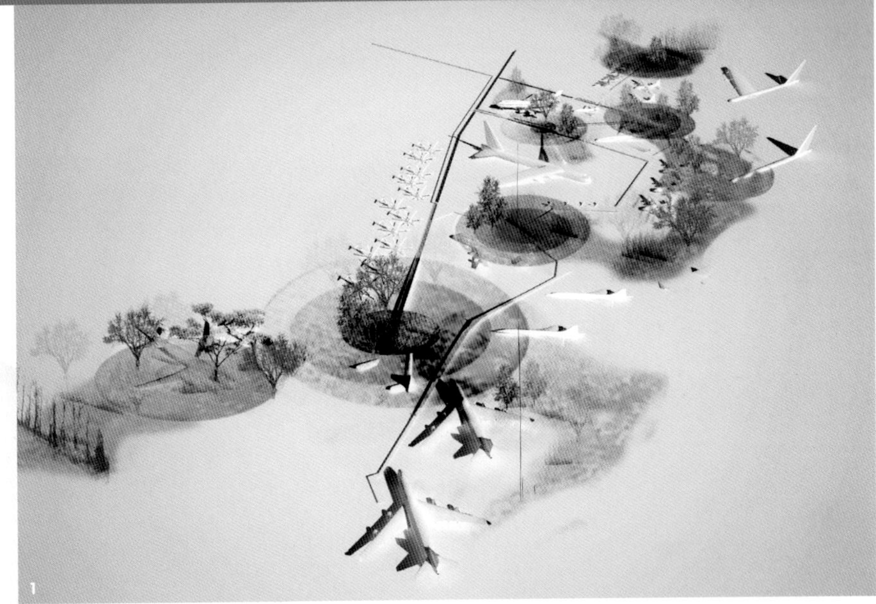

拉戈公园位于厄瓜多尔基多市，是从一条旧的机场跑道改造而来的。新兴景观公司的设计师将其改造为一个水文地质公园，创造一个有益的休闲景观公园。公园地段狭长，长度约为3公里（1.9英里），可分为六个不同的区域，每个区域都代表了一个封闭的水循环活动中的一个阶段。

1. 一区是具有生物修复能力的景观湿地，包括九个大小湖泊，湖水中的生态系统能够将拉戈公园及周边建筑的居民用废水集中后进行一定的降解；

2. 二区是露天的生态水族馆，其内部的水是从一区的湿地引入的半净化水，这些水可以养殖来自世界各地河流生态系统中的水生动物；

3. 三区是水生动植物园，其中养殖了世界各地的热带动植物。从生态水族馆引来的水富含有机物质，是灌溉水生植物园的理想肥料；

4. 四区设计了传统的污水处理厂，能够将污水进行氧化和过滤，水生动植物园引来的水中的有机物质在这一阶段被去掉。参观者沿一条步行小路散步时即可看到这一水处理过程；

5. 五区设计了游泳池和温泉浴池，经四区污水处理厂净化的水可以直接用于泳池和温泉浴池，其卫生标准达到人们水中嬉戏的健康程度。在这里设计师采用了太阳能加热装置来进行水体加热处理，极其环保节能；

6. 最后一区中设计了一个休闲娱乐湖，它的功能是收集；来自泳池和浴池的水含有一定的氯气和其他污染物，在这里通过一种非常简单的方法——阳光下暴晒——来将这些污染物去除干净。净化后的水体被收集并储存在地下水窖中，用来灌溉整个园区的绿植，保持其健康生长。而后，所有的水经自然沉降后，回流至生态湿地中，保持了整个园区水体的真正循环。

图1 整体鸟瞰图
图2 基地入口
图3 水族馆
图4 下沉式花园

28.3
水上综合体

哥伦比亚麦德林

1

本项目为竞赛获奖方案，带有创造性的“生产性用途”（productive uses），是新生态系统中的重要组成部分。景观以及其中的建筑作为基础设施进行设计，能够在一定程度上控制当前受洪灾影响的景观生态系统。水上花园的设计充满奇思妙想，能够将游泳者和生态系统紧密地联系起来。

设计园区中种植了各种植物，能够对水体进行一定的生物修复，提供一种天然清洁剂，非常接近自然的湿地系统。包括浴室和更衣室的服务区域位于水景花园的水平面以下，通过露天庭院相互连接，这些庭院设置在园区内仅有的泄洪区内。

2

3

图1 大的游泳池
图2 鸟瞰图
图3 游泳同步观察窗
图4 庭院
图5 入口
图6 概念效果图

29

PEG景观与建筑公司

图 连锁反应，曼哈顿和布朗克斯，纽约市

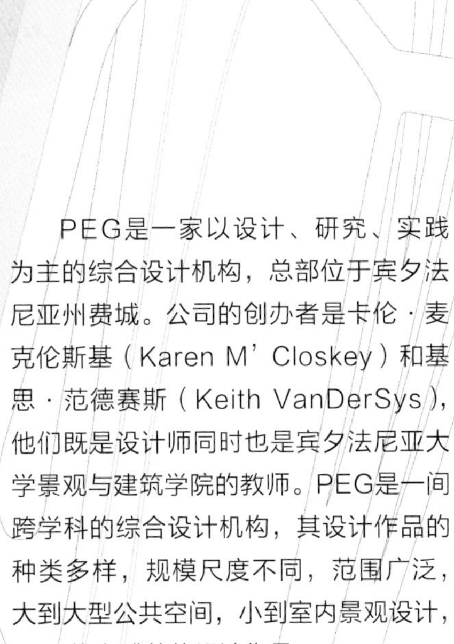

PEG是一家以设计、研究、实践为主的综合设计机构，总部位于宾夕法尼亚州费城。公司的创办者是卡伦·麦克伦斯基（Karen M'Closkey）和基思·范德赛斯（Keith VanDerSys），他们既是设计师同时也是宾夕法尼亚大学景观与建筑学院的教师。PEG是一间跨学科的综合设计机构，其设计作品的种类多样，规模尺度不同，范围广泛，大到大型公共空间，小到室内景观设计，PEG均有成熟的设计作品。

PEG非常注重设计过程中数字化手段的应用，他们认为这是理解项目空间尺度的一种重要方法。在设计过程中他们非常注重对不同设计元素的感知，无论是否美学的、正式的、社会的、程序的，所有的元素都应该保持适当的尺度，不同元素之间应维持自身的平衡及相对关系。大型项目允许区域尺度、区域循环系统、生态及规划网络的不同，而小型项目则强调那些非常人性化的细节设计，充分考虑几何尺度和材料肌理的变化。

PEG的作品是数字媒体、制造工艺、建造技术的完美结合，新媒体技术保证了景观设计能够向可视化和动态化方向进行突破和创新。他们在实践中有时尝试模块化设计模式，有时采用模块化材料单元，有时兼而取之；在本书所有介绍的案例中均用到了这些方法，来实现表面外观的精细区分和分区分片的功能组合，例如水体收集区、植物生长区、生态维护区。这些模块化设计模式在实践中表现为若干增加的基础设施，在较为密集的城市环境中的景观设计也可以采用这种综合性的思维方式，通过将有机和无机材料相结合形成模块来实现景观方案的表现力。

PEG习惯通过参数化手段将设计成果最大化，在设计的中间过程中将虚拟设计和实体设计相结合起来。为实现方案最佳效果，他们常采用一系列的数字建模软件和图像编辑软件，例如用犀牛建模，用蚱蜢进行参数编辑和模式编辑，通过V-Ray和Adobe的系列软件来渲染和处理图像，用激光机和数控机床来实现实体零件的切割和制造。这些软件和实体工具的结合使用创造了多个极富美学特征的设计作品，也使PEG成为了新一代景观设计公司的领军人物。

29.1
连锁反应

纽约曼哈顿和布朗克斯

1

“连锁反应”（Ripple Effect）是公共空间的网状联络设计，设计对象是横跨哈林河、连接纽约曼哈顿区及布鲁克林区的哈林大桥周边的公共区域。PEG认为应将设计与城市文化、周边环境、历史文脉相互融合，从而得到独一无二的设计作品。他们的方案是将河道及周边环境整体考虑，充分利用水体优势打造独特的水景资源，从而设计出具有创造性的河岸景观。

设计的核心概念是环状展示，通过独特而前所未有的连接方式将艺术、娱乐和景观交织在一起。环的概念来自于大桥的基本形态——弧线，大桥的钢结构以及石质基础均按照弧线形态设置，在大桥路面下方设置一个通长的步行空间，既能够储存水处理的净化设备，又能够为游客提供一个参观游览的最佳位置。弧线组合能够构成圆环，设计利用这一概念设计一系列被称为“红外绽放”的圆环，用来进行艺术品装饰和环境展示，既能够吸引游人，又能举办一系列活动，还能保持水体平衡。

圆环系统应用于三种特定的区域：散点区（景观中），空隙区（大桥下），内部区（建筑里）。景观中的散点布置是指步行小径，水池，池塘等，位于河道曼哈顿区一侧，这些景观点为步行道路增加了趣味性，能够吸引游人进行多种多样的活动。圆环中配置了水体净化系统，能够收集雨水并进行过滤，而后将雨水引向大桥，通过设置在大桥下部空隙区的雨水管集中收集，再经过几天的净化处理后能够流回河水中。设计中通过装置设计将雨水通过分布在各个点的雨水管统一收集至集水装置中，而后经储存在大桥空隙区内部的净水装置进行一系列净化处理，最后回流至哈林河中。设计最精彩的地方在于大桥上的瀑布，净水排回河水中采用的这种方式独具匠心，瀑布一倾而下气势恢宏，在大桥下方的步行空隙区形成特殊的景观，吸引了大量的游人以及艺术家前来参观游玩。

“内部展示区”设在布朗克斯一侧沿岸的一栋建筑中，形成了通向河道的一个门户。建筑与景观相互交织，步行道路、大桥和庭院空间相互连接，将参观者导向河边小路，扩展了参观路线。PEG使用犀牛建模，V-Ray渲染，Photoshop进行平面设计。

图1 整体透视图
图2 剖面图

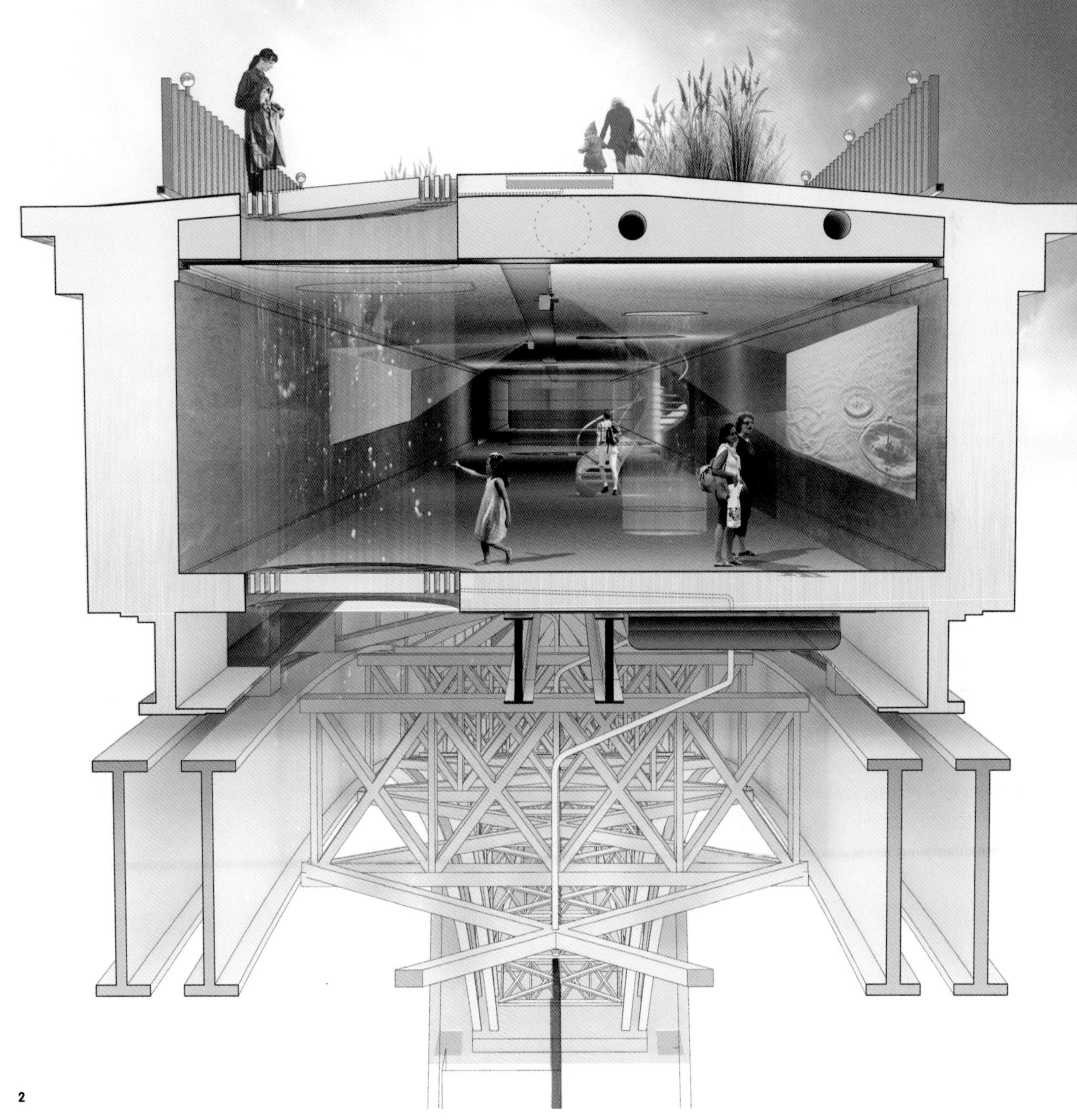

2

29.2 “不是”花园，“不再是”花园

宾夕法尼亚州费城

在这个项目中，PEG创造了一种景观设计的新方式来降低项目的工程成本和整体造价，这也是他们对地表景观样式进行控制和展示的一种新技术手段。他们在已经废弃的空置土地上进行试验，以得到新的景观绿化设计策略。传统的精致花园有交错的几何图案，种植时却非常费时费工，并且造价很高。而这个项目的设计原理是提前在电脑上利用参数化软件进行图案设计，而后使用激光切割机制造出块状的铺设绿化，在定制的土工织物上按照计算机布置种植种子（杂草控制面料），最后将这些土工织物铺设在基地上，一次形成图案样式。

与传统的绿化重视方式相比，这种方式具有节省投资、节省人工、节省工期、操作简单等多个优点。这一项目包括两个测试区域，分别命名为“不是”花园（Not Garden）和“不再是”（Not Again）花园。在“不是”花园中设计者测试了土工织物种植绿化的容量，而“不再是”花园则面积更大，这里采用了更为错综复杂的绿化样式，植物种类也更为多样，包括更多的花类植物和耐旱地被。为实现这一低成本的园林设计，景观设计师们使用了大量软件和硬件，他们用犀牛建模，V-Ray渲染，Photoshop进行平面处理，蚱蜢进行模板样式设计，最终制作则采用激光切割机进行整体切割。

图1，3，4 “不是”花园
图2 “不再是”花园
图5 “不再是”花园的种植样式

29.3 生命墙

孟德利尔，加拿大魁北克

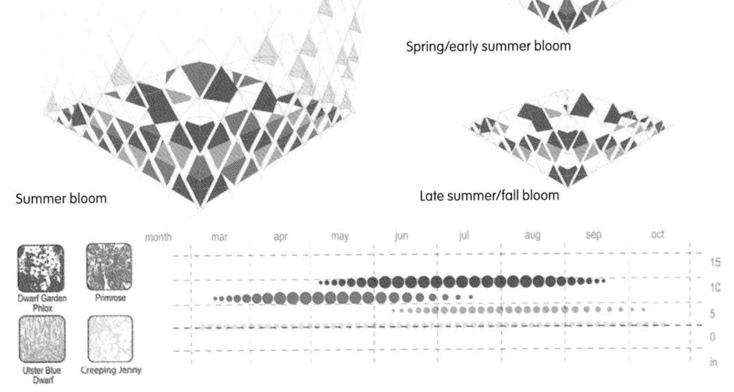

生命墙项目是PEG公司参加2008年法国Jardins de M é tis国际花园节的参展项目。在这一项目中他们试图探寻一些园林设计中的基本问题：内部空间和外部空间之间的关系，从控制的观点出发空间展开到何种程度能够最易被人们接受。为了研究在当下社会环境中上述问题的答案，PEG在设计中应用了大量的实体制作及视觉表达新技术，力求在设计中对传统的园林设计模式进行一定突破，将有机形态与无机形态相融合，在静态与动态之间寻求一定的平衡。

1925年，景观设计师格盖布瑞尔·福尔康（Gabriel Guevrekian）在巴黎一个展览会上设计了“水与光之园（Garden of Water and Light）”项目，尝试运用当时的新材料——混凝土、钢、玻璃，以及先进的光电技术等，在当时是名副其实的高科技景观。PEG在这一项目中力图效仿这种创新精神，重新建立“表层”与“深层”之间的关系。他们利用现有的视觉工具研究如何使用三维空间创造二维视觉效果，反之亦然，即如何使用二维空间创造三维的视觉效果。所有的景观元素——水池，景观墙，绿植——都通过一个三角形结构组织起来，在此基础上，园林以扁平空间的形式出现而又以立体空间呈现，实现了充满趣味性的视觉效果。景观的基础布局是两面垂直的墙体，但在外部视点看来，花园呈现的是“扁平的”三角形立体空间。

为实现这一项目设计的复杂性，PEG使用了一系列先进的实体模型技术及图像处理软件，用犀牛建模，用V-Ray和Adobe系列软件进行渲染和图像处理，同时采用激光切割机进行实体模型的切割和组装。在实际建造过程中PEG使用数控激光切割机对平面塑料瓦进行加工，使之成为三维的瓦片，而后组装成为墙体。在组装过程中塑料瓦片按照一定的角度和方向进行布置，不同的组合方式能够获得不同的视觉效果，由此形成了镶嵌在景观墙中的口袋种植空间，小窗口内部瓦片的色彩都是精心选择的，能够增强景观墙体的透视效果。

图1，3 透视效果图
图2 植物种植图

30

PYO
建筑事务所

1

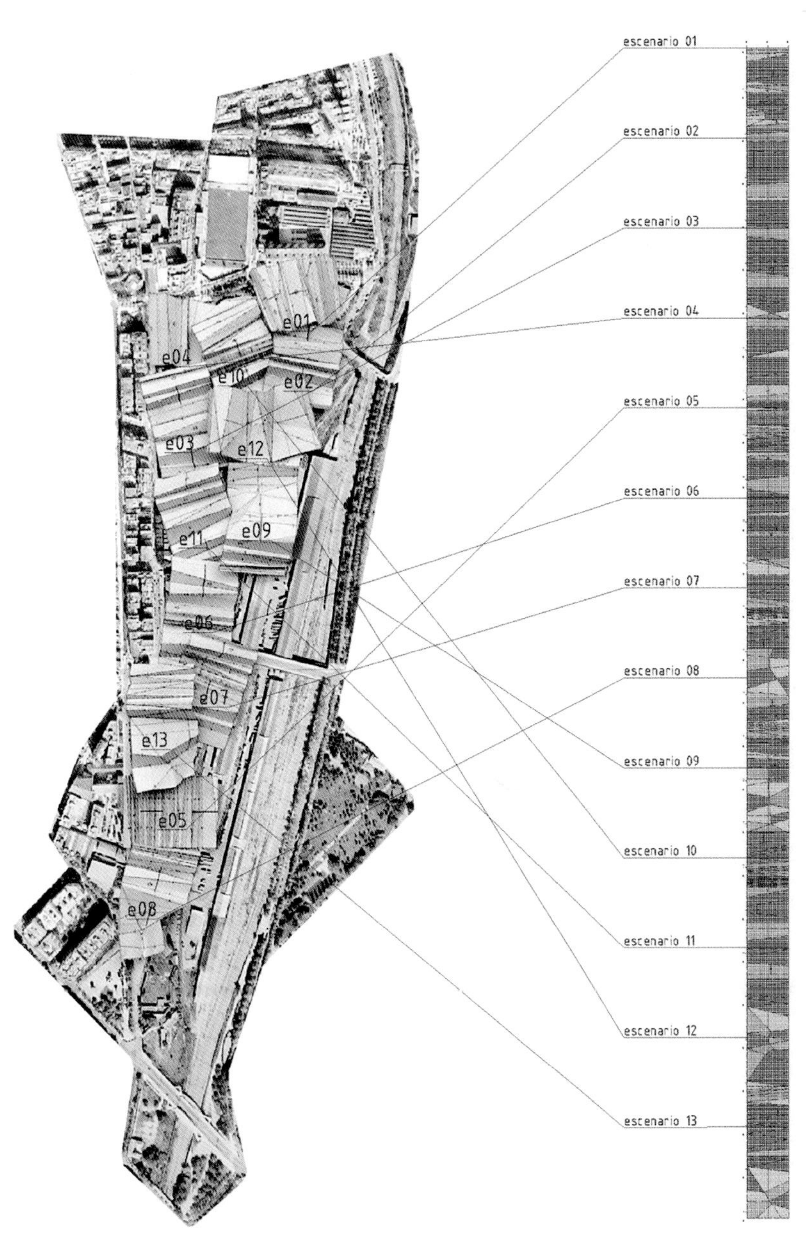

2

PYO建筑事务所成立于2007年，其创建者是保罗·加林多·帕斯特（Paul Galindo Pastre）和奥菲利·赫蓝兹·莱斯帕格罗（Ophélie Herranz Lespagnol）。他们对于新的媒体技术十分推崇，对数字技术的应用持积极态度，这使他们成为最成功的西班牙新兴建筑公司之一。PYO的成功在一定程度上要归功于他们前瞻性地在设计中对数字技术的大量应用，他们在进行空间构思和设计创作时利用数字化手段去实现创意，当他们指导博士生的教学和科研活动中，他们也强调这些科技手段的重要性。从2002年起，保罗和奥菲利合作了一系列的学术项目，参加了多个设计竞赛，并且进行了大量的工程实践。

保罗和奥菲利在设计过程中广泛使用了数字化设计技术，用AutoCAD绘制平面，用玛雅画施工图，用FormZ建模及渲染，用犀牛设计动感的富于表现的建筑空间。在一些项目的设计过程中，PYO与安德鲁·库德勒斯（Andrew Kudless）公司合作，用犀牛制作参数脚本，为设计作品制作多媒体动画。他们在学术研究方面也有一定的专业造诣，将他们在设计及渲染方面的设计经验提升到学术领域，他们的设计作品汇总出版了多本著作，在业内具有良好的声誉。

图“都市过程”城市设计，
西班牙巴塞罗那

30.1 “都市过程”城市设计

西班牙巴塞罗那

本项目是PYO的两位合伙人大学本科生时设计的，是巴塞罗那萨格雷拉联运站及其周边的城市设计竞赛的参赛项目。项目设计范围位于现存火车沿线周边，是一个长度为4公里（2.5英里）的线性公园，其建成将成为连接巴塞罗那和萨格雷拉的绿色纽带，使原来孤立的两个城市获得充分的联系，活跃城市氛围。这个新建的绿色纽带是一个功能复合空间，居住、商业以及与其相关的其他功能建筑鳞次栉比，相得益彰。

项目设计中包含了一系列的“都市过程”（Urban Procedures），它们彼此规模不同，连接了不同的城市片段。他对于多种变化中的方案进行了试验，以预测城市未来的发展模式和生长方向。

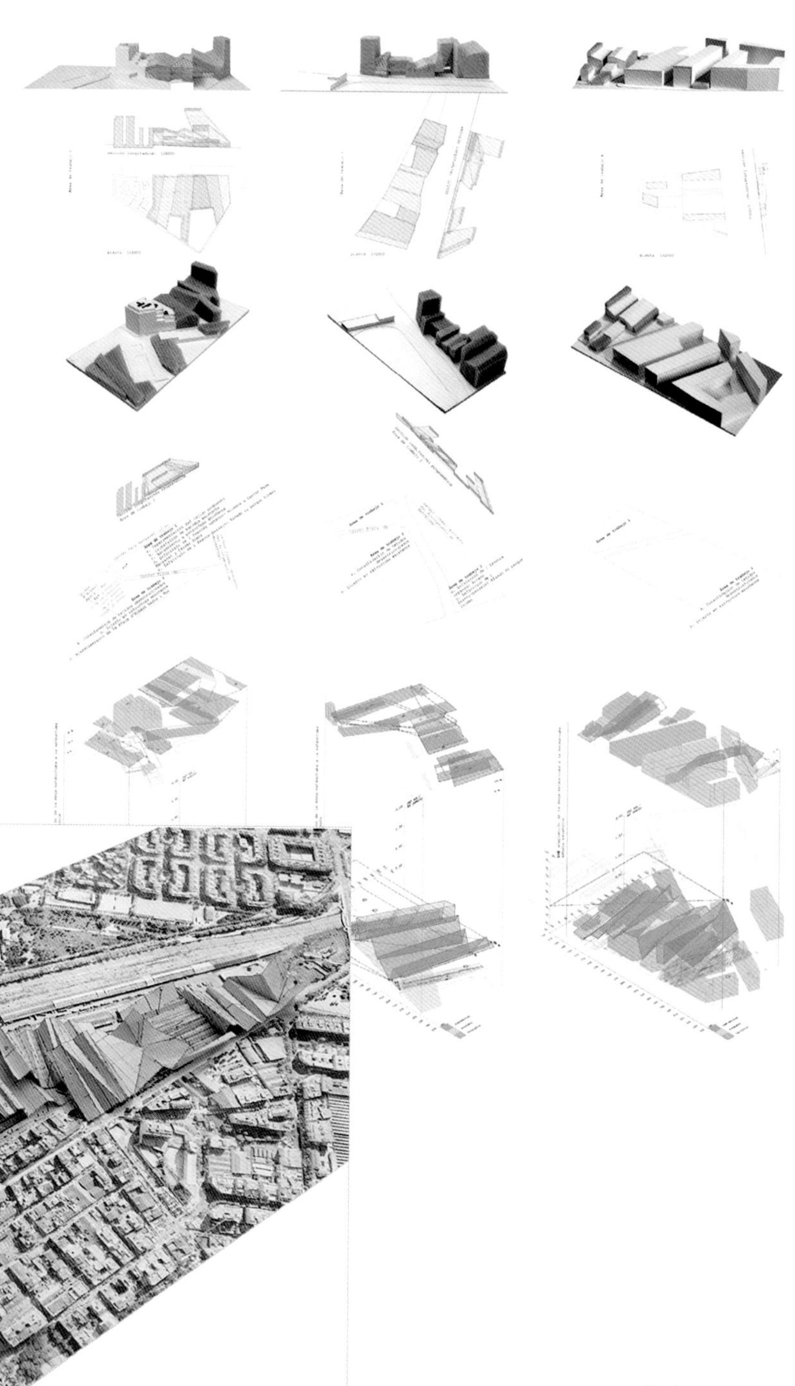

1

2

图1 概念分析图
图2 概念总平面

30.2 边界条件下的动态转换

荷兰鹿特丹

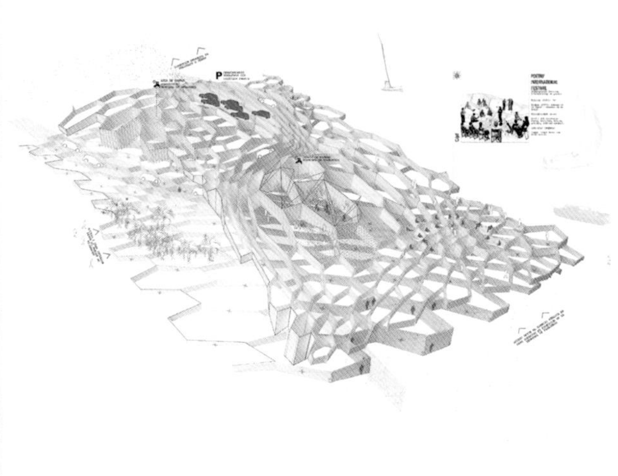

鹿特丹Rijnhaven港口和码头设备及设施年久失修，需要进行翻新处理。PYO采用了创新性的设计理念，通过“拉伸和抬高”地表空间的方式提出了具有创新性的新码头设计方案。设计通过构建崭新的码头景观，激活了场地未被充分利用的地缘优势，使场地的交通组织流畅易达，整体性强，适用性强，改造后的码头区可以举办多种多样的活动，带动了整个周边区域的活力。

PYO的方案将2公里（1.2英里）长的区域进行了整体改造，梳理整体性骨架后设置多个空间节点，这些场地既能够吸引公众进行多种活动，又可以在未来进行功能改造，适应性极强，整体设计思路是将港口周边的边界建筑进行内外转换，即将港口“边界区”改造成为机会区。区域内包括国际轮渡码头在内的运输设施将带来更多人流，促进日常的活动。设计中的不同平面对整体交通流线进行了重新规划，缩短了区域之间的距离，同时还能保证码头区的登陆路线顺畅无阻，避免其他流线对港口登陆流线的阻碍。“等候花园”是为乘客设置的临时等候区域，如果乘客驾驶自己的车辆渡船，可以在这里等待。整个方案的骨架清晰而有序，为场地包容各种活动提供了多种可能。

方案的基本形态来源于蜂窝结构，通过重复蜂窝结构来进行生长，这种重复和变化为整体结构带来了灵活性和稳定性，同时又具有个体差异性和连续性，而且其建造技术并不突破现有的生产技术体系，因此并不会带来造价的浪费。设计中的不规则地面形态及造型方案是PYO通过数字化技术手段实现的。它不应该被理解为一种巨型结构，设计师将整体区域理解为一系列的建筑，同时也是城市规划中的一种特殊类型的范式。

图1 渡口
图2 水上的士
图3 空间骨架

31 R&SIE（N）小组

图 他击落了我（装置作品），Heyri艺术村，韩国

法国R&SIE（N）建筑实践小组成立于1989年，由弗朗西斯·霍（Francois Roche）和斯丹芬尼·拉沃（Stephanie Lavaux）在巴黎创办。他们的建筑作品和景观作品是有机的、生态的，同时又极具实验性和批判性。因为在作品中对数字技术和软件的广泛应用，R&SIE（N）建筑师小组是国际数码建筑设计领域的著名人物。他们认为使用数字技术进行设计相当于“用炼金术将艾奥斯（古希腊神话中爱情之神）和达纳托斯（古希腊神话中死亡之神）融合到一起，能够创造边界模糊并不能与现实严格区分出的场景”。

R&SIE（N）致力于在设计中创造真实和虚拟的地理情况，通过设计方案结构的整体性改变它们。他们善于将人类信息时代的多重文脉应用到设计中，包括美学的、机械的、计算机的、自然的、甚至人工的。他们常常在设计中采用推测和虚拟的手法实现“反分离”的设计模式，将数码技术渗透到实践应用中从而对传统设计范式进行颠覆，他们是法国当代最具争议的建筑设计师。

31.1 He Shot Me Down设计作品

韩国Heyri艺术村

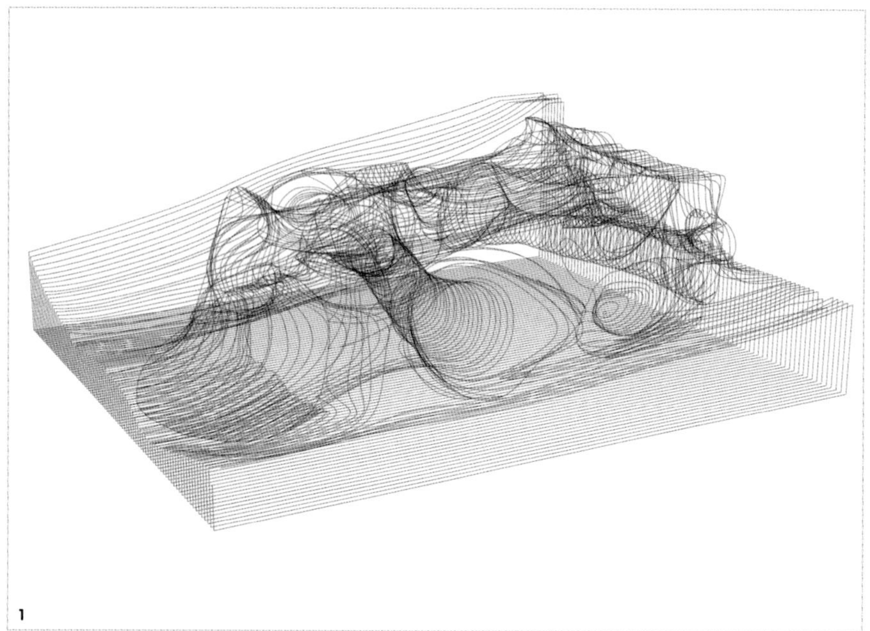
1

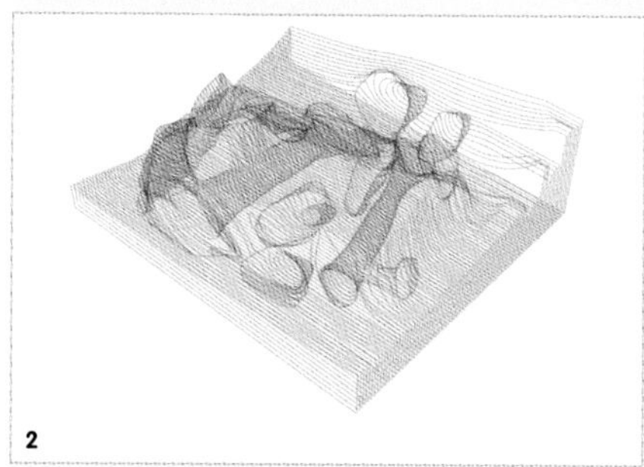
2

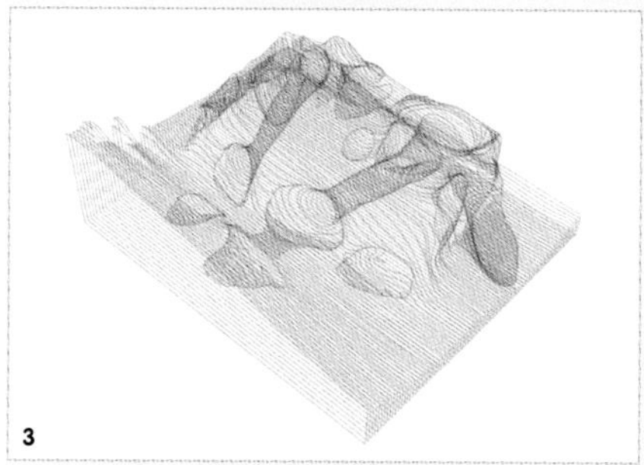
3

4

这是一个具有创新性的数字化设计作品，它突破了景观设计的传统思维和边界，包括机器人的运动机理以及生物力学表面的生长情况（例如草和地被植物的生长状态）。这个景观装置适合于多种功能使用，例如私人居住、舞蹈中心、商店、餐厅、儿童博物馆、零售展场等等。R&SIE（N）在这个设计中考虑到了以下的一些问题：

- 本案的地理位置非常特殊，它处于韩国北部非军事区的显要位置，在这一区域真正的危险并不是来自于战争，而是对于危险的恐惧感和自身感受的胁迫感交织在一起的心理感受；
- 在设计中需重点关注“Heyri城市化”的特殊性问题，因为Heyri地区是一个人们的“家庭生活完全嵌入公共区域内”的地方，在这样的地区所有的居民都是公共服务设施的受用者，他们对公共景观设施的接受度非常重要；
- 装置掩映在Heyri的山体环境中，设计者通过模拟山体的变形制造体量上突然的变化，这种体积大小的剧烈对比凸显了设计师对项目狂热的偏执；
- 方案关注了从步行小径看到装置时的行进轨迹、观看角度以及光影朝向，通过多种实验对比得到最佳方案，为了向T1000致敬在设计中采用了不锈钢和玻璃的材质组合；
- 建筑的形态仿佛一个机器人，它“以一种特殊的姿势奔跑在丛林中，背负着野草、落叶等生物质，这些涂抹在金属分解表面的绿色植物既从外部掩盖了机器人空间的存在，又保持了建筑内部适宜的温度”。

图1-3 景观基本形式
图4 机器人的“羽毛”
图5 螺旋上升的体量
图6 总平面图
图7-8 透视效果图

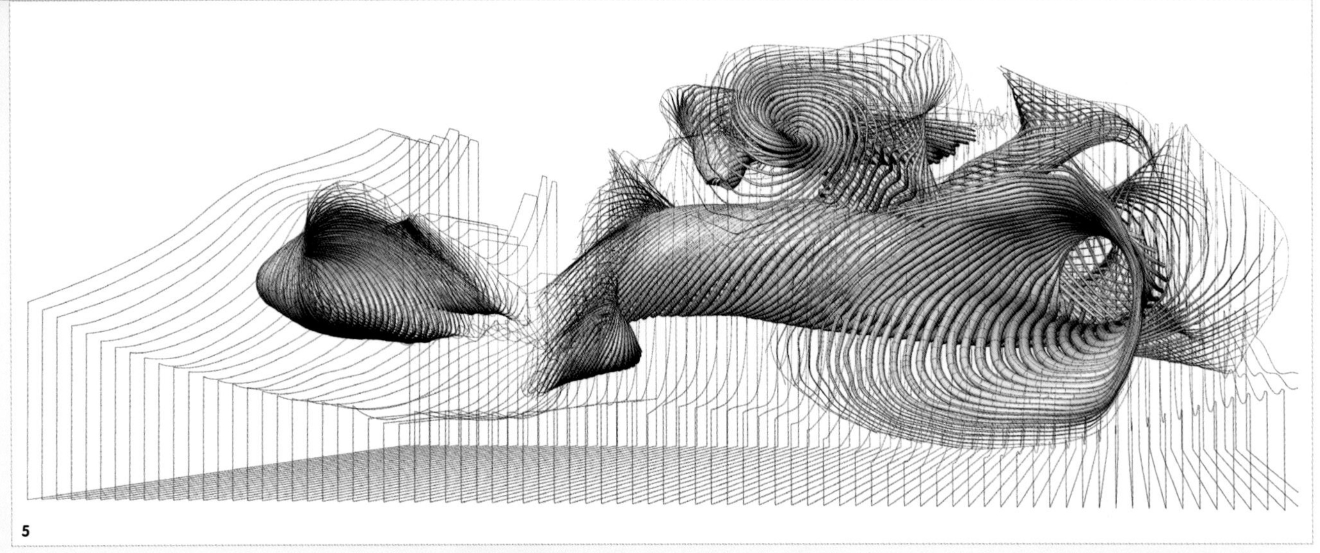
5

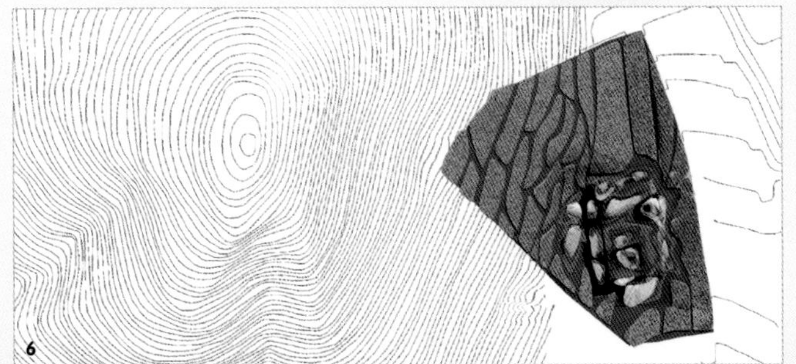
6

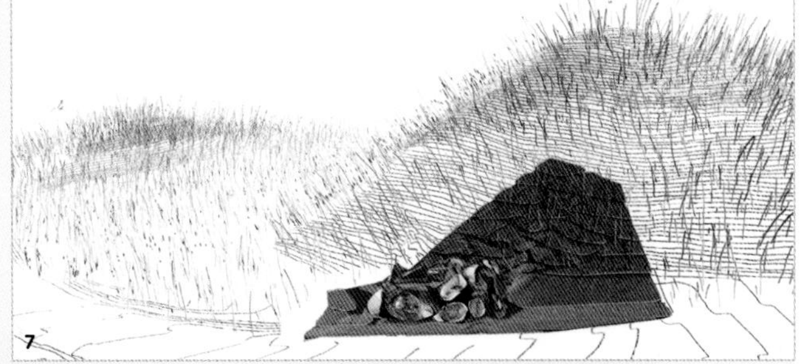
7

8

31.2 绿色怪物

瑞士洛桑

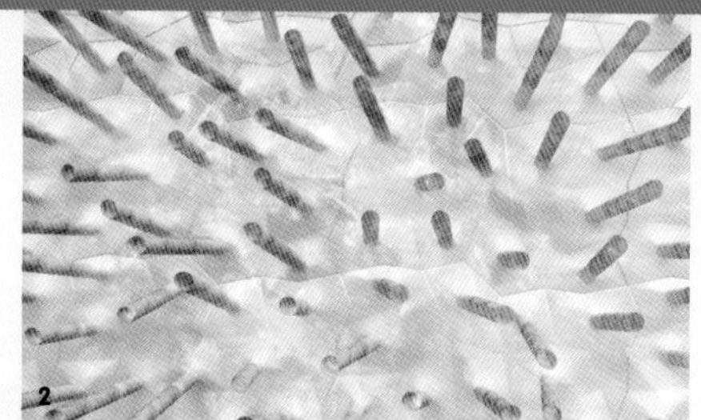

在这个项目中，R&SIE（N）将自然和数字化完美地融合到了一起。R&SIE（N）的理念在于，洛桑当地的野草已经成为生态圈里重要的一员，不需人类种植，只要有动物就能够自发生长，他们认为这是生物发展的必经阶段，就像两栖动物已经可以不受水的限制自由和自发地进行水中和陆地活动一样。街道、广场、公园、花园，这些元素共同组成了所谓“城市中的自然”，就像有生命的有机体一样，已经占据城市系统的重要位置，成为至关重要的组成部分。

在设计中我们常用绿色植物为建筑穿上绿色的衣服，这层绿色皮肤属于“人造的自然”，是一种生物动力皮肤，这种垂直系统的植物体系往往拥有独立的微灌溉系统。R&SIE（N）的灵魂人物霍曾说，“新的景观体系超越了融合与困惑，与自然环境共融共生，它们能够过滤城市的灰尘，净化都市空气，已经成为了一种新的建筑材料。”

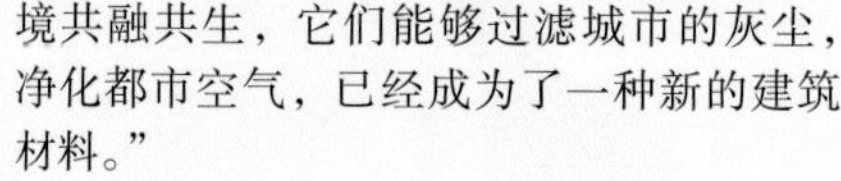

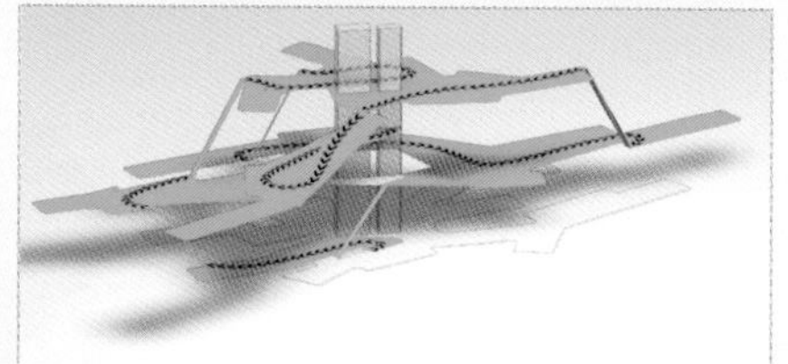

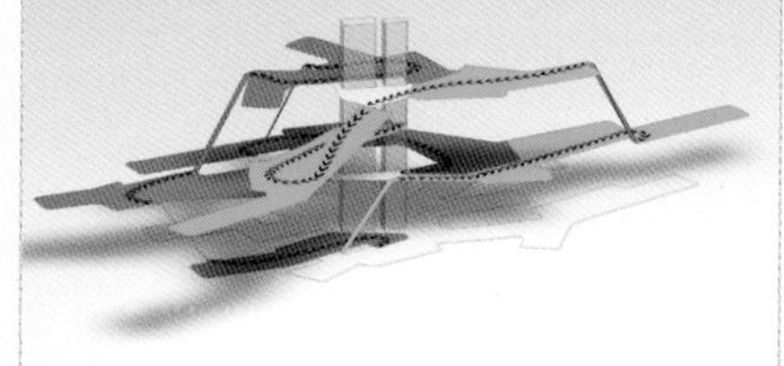

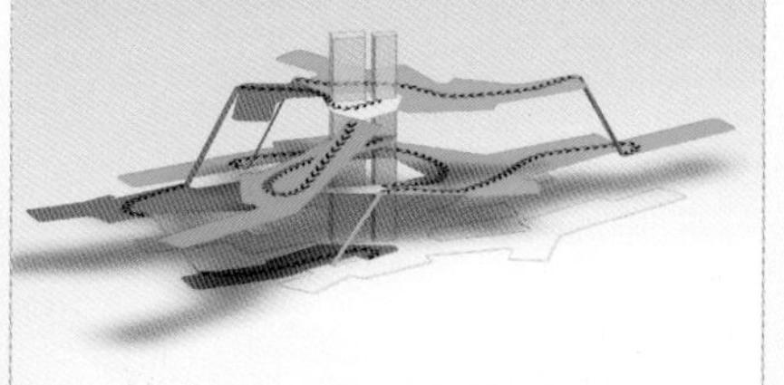

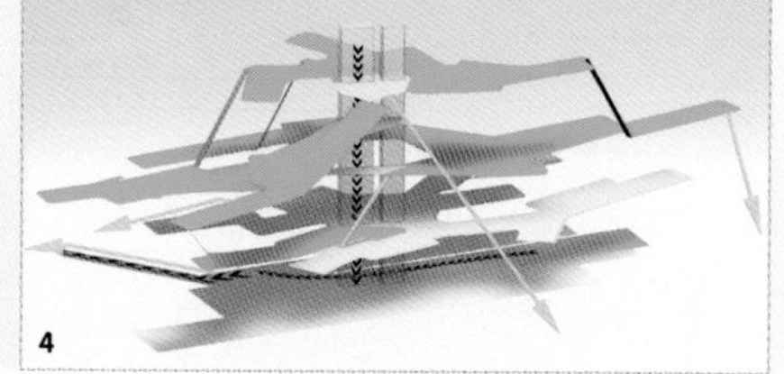

图1 场地鸟瞰图
图2 绿色肌理细节图
图3 基地局部节点
图4 “绿色”表面概念图

31.3
Olzweg景观

法国奥尔良

图1 结构概念图
图2 庭院入口
图3 交通分析图
图4 庭院街景效果图

设计师通过先进的建模软件和数控机床雕刻技术刻画了一个栩栩如生的庭院景观。

- FRAC中心是由若干个玻璃棒组合聚集，它们附着在现有建筑的外表面，形成了这个极富视觉冲击力的庭院空间。由于庭院内部看上去仿佛是未完工的，还在建造过程中一样，这个庭院被称为“没有器官的身体”。其内部的交通流线复杂宛若仿佛迷宫般，发散状的交通联系具有较强的空间导向能力。
- 建造程序和清洗程序是由全自动或半自动机器人完成的，施工过程中对迷宫建造的严格控制形成了最终庭院形态的随机性和不确定性。
- 作品中所应用的玻璃材料来自于当地居民的玻璃回收系统，这种处理方式降低了原材料的造价，并且将当地居民也纳入到建造过程中，在他们帮助项目建成的过程中也与项目建立了一定的感情。
- 建设周期计划长达十多年的原因是，这种建造充满了趣味性，已经成为成就欲望与理想的机器（引用马塞尔·杜尚的名言）。
- 参观者可以借助单独的RIFD板追踪器来找到自己的位置，并且在玻璃迷宫中定位自己的XYZ坐标，这形成了展览中具有独特个性的特征。

1

2

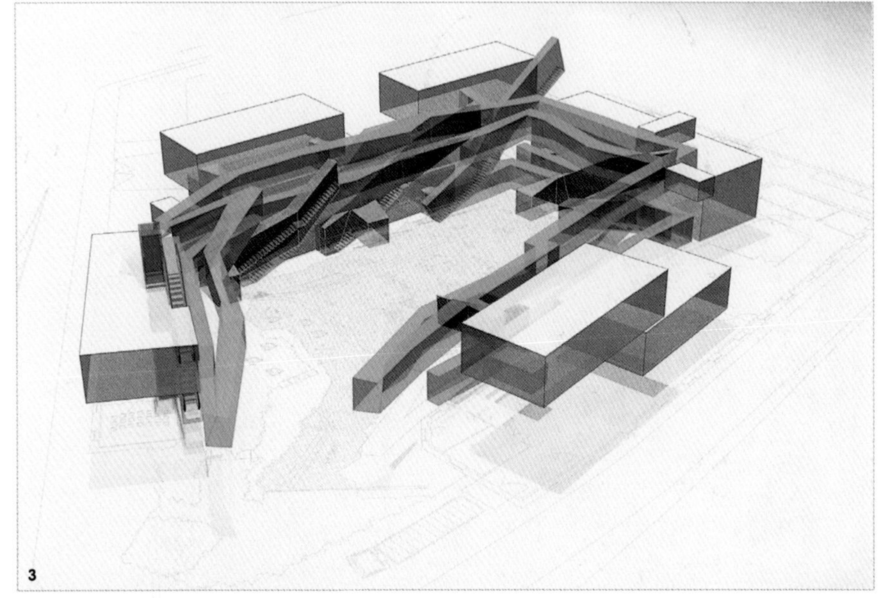
3

4

31.4 覆盖共生

韩国首尔

1

韩朝战争中，韩朝边境的地雷爆破的威力非常巨大，战后这些用地无法使用变成了废弃用地，R&SIE（N）这次的设计选址恰在这样的边境线上。设计试图将韩朝边界尽量模糊，消解战争给基地留下的伤痕。设计师在基地上覆满了植物，认为不受人类控制的自然生长能够彻底改变这个“生病的”基地。

这个项目包含两块独立但却相邻的基地，分别属于两个不同的业主。设计师说，“扭曲的边境线有利于使不同的业主相互洽谈，友好合作，因为边境线模糊了所属权的概念。”建筑师将建筑空间设置在韩朝边境的森林和悬崖边上，边境线成为了项目内部的边缘线；整个建筑空间类似白蚁的洞穴形态，在其中设置若干个相互联系的展示空间，地面通过数字化建模程序进行挤压形成山谷内突出的木耳洞穴形态，建筑跨越了边境线，在基地上匍匐覆盖，与环境和谐共生。

2

图1 模型顶视图
图2 正立面透视图
图3-4 计算机渲染界面
图5-8 绿意蔓延

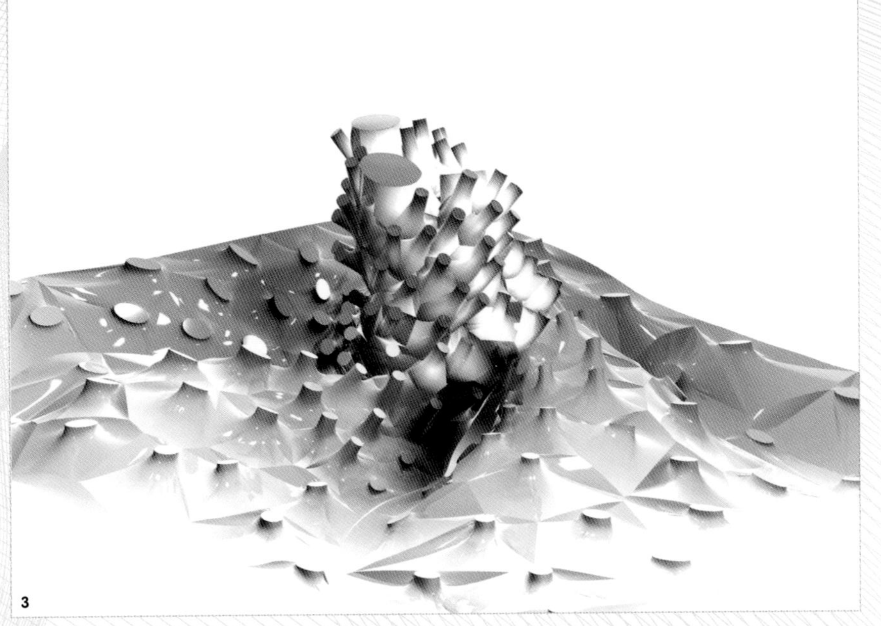
3

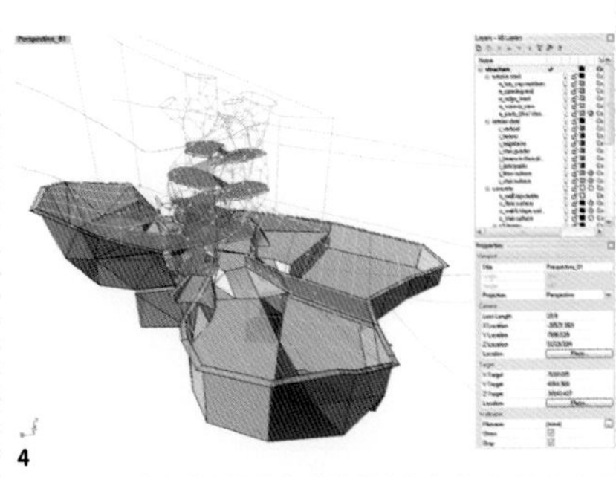
4

5

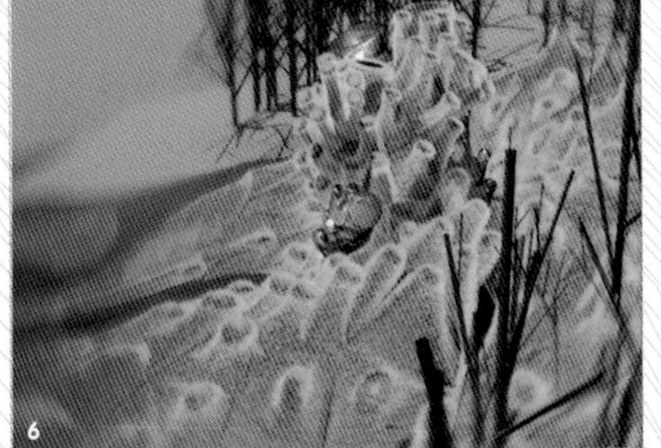
6

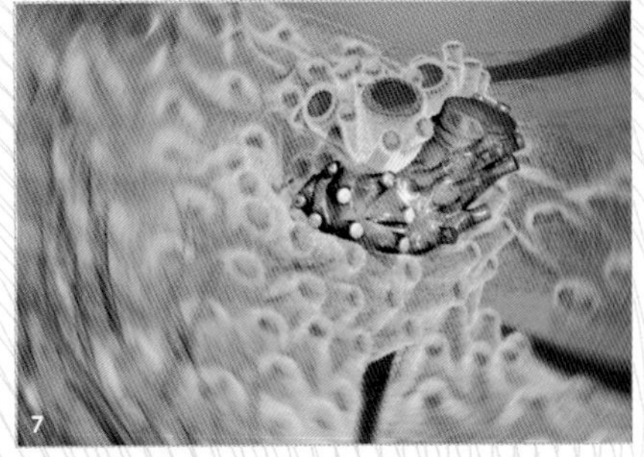
7

8

32

克里斯·斯皮德

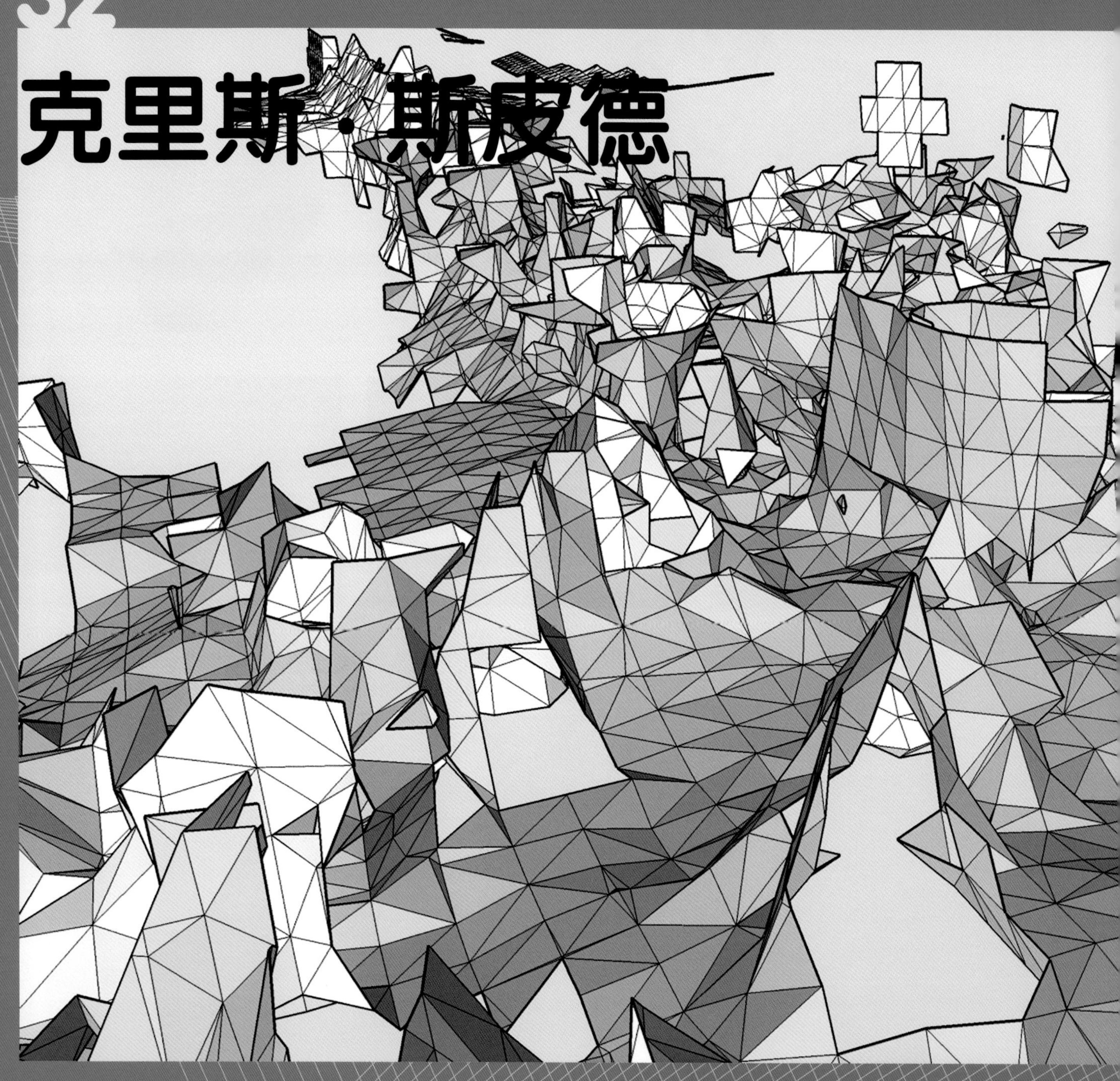

克里斯·斯皮德（Chris Speed）在爱丁堡建筑与景观学院任教，教授先锋建筑技术及先进设计思想。他的主要研究方向是数字技术——数字技术如何与建筑设计领域相结合，数字技术怎样应用到当今的建筑创作实践中，数字技术是怎样改变我们的生活环境的。他的博士论文也是基于这一研究方向的，其题目是《数字化建筑实践的社会维度》（A Social Dimension to Digital Architectural Practice），在论文中他指出，在当今社会，数字化建筑的发展前景很好，数字化建筑能够与建成环境及建成景观良好调和，其未来发展应更加注重整合社会计算原则以及与动态地理测绘技术相互结合。

斯皮德的教学过程中大量使用了非传统的教学设备，他将景观设计的应用技术与教学手段相互结合。他使用了很多电子设备，包括电子显微镜、GPS定位系统、iPod、智能电话等通讯设备，以及大量的数字化媒体软件，例如点追踪GPS系统、Processing、犀牛、SketchUp、Photoshop，以及他与詹·萨丁联合开发的CoMob app（本书234页有相关介绍）。最近斯毕德一直在使用GPS技术结合设计，GPS技术能够为他带来更为实时性的社会及环境数据，为设计的精准性提供了进一步的保证。

图　数字化技术在建筑规划分析方面的探索应用

32.1
数字化技术在建筑规划分析方面的探索应用

英国邓迪

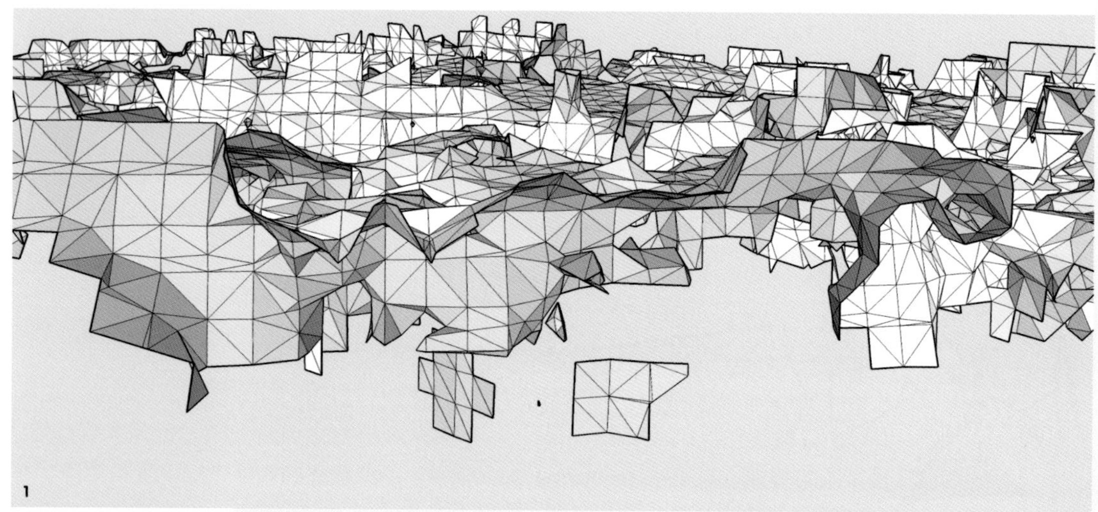

1

2

克里斯·斯皮德与他的同事——另一位爱丁堡艺术学院的讲师克里斯·劳里（Chris Lowry）——共同带领爱丁堡艺术学院的建筑专业学生一起研发了一种网络通讯GPS定位系统，这套系统能够根据人们在城市环境中的活动来创建地图，具有实时性和精准性的特点。当设计团队对邓迪市一块位于苏格兰东岸的设计场地进行考察时，一组学生身上就携带了他们研发的这种GPS定位系统，他们的任务是一个建筑区域进行场地考察。与传统的记录方式相比，GPS定位系统能够通过全面的环境导航，形成更为细致、更为准确的数据网络，从而为学生们提供了一种特殊的考察方法。

回到工作室后，大家会将所有设备记载的航电信息、数据和路径信息进行汇总和综合，邓迪的这一项目中记录了上万个地理信息点。接下来项目组成员们会利用一系列的三维软件来提取信息数据进行处理，从而创造“网状”的景观模型，这些景观模型能够清楚地描述出学生们在城市中的位移所带来的社会拓扑形态。GPS收集的数据在经度和纬度上十分精准，但高度上并不准确，这是因为GPS装置很难查到特定的高度信息。GPS定位需要多人参与收集数据，这就证明了这种规划分析方法需要高度合作性，在通力协作的前提下才能成功地实现创造性的新方法。

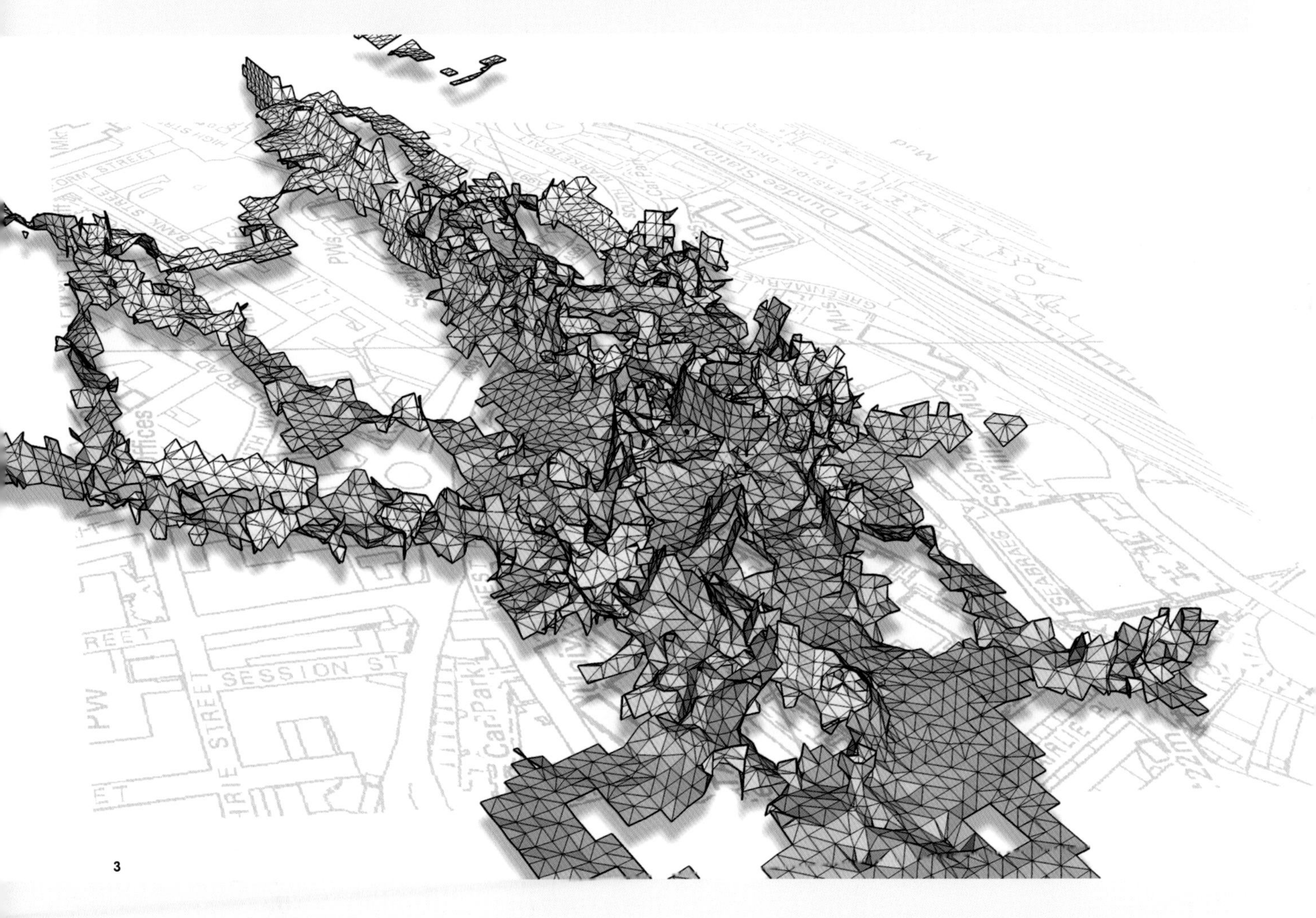

3

图1、3 收集到的空间活动模型
图2 GPS轨迹

32.2 CoMob App应用软件

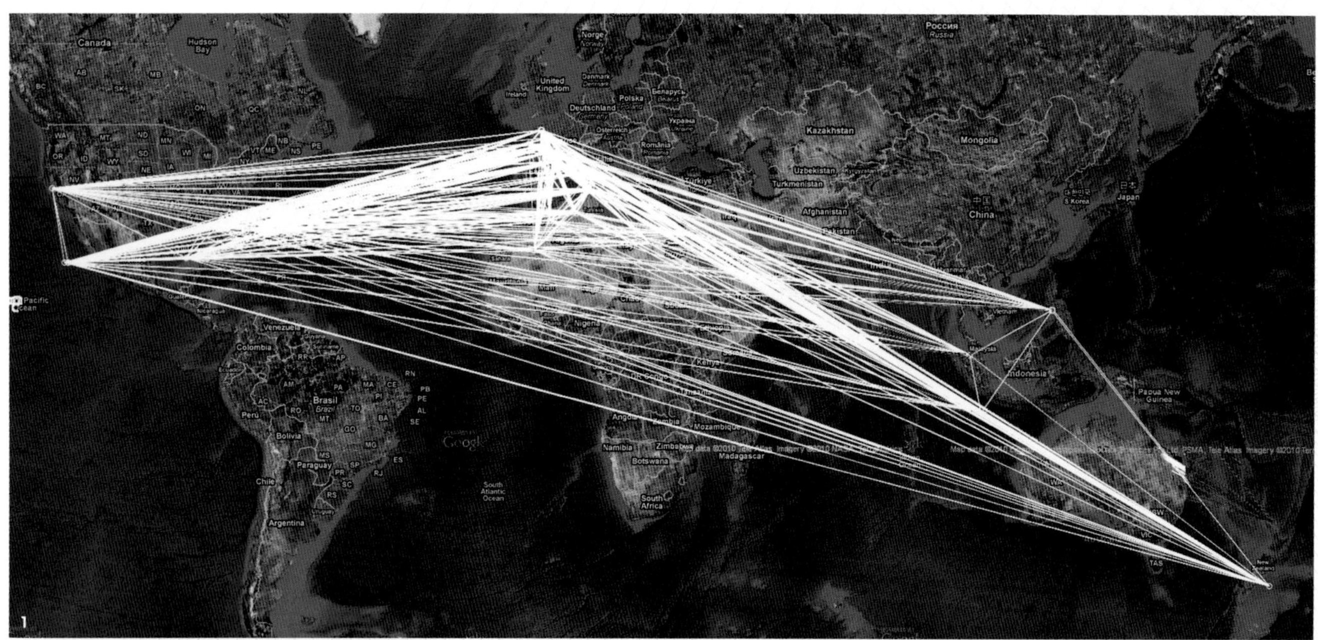

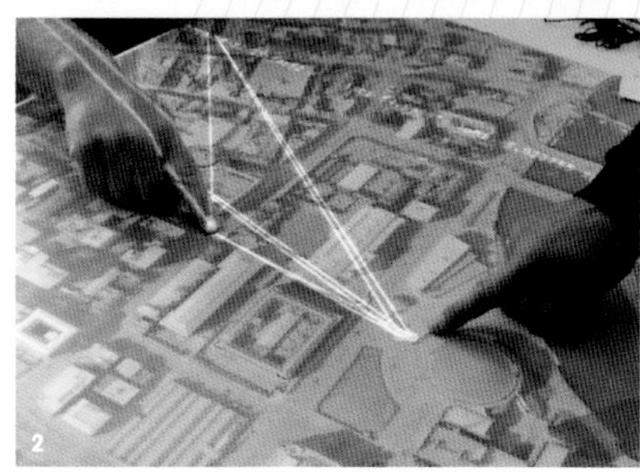

图1 CoMob App软件上显示的使用者24小时运动轨迹

图2 工作室参与者可以通过可视化软件来重置自己的GPS步行轨迹

詹·萨丁（Jen Southern）是一位艺术家，同时也是兰开斯特大学的博士研究生，他与克里斯·斯皮德共同开发了CoMob的手机app应用。这一应用是测绘社会和空间坐标用的，将使用者的移动轨迹以圆形节点形式显示在屏幕上，用直线将独立的位置相连起来，并允许不同的用户查看彼此的位置信息。同时这一app应用将数据手机后可以进行远距传输，允许远程用户通过手机客户端或者视频软件观察这些行动轨迹。

上一节提到的斯皮德有关GPS定位的项目是对于单独的位置点信息进行捕捉和追踪的，而CoMob应用则提出这些单独的轨迹只是我们空间移动的一部分而非全部。人们通过这个app应用能够观察到社会活动在空间之间的移动轨迹，也能够捕捉社会活动与空间环境之间的关系。CoMob可以在一系列国际数字艺术节的研讨会上帮助绘制污染地图，在讨论组中能够直观说明地面上污染是如何被人们所感知的。这个app应用程序面向全球供应下载，已经被大量用户下载使用。斯皮德和萨丁的活动数据库显示，在全世界范围内有很多用户在使用CoMob，他们把它当做一种炫目的空间社会运动方法。

32.3 山口峡谷剖面

日本山口县

1

2

传统的景观地图的测绘是通过人工方式建立网格，再用测绘仪器对这些地理坐标点进行详细的数据测量，最后将数据汇总形成地理总图。而当前的数字技术则与之不同，人们可以通过使用集成了社会资源的仪器来提高绘制精度，降低人工投入；可以通过移动的手持便携式GPS定位系统来准确记录景观项目的用地边界。在日本山口县这一项目中，斯毕德采用了最新的社会技术和地理技术，能够准确地将山谷剖面“描述”成可视化效果，进而绘制出该地点人视点的透视图。

这种动态的绘制地图的过程表现出一种不同寻常的拓扑结构。它并不像土木工程师立桩标界过程那样的精确无比，形成的绘图结果以三维图形呈现出一种额外的、“模糊的”社会维度。它将社会关系网作为一种结构骨架，为人们提供将社会关系与地图数据相互结合的机会。尽管不够精确，这种研究方法为山口县提供了一种社会丰富的拓扑形态地图。

图1-2 三维模型，采集居民活动的两种GPS数据后建模而来

33 斯托斯·鲁事务所

斯托斯·鲁（Stoss Lu）景观建筑事务所成立于2000年，创始人克里斯·里德（Chris Reed）是位于美国波士顿，业务领域设计新兴的景观都市化领域内的景观设计、城市规划设计，包括大尺度的城市设计、棕地再开发、雨水收集管理、生态化环境景观设计等，该事务所一直所倡导的景观都市主义是他们公司的设计核心思想。景观都市主义强调自然与景观的跨学科交叉，其设计根植于工程学、生态学、环境学、基础设施等，在设计中重点关注三个主要内容：尺度感，时效性和灵活性。

斯托斯·鲁事务所认为将时效性和相位性像其他设计要素一样重要，在设计阶段中均应该给予重视，他们相信一个好的景观设计方案应该是对基地所有条件都能够积极地给予响应和催化的网状系统。他们认为景观设计应该具有与不断发展的生态环境和社会系统共同蓬勃发展的潜力，能够保证自身的健康和弹性，应该能够适应各种条件，满足不同功能使用，并且具有未来发展的可变性。他们大部分作品都具有相当的适应性的，并且很多是具有发展可变性的，随着时间的推移能够产生时效不同的景观效果。

为实现这种具有时效性的设计方法，设计师们采用了一定的数字化技术来进行辅助设计，例如犀牛、火烈鸟、插画家、Photoshop和AutoCAD，并在利用蚱蜢等犀牛的插件来探索动态参数的脚本程序方面进行了一定的尝试。

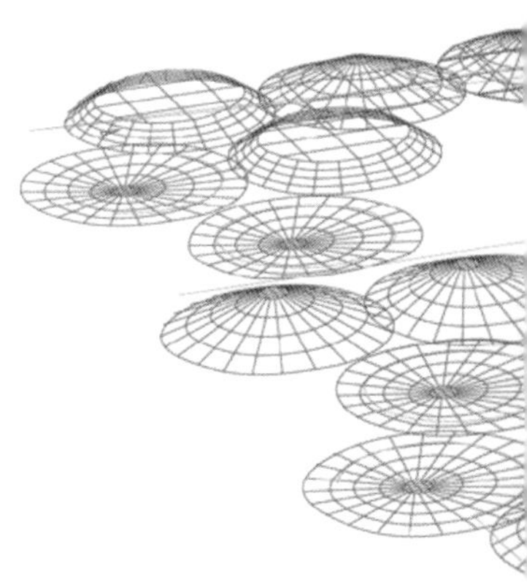

图 巴斯河公园，西丹尼斯，马萨诸塞州

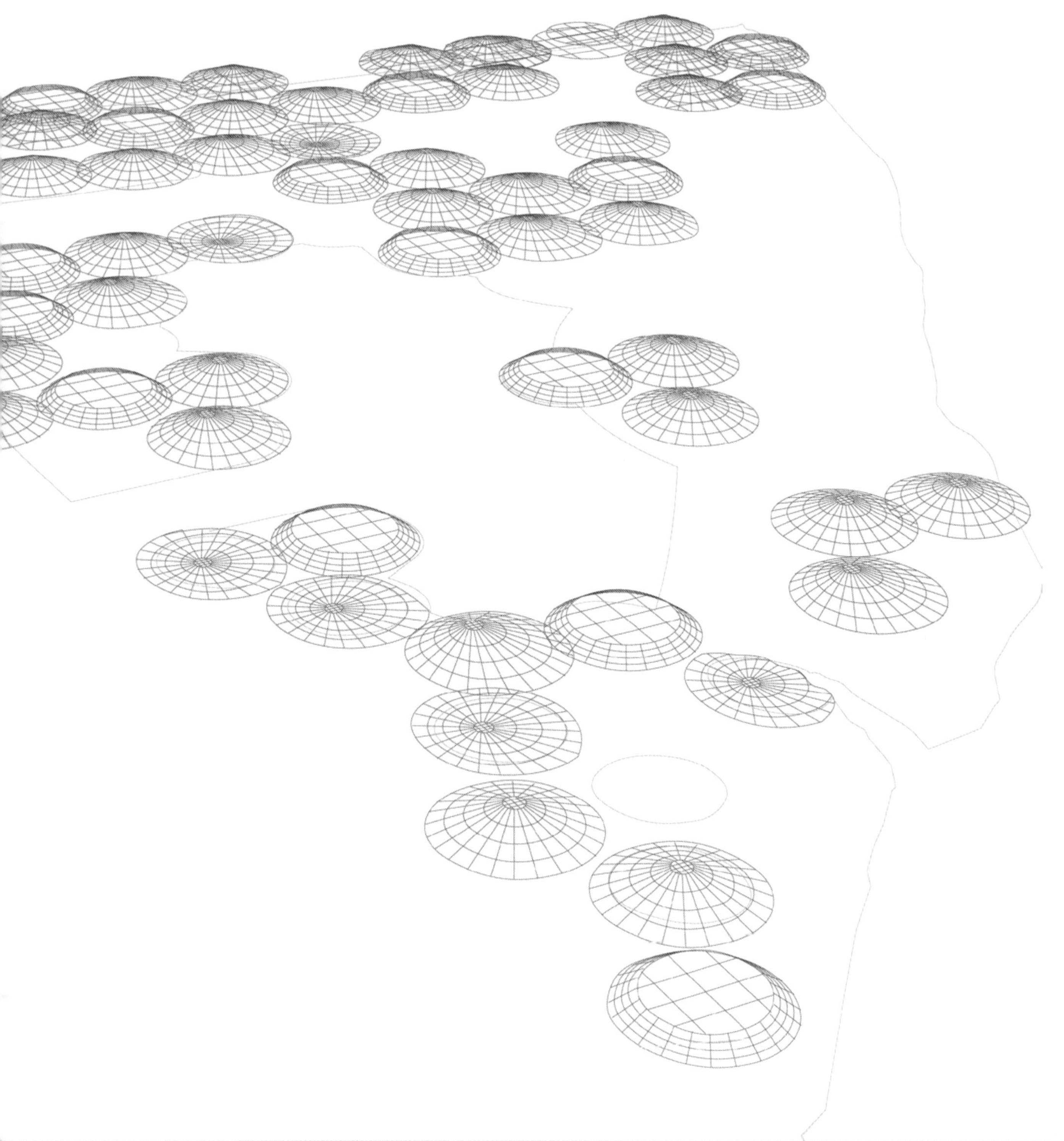

33.1
巴斯河公园

马萨诸塞州西丹尼斯

这种景观设计是以表现性为基础的，能够适应变化的环境条件。在绿色“毯子”般的山丘中间设置了很多平台，能够适应生态发展，并满足不同区域的植物的物种传承，包括红雪松、草场、沙原、湿地、盐沼等，一系列圆形地貌点缀在基地上，形成了连续的景观地毯。物种的多样性为景观设计提供了未来转变成各种样貌的可能性，设计师认为这样的设置可以使植物保持基地的“生长性、适应性和完整性”。这样的设计同样能够适应各种大型演出、节日活动、日常活动及其他的各种活动。

设计师沿河设置了5.5米（18英尺）宽的弧形步行路，河岸线的轮廓与步行路相叠加，并沿线布置不同的生态种群。沿河岸线现有的自然生物种群包括独立的沙丘

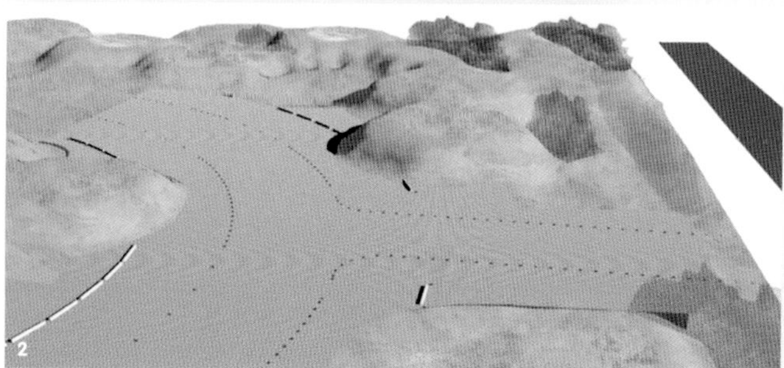

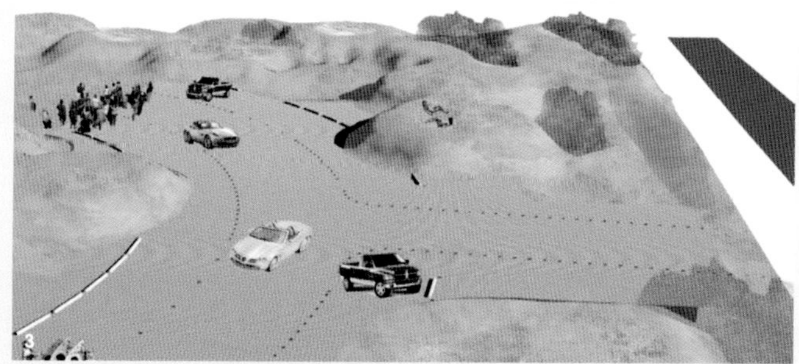

图1–4 鸟瞰图，适应性景观
图5–6 透视效果图

和雪松林，那绿意盎然的小山丘看起来仿佛从大地平面上生长起来一般。漫步道好似木制的丝带，移步换景，随着流线的推进时而变宽时而变窄，包含了以上的设计元素。设计过程应用的软件包括犀牛、蚱蜢、火烈鸟、插画家、Photoshop和AutoCAD。数字化的景观设计过程使用参数化措施对景观空间进行重组，表达了动感的、极富表现性的设计创意。

公司的创始人克里斯·里德谈到这一方案创意时这样说，“山丘的形态是从地表面不同高度处进行立体剪裁得到的，当植物实现迭代生长后，大地表面就会焕发新的生机，呈现出完全不同以往的形态。这个三维山丘仿佛变化的矩阵一般，凸凹变化，锥形偏移，整体形态上的变化呈现出高度、坡度、坡向上的多样性。在设计山丘位置时是对应生态节点进行网状阵列布置的，例如在潮汐河的生态节点布置山丘，在电脑上对应位置标注内部生态参数补丁；然后根据这些参数反过来对设计进行进一步的优化调整（木栈道样式、凉亭位置、铺装系统等等）。”设计师在犀牛中对植物迭代生长模式进行了各种实验性渲染，达到最佳效果后，在AutoCAD中绘制最后的方案图。

事务所突破了环境的边界，打破了21世纪的动态景观设计思想。创新性的设计方案由一系列先进的数字化计算机工具支持，它突破性地实现了植物迭代后景观的优化效果。在这一方案中深深地渗透了可持续性、文化、生态、创新、艺术、不确定性、美学、整体适应性和弹性的各种社会思想。

33.2 伊利广场

威斯康星州密尔沃基

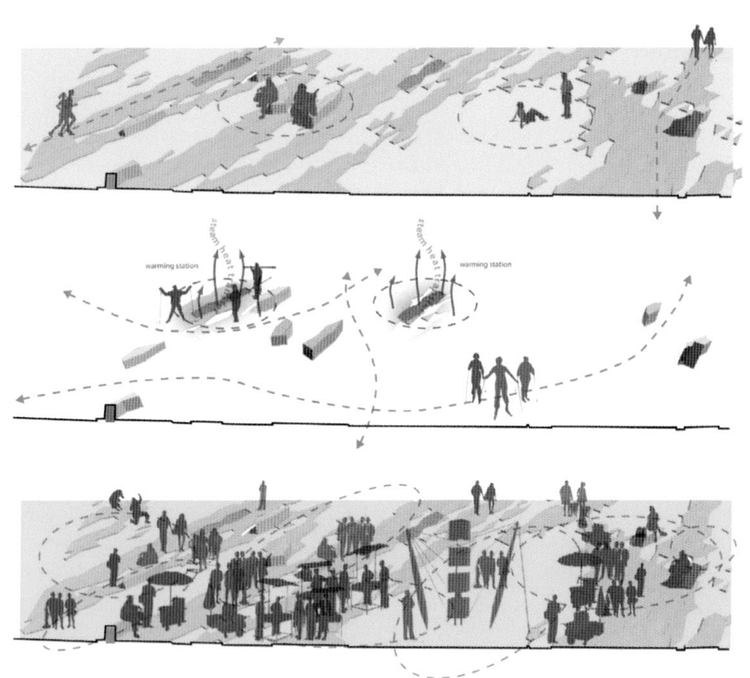

1

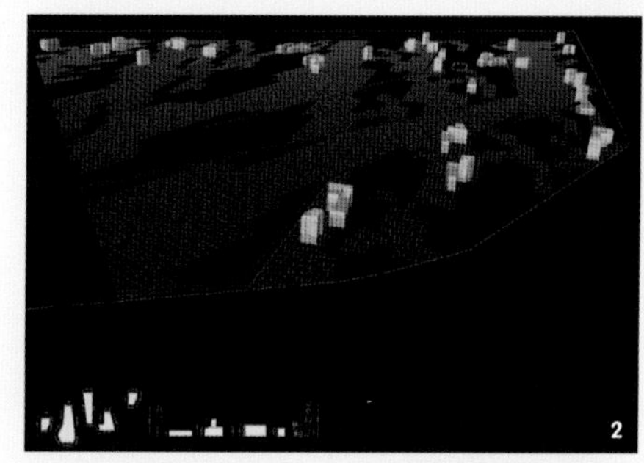

2

伊利广场位于密尔沃基河畔，是一条长度为4.8公里（3英里）的步行带，它连接着密尔沃基市中心到Third Ward和Beerline区。伊利广场的设计体现了斯托斯·鲁事务所一贯的设计思想——可变性、可适应性、可持续性、生态性，它为市民提供了一个舒适宜人的城市空间。项目设计原则是提供富有表现性的设计作品，方案对基地现状、使用者活动模式以及其他的用地条件做出了一一回应。

伊利广场是一个鼓励文化活动、鼓励大众参与和使用的公共空间。在广场设计中积极提倡自然资源的回收再利用，例如雨水回收系统的设置，将雨水回收之后用于湿地的补给、沼泽地供水以及竹园的灌溉。在寒冷的冬季，水回收后经冷冻处理，参与广场的娱乐活动。空间中点缀着黄色的长椅，供人们休息使用；夜里这些长椅散发出俏皮的光芒，将夜晚打扮得分外温馨。为了实现景观整体的空间效果，设计中应用了大量复杂的数字化设计系统，例如犀牛、蚱蜢、火烈鸟、AutoCAD、插画师、Photoshop等。为了实现方案的视觉表现力，设计中复杂的形体都是通过犀牛和蚱蜢进行组件建模实现的。通过计算机中对设计单元及组件的增加、减少以及修改，设计团队对设计中富有动感的图形效果进行各种测试，而对水体作为“城市触媒”的不同形态变化也是通过计算机软件模拟后得以实现的。

设计中环环相扣的铺装样式成为一种聪明的媒介，结合铺装样式，方案不仅实现了材质的变化和植被的多样性，同时设置了集成照明装置、集成雾化装置、透水表面等。在对河水、雨水及连接点的位置选择上，方案利用设计元素的重复及排列实现空间的韵律感及变异性。设计中利用犀牛建模对空间的连续迭代的可行性上进行了多重推敲，而最终定案的图纸绘制则是利用AutoCAD实现的。

图1 概念发展分析图
图2 泛光装置夜景效果图
图3 整体鸟瞰图
图4 局部透视图
图5 活动空间效果图，景观效果变化图

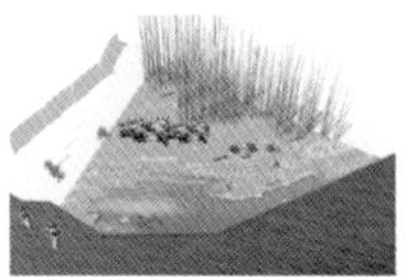

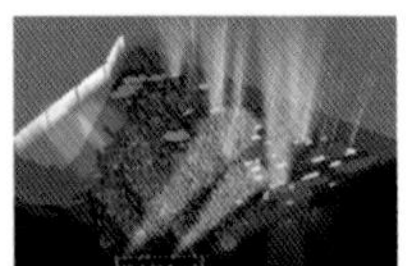
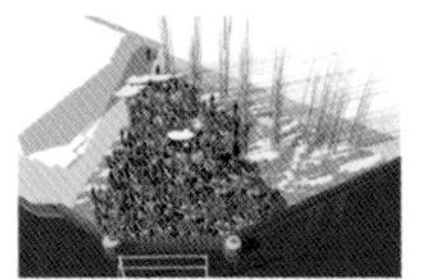

5

3

4

34
Terreform ONE公司

Terreform ONE公司位于美国纽约，是一家研究型的城市设计、景观及建筑设计公司。公司致力于探索新技术，以实现更为环保更为有效的绿色城市。公司的创意策划人米切尔·约阿基姆（Mitchell Joachim）和玛利亚·艾洛瓦（Maria Aiolova）认为，设计应追求生态城市的理念，通过科幻模型来对抗气候变化是每个方案都应该追求的。他们指出设计的可持续性与技术交叉的紧迫问题，并提出了城市设计和景观如何更好地与新技术相融合的问题。

Terreform ONE公司对新兴的、前卫的理念十分推崇，例如他们认为云状微型车既方便折叠又便于停车，应在设计中大力推广；浮动健身房荚既便于存储又便于使用，也应多加利用。为了更好地了解前卫的设计理念与新兴的科学技术应用对城市空间的影响，Terreform ONE公司的设计作品中常常设计与之呼应的积极的应对措施，而不愿对感知加以限制。约阿基姆和艾洛瓦认为，应用新技术新理念的方案是具有前瞻性的，从根本上说，这样的设计在未来一定会有光明的前景。Terreform ONE公司设计中常用的软件包括3D Studio MAX，犀牛，蚱蜢，Photoshop，这些计算机辅助技术能够帮助他们将极富创意的设计理念转化为一种良好的视觉体验。

越来越多的栖息地，如复杂的网格状树屋（本书第244-245页），人们可以将生活和自然混为一体，这会对生态学产生积极的影响。相信在不久的未来，人们可以种植自己的景观和家园，生活在自给自足的环境里。正如这个超前思维的设计公司所提出的那些具有创新性的设计观点一样。

图　网格状树屋：生活在嫁接的居所里

34.1
网格树屋：生活在嫁接的居所

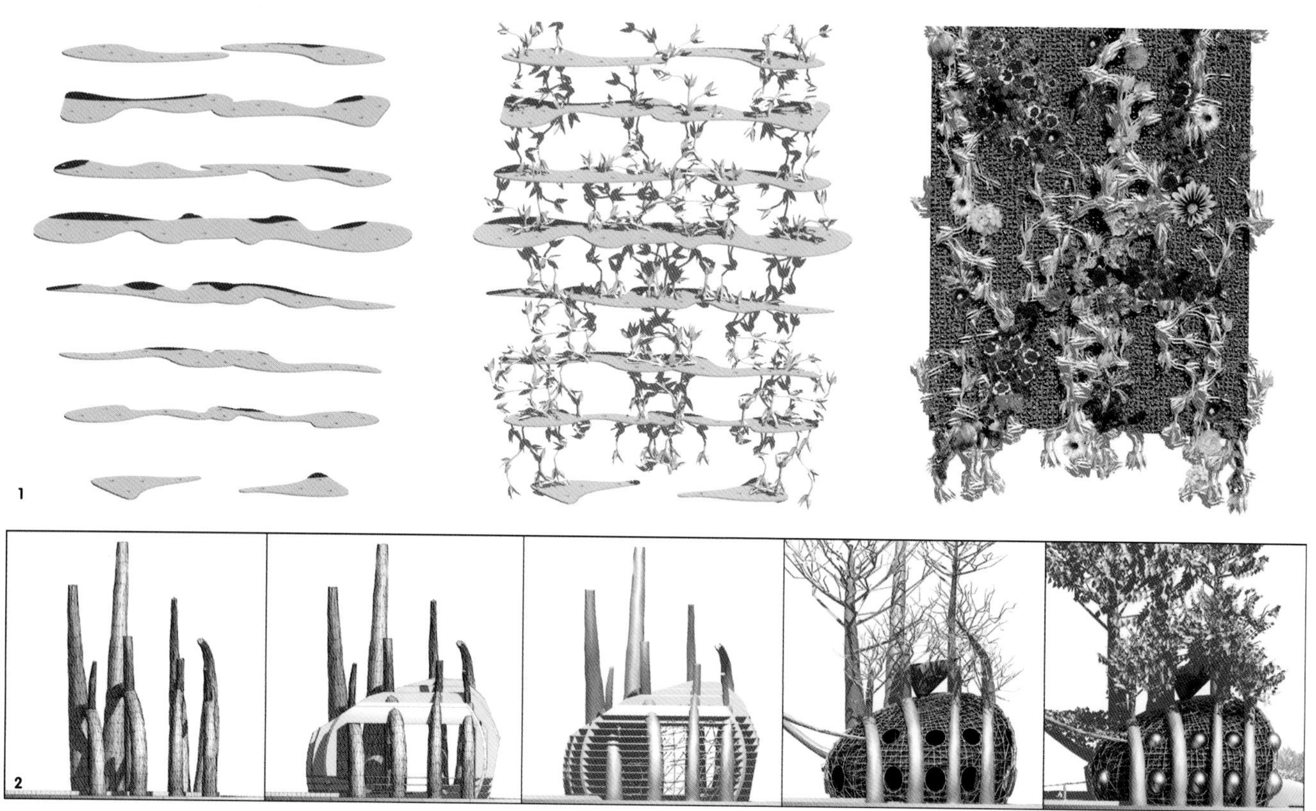

这个项目中设计师提出了树屋这个不同以往的设计理念。利用可持续性的指导原则，树屋非常的环保，几乎可以全部食用，可以为生命周期的每一步循环过程提供有机体养分。即使人们住在树屋里时，房前屋后的花园和建筑的外墙都能够持续地为居住者提供食物。这一方案对生态体系的积极贡献在于，树屋真正采用了会呼吸的材料来制作建筑，而不是用再生和再加工的材料。

项目采用复杂的园艺技术，从本土树种生长树屋的方法。这个百分之百的生态建筑是预制的，用数控机床将可重复使用的脚手架事先在基地以外预制好。支架部分被运至树屋基地，与树屋的骨架相互组装到一起，就形成了景观体系中的居住空间。

预制模板采用3D计算机技术切割来控制早期的植物生长，使用CNC数控支架将植被引入一个特定的几何形状并嫁接成一定的形状。当植物被嫁接之后，可以将脚手架拆除并用在其他树屋的建造。

图1 CNC制作
图2 结构施工
图3 入口效果图
图4 种植空间透视图

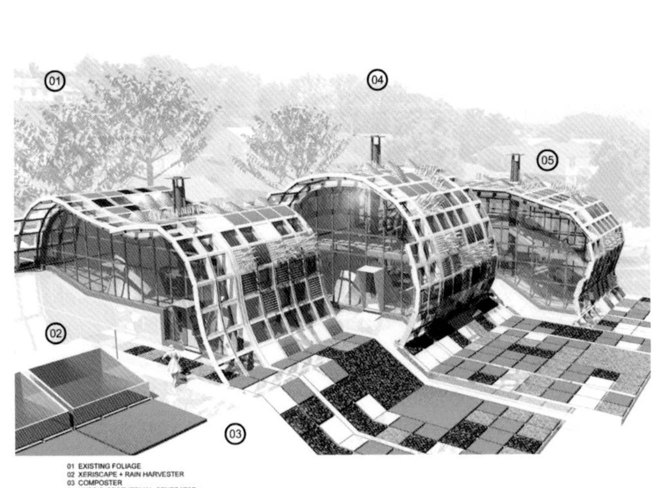

01 EXISTING FOLIAGE
02 XERISCAPE + RAIN HARVESTER
03 COMPOSTER
04 HYBRID GEOTHERMAL GENERATOR
05 WIND QUILLS FOR LOW ENERGY GENERATION

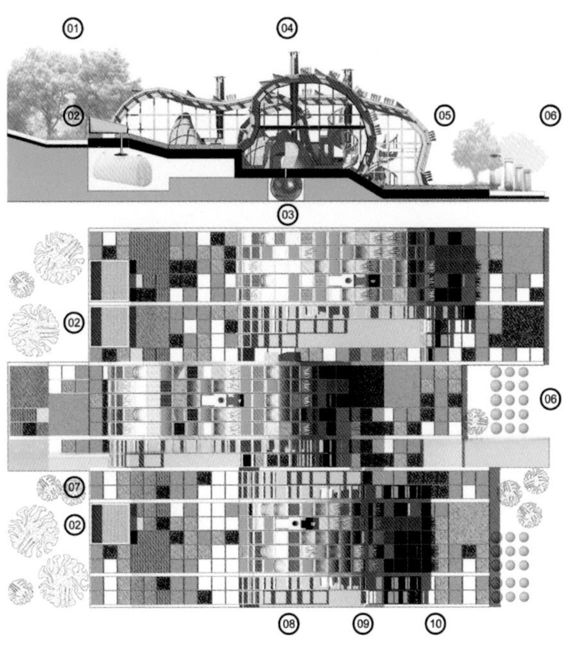

EXISTING FOLIAGE 01
XERISCAPE + RAIN HARVESTER 02
COMPOSTER 03
HYBRID GEOTHERMAL GENERATOR 04
WIND QUILLS FOR LOW ENERGY GENERATION 05

LIVING MACHINES 06
MOSAIC GRID + SOLAR CELLS 07
EAST ENTRANCE 08
LIGHTWEIGHT GIRDED SHELL 09
HANGING MICRO-GARDENS 10

4

34.2
纽约2106：自给之城

纽约州纽约市

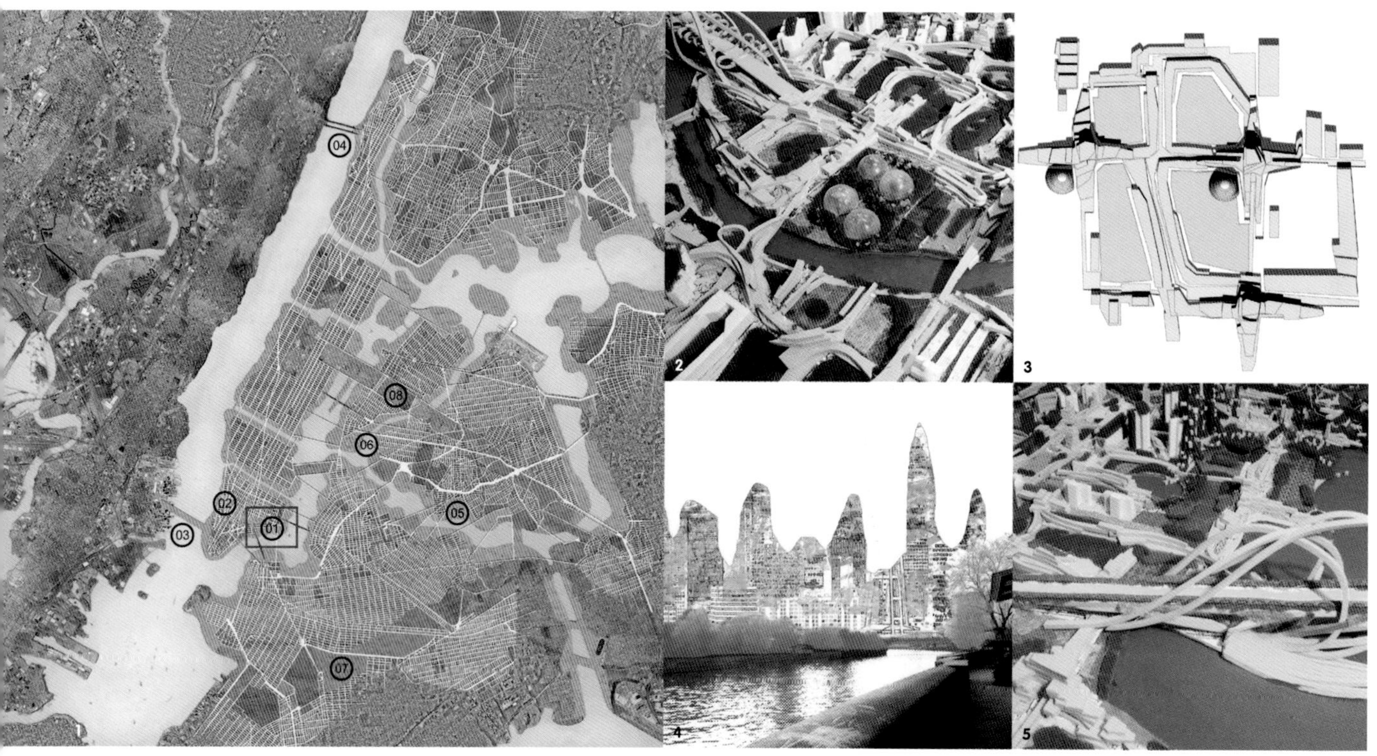

这个项目通过将可持续发展的创新措施理论化，充分展示了纽约的城市组成和城市活力，展现了其国际大都市的城市魅力。设计的概念是，基于在未来纽约市会成为一座自给之城，采用先进的关键材料和能源系统，既不需要外界输入，也不会向外界输出。这里所说的不进入不输出的物质包括废物、能源、食物、水、产品以及城市文明。

设计师开始用市政基础填充（废物）的再利用，将一半的车行街道直接转化为人行街道和公共空间。最终，原来的道路变成建筑基地，新的独立建筑从原来的路口建造起来，占据了街道和空地。老旧而不稳定的城市结构会逐渐消失，新的充满生产能力的绿地空间和一系列不对称的街区空间将会取而代之，这种新的城市空间结构将利于人行系统。地下交通系统会改建和扩充，城市地铁将成为快速交通工具。河流和交错的岛屿、隧道将会与这种新的高速发展相协调。街道宽度将会增加，但是街道数量将会降低，并且会从使用细节上支持新科技的发展。

图1 总平面图
图2 数字模型
图3 系统和网络
图4 天际线
图5 系统和网络，数字模型

34.3
迅速再利用：从废弃物到资源城2120

纽约州纽约市

约阿基姆和艾洛瓦指出，纽约每天会产生38000吨废弃物，2001年之前，大部分的废弃物被运送至斯塔滕岛的垃圾填埋场处理掉，而这个垃圾填埋场在2001年关闭了。这个项目设计理念的聪明之处在于，通过利用填埋场的垃圾，再利用垃圾填埋材料达到重塑城市的目的。设计中创造了七个新的岛屿，每个都跟曼哈顿岛尺寸相同。自动化机器人3D打印机进行了修改，其任务是在几十年之内完成处理垃圾的任务。这种自动化机器人所应用的技术基于工业废弃物压实装置的技术，较为常见并不复杂。很多垃圾处理机都是将垃圾粉碎后之城立方体存放，而这些机器人则不同，它们有颚，能够将垃圾粉碎后进行简单的形状处理，成为建筑现场和组装安装所用的基本材料——建筑模块。不同的材料有不同的用途：塑料可用来制作窗户，有机化合物用来制作临时支架，金属可做基本的结构构件等等。最终效果是，未来之城中废弃物和资源物没有什么区别，所有的东西都可以循环利用，我们会创造出一个不产生废弃物的城市。

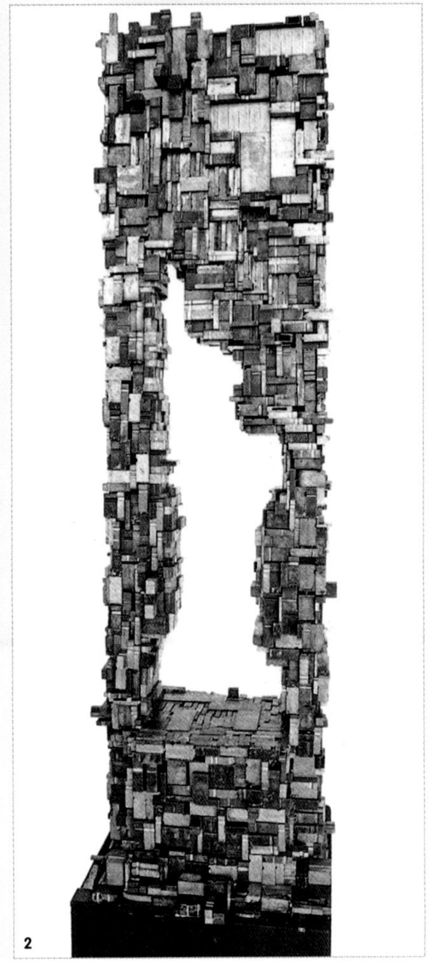

图1 未来岛透视图
图2 未来岛模型

35

TOPOTEK 1 事务所

Topotek 1事务所成立于1996年，由马丁·雷恩·卡诺建立，总部设在德国。Topotek 1事务所是一家景观建筑公司，擅长设计和建造富有艺术性和创造性的城市公共开放空间。公司的设计作品包罗万象，尺度差异较大，从总平面布置到私家园林，能够对现场条件和规划需求做出呼应的引人注目的设计概念。Topotek 1的设计哲学是设计作品应保持一定的变异性，同时也要具有独特而鲜明的艺术感染力。

每次设计之初，设计师都会对基地的用地条件进行性详尽的考察，而后形成对基地环境较为透彻的理解。将基地的所有信息进行过滤筛选后，他们会特意突出和强调某些基地条件，同时也会去掉某些不重要的，他们认为好的设计作品应该能够通过概念的发展来满足特定的设计需求。在设计过程中他们采用不同的数字化设计工具来形成图纸、模型和透视，这样就能够对初始概念进行加工修改，进而通过更为高级的数字化技术对不同的方案进行分析、比较和选择，以使其作品能够与城市开放空间的独特性相对应。

Topotek 1常与其他创意领域的专业机构进行合作，例如艺术、视觉、照明领域，同时也常与科技领域的设计公司进行合作，例如城市规划和施工建设的，以保证设计作品从概念到实施的一致性和连续性。

图　Superkilen城市公园，丹麦哥本哈根

35.1 Superkilen城市公园

丹麦哥本哈根

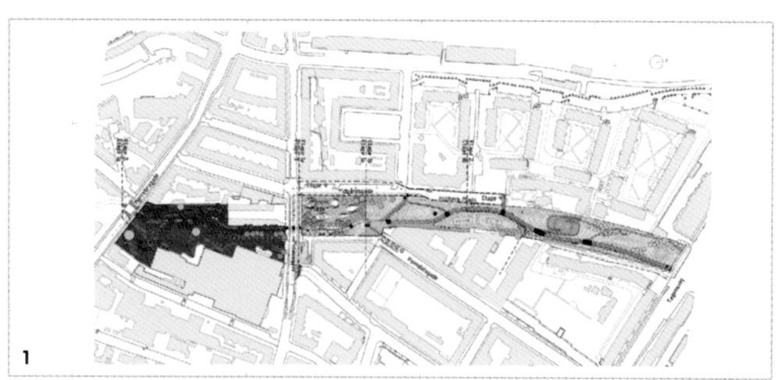
1

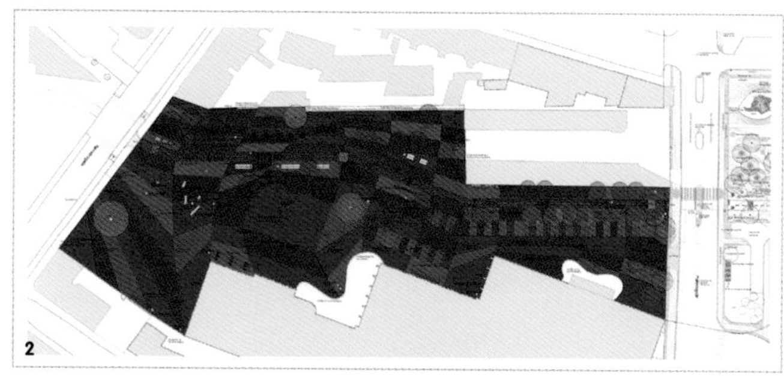
2

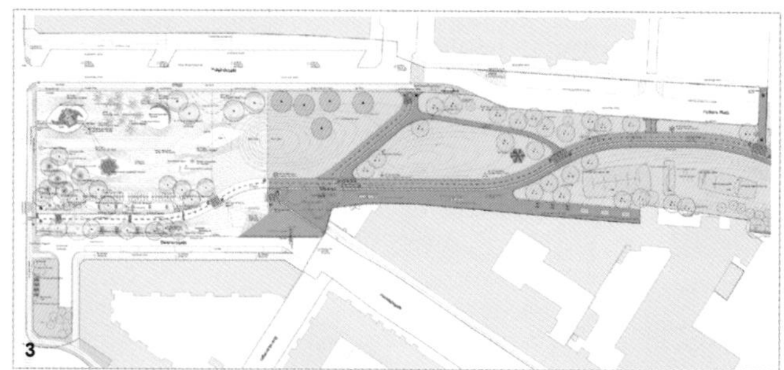
3

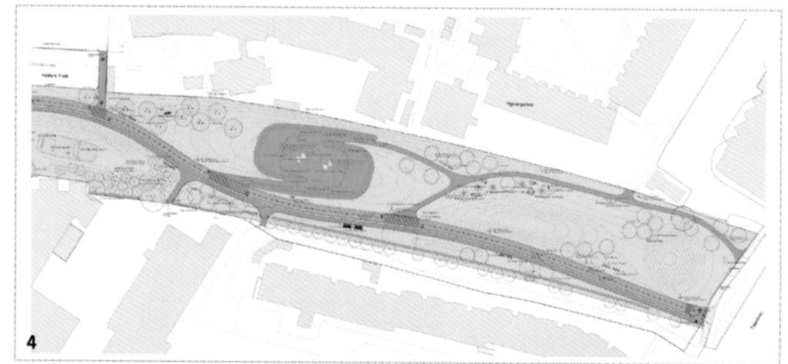
4

这是一个Superkilen城市复兴的竞赛获胜方案，是哥本哈根市的一个多元文化社区。Topotek 1的设计使用开放空间作为几何框架，将一个单一功能的公共交通枢纽站转化为一个同时具备创意和动感的城市开放空间，创造了一个建筑、景观、艺术的超级综合体。

Superkilen城市公园包括三个色彩鲜明的区域，黑色广场，红色广场和绿色公园，它们分别有着自己独特的氛围和功能，红色区域为相邻的体育大厅提供了延伸的文化体育活动空间，黑色的区域是本地人天然的聚会场所，绿色的区域提供大型体育活动用地。设计宣扬当代和通用的园林概念，引入世界各地的文化和设计元素，充分反映了当地多民族多文化的城市环境。

项目中所有的设计元素均来自国际上的不同城市，圆形座椅、喷泉、路灯、健身器械、展示橱窗以及其他的景观小品，所有元素的选择都强调了区域的多样性和多文化气氛。红色广场上设置了多个多媒体大屏幕，上面滚动播出来自世界各国的多媒体短片，更为这个公园增加了国际化的景观氛围。这些从外国引入的广告也用一种戏剧化的方式照亮了广场空间，提供多种信息的同时也提供了新的交流方式。

5

6

图1-4 平面图
图5 黑色广场透视图
图6 绿色公园透视图
图7-8 红色广场透视图
图9 绿色公园模型
图10 黑色公园模型

7

8

9

10

35.2
城市刺绣
德国柏林

这个项目是拜耳养老金计划总部小型中庭空间的铺装设计，该建筑位于柏林市米特区菩提树下大街（人们常称之为“石灰树下”，是米特区的一条林荫大道）。整体的铺装图案是会令人联想到巴洛克刺绣图案的一种俏皮的花卉图案。从中庭上空看，下方的图案仿佛是从庭院空间中解散一般，从中间向四周发散，到了中庭边界后仍然向边界之外扩散。

这个小中庭从功能上看既可以作为一个公共的共享空间，又可以作为一个亲密的私人“客厅”，地面上的喷绘加强了这种感觉，刺绣的图案看起来非常像内部空间常用来铺在地板上的地毯、织锦或锦缎。黄色充满趣味性的样式和旋涡状的图案仿佛在沥青色油漆上跳舞一样，地面上飘动浪漫的图样与上空整洁严谨的建筑形成了强烈的视觉对比。

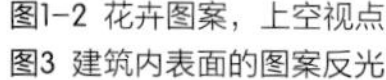

图1-2 花卉图案，上空视点
图3 建筑内表面的图案反光

35.3
KAiAK市场停车场

德国科佩尼克

科佩尼克是一个古老的德国小镇，坐落于柏林的东南部，在目前正在经历城市转型。城镇中心的街道和广场已经改造完毕，其他的棕地和闲置空地正在等待着未来积极的改造干预措施。KAiAK艺术项目（KAiAK表示旧科佩尼克的艺术和建筑）就是在如何处理这些闲置空间，如何为它们找到适合当前时代的使用功能而做出了积极的尝试，为该地区的城市发展提出了一种非常有创意的改造概念。在Topotek 1的这一设计中提出了一系列针对闲置空间的设计策略，它们为该地区的转型和进步做出了积极的影响。

基地一角原来是车辆临时停车场，设计师将其改造后，作为当地农民的集市场地使用，也可以用来举办一些其他的大型活动。原来的沥青路面被去掉，取而代之的是既可用于停车也可用于市场摊位摆放的地面铺装，这就保证了基地在不同时间段功能转换的可行性。深浅不同的红色地表以及红色网格标示出不同功能的区域。场地里设置了一把巨大尺度的遮阳伞，它是闪闪发光的亮红色，看起来像新鲜的柿子椒一样，它的开合是场地功能转换的标示牌——遮阳伞打开的时候表示场地当时的功能是集市，它合上的时候标示场地的功能是停车场。

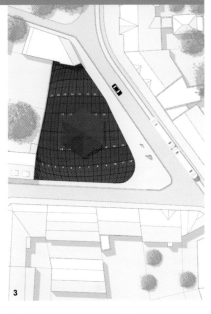

图1 集市日的遮阳伞
图2 非集市日时停车场模式
图3 市场平面图
图4 停车场平面图
图5 基地透视图

1

2

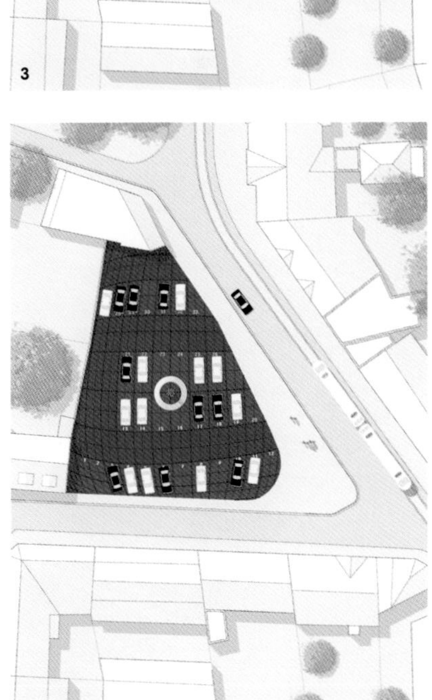
4

5

36

土人景观

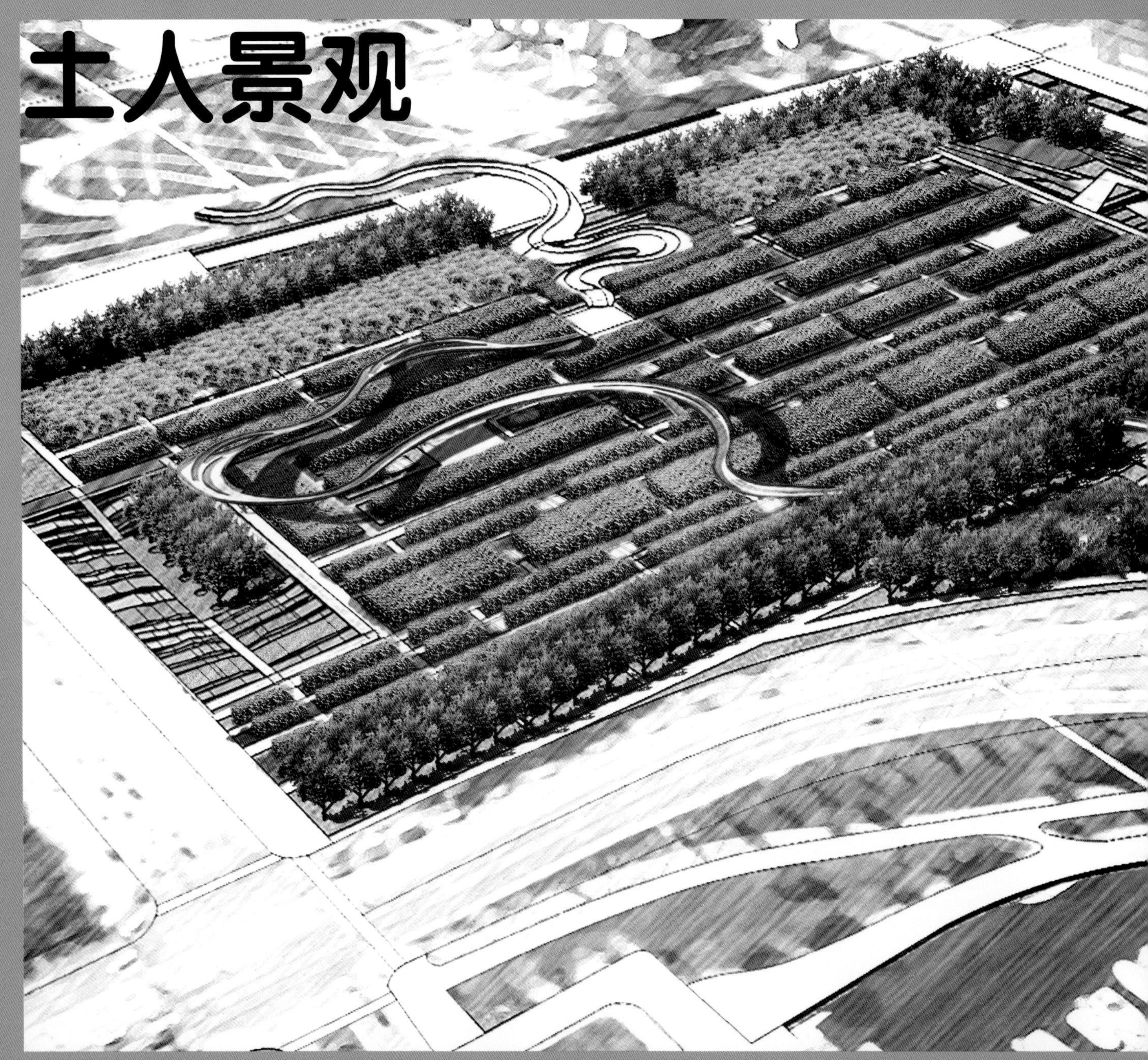

土人景观规划设计研究院由美国哈佛大学设计学博士、哈佛大学访问学者、北京大学景观设计学研究院院长俞孔坚教授于1997年领衔创立，总部位于中国北京。土人景观主要业务范围包括建筑、景观建筑、城市规划与设计、环境设计以及景观都市项目等。

公司的设计理念包含在其名字中——土者，设计师相信自然、人类和精神是合一的，大地（即土）是与众万物的中心和基础，而所有生物和人类（即人）是高等生物，能够培育整个星球的环境，而景观则是所有生物和精神居住其中的场地。

借助当代数字化设计和场地分析技术，设计师在方案中充分的表达天与地、自然与社会和人类的关系，试图通过设计将以上各种存在融为一体。这是一家充满创意的设计公司，通过数字化手段解决了大量设计中复杂的景观问题，并且在公司中建立了独立的媒体工作室，以解决设计过程中的建模和渲染问题。多年来，土人景观在国内外完成大量规划设计项目，参与多项国内外重要工程的规划设计，包括美国波士顿大开挖工程（The Big Dig），北京中关村科技园区设计，北京2008奥运公园设计等。

图　芝加哥艺术之田，伊利诺伊州芝加哥

36.1
芝加哥艺术之田

伊利诺伊州芝加哥

图1 鸟瞰图
图2 夜景鸟瞰，艺术盒子和人行天桥在夜色中分外妖娆
图3 春天的麦田碧绿无限
图4-5 麦田膝盖高
图6 天桥通过斜坡到麦田
图7 通向麦田的斜坡
图8 基地西北角的湿地效果图
图9 天桥
图10 雨中的湿地
图11 运河
图12 带天桥的湿地鸟瞰图
图13 基地北部的社区花园
图14-15 夏季湿地上的天桥
图16 天桥上的游客
图17 社区花园
图18 秋季的麦田和果园
图19 冬季的湿地

这一方案名为“艺术之田”，它将艺术、文化、自然、生产性景观的概念、生态城市主义融合在一个充满创意的方案中，为自然界提供了一个能够自我循环的大都市景观平台。土人设计认为麦田是城市农业遗产的重要标志，它既是芝加哥农业遗产的象征，也是一个不断再生的农业过程。因此在这一设计中他们将麦田作为设计的景观基质，并在设计中通过这种设计元素的不断重复来再现农业种植过程，成为贯穿整个设计框架的主题元素。

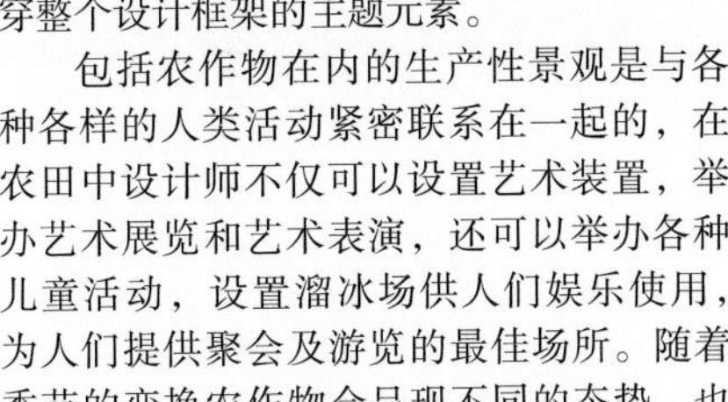

包括农作物在内的生产性景观是与各种各样的人类活动紧密联系在一起的，在农田中设计师不仅可以设置艺术装置，举办艺术展览和艺术表演，还可以举办各种儿童活动，设置溜冰场供人们娱乐使用，为人们提供聚会及游览的最佳场所。随着季节的变换农作物会呈现不同的态势，也就创造了随时间变换的季节性景观。

设计师利用多种数码技术进行效果图渲染和动画制作，从而获得这些吸引眼球的图像效果。设计对大地进行挤压变形，并在某些特定区域设置照明，以实现设计的不同层次，随着麦田的生长枯荣，整个园区获得了随季节变化的动人景观。

12

13

14

15

16

17

18

19

36.2 上海世博园

中国上海

土人为2010年上海世博会设计的方案是创造一种城市的“中心公园”——参考曼哈顿中心公园的想法。设计基地是黄浦江畔的一片废旧工业园区，有待生态修复和有机再生。如何在复杂的城市区域创造丰富的公园景观？土人运用了一系列的设计手段来将他们的奇思妙想付诸实现。

在基地中心的绿地区，设计师提出可持续公园的构想，在世博会之后，这一公园将转化为城市的休闲公园。设计根据工业棕地的基地条件，提出具体需要保留和需要修复的不同区域，形成生态矩阵，而精心设计的路网结构让游客在生态景观和工业遗产间穿梭，对基地的文化内涵获得最为直观的体会。在生态重塑的景观基质上，农业和工业的历史记忆与后工业生态文明相互交织重叠。

图1 基地鸟瞰图，计算机渲染图
图2-3 中心广场上漂浮的天篷，鸟瞰图
图4 中心广场上漂浮的天篷，透视图
图5 漂浮天篷下的透视图，透视图
图6 总平面，步行系统分析图
图7 再利用的工业结构，数字渲染图

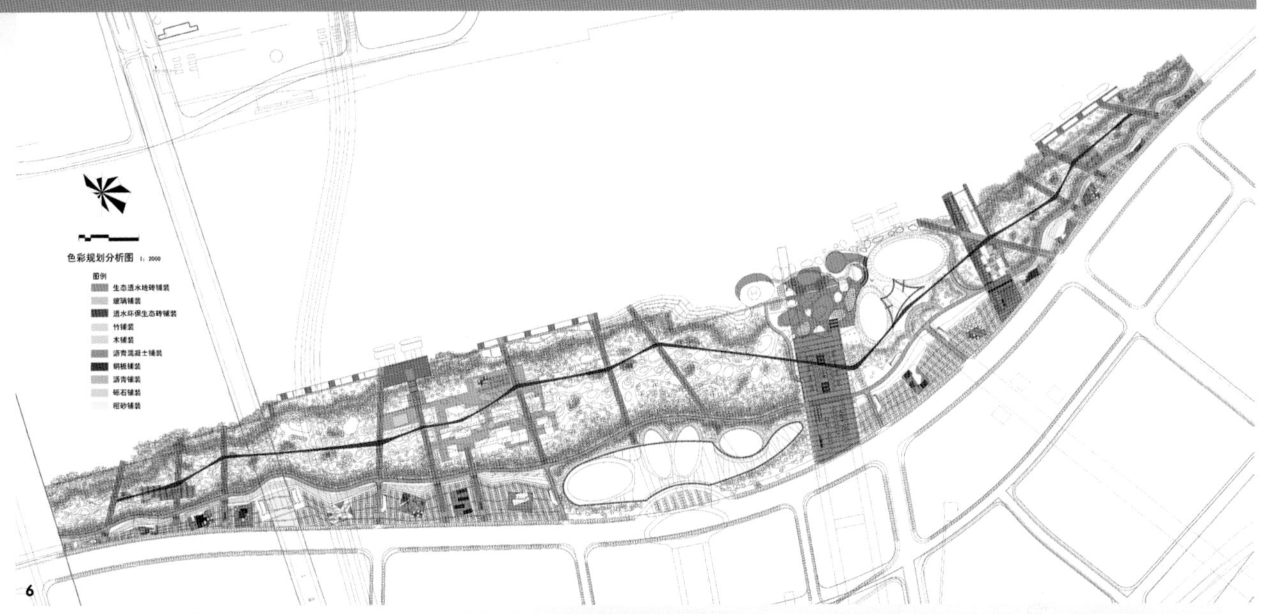
色彩规划分析图 1：2000
图例
生态透水地砖铺装
玻璃铺装
透水环保生态砖铺装
竹铺装
木铺装
沥青混凝土铺装
钢板铺装
沥青铺装
砾石铺装
粗砂铺装

6

7

37

Urbanarbolismo 景观公司

Urbanarbolismo是一家年轻的公司，致力于将建筑和自然融为一体的设计手法。根植于其设计中的哲学是，不要刻意地区分城市空间和自然空间，设计应该保证建筑与自然的和谐，保持建筑与生态环境的共生。他们认为设计中应该尽量提高能量使用效率，注重加热、通风、结构、供水、植被、景观的协同作用，降低建筑及景观表面的渗透性，降低二氧化碳排放量，保证项目的可持续性，使其与城市环境和谐共生。

Urbanarbolismo在西班牙阿利坎特建筑学校开展了一系列的研究项目。项目始于对相关论文的收集和对相关文献的整理，通过对参考文献的研究Urbanarbolismo决定将其研究目标定于植被和建筑之间的关系，目前他们的研究仍在继续中。他们在自己的博客上将不同阶段的研究成果与大众分享，并将自己在建筑、城市设计和景观都市主义方面的项目实例一并上载，用来与公众进行交流。他们的作品大多具有充满创意的造型，对空间的处理方式也非常新颖，数字化技术和复杂的建模技术帮助他们将这些新奇的愿景加以实现。

图　造林塔，西班牙贝尼多姆

37.1
造林塔

西班牙贝尼多姆

1

2

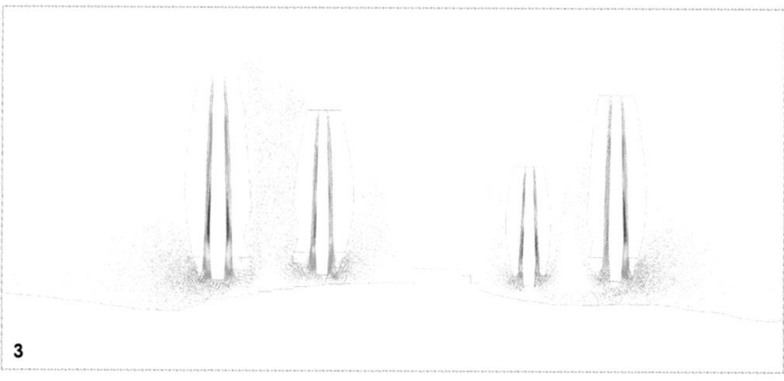
3

4

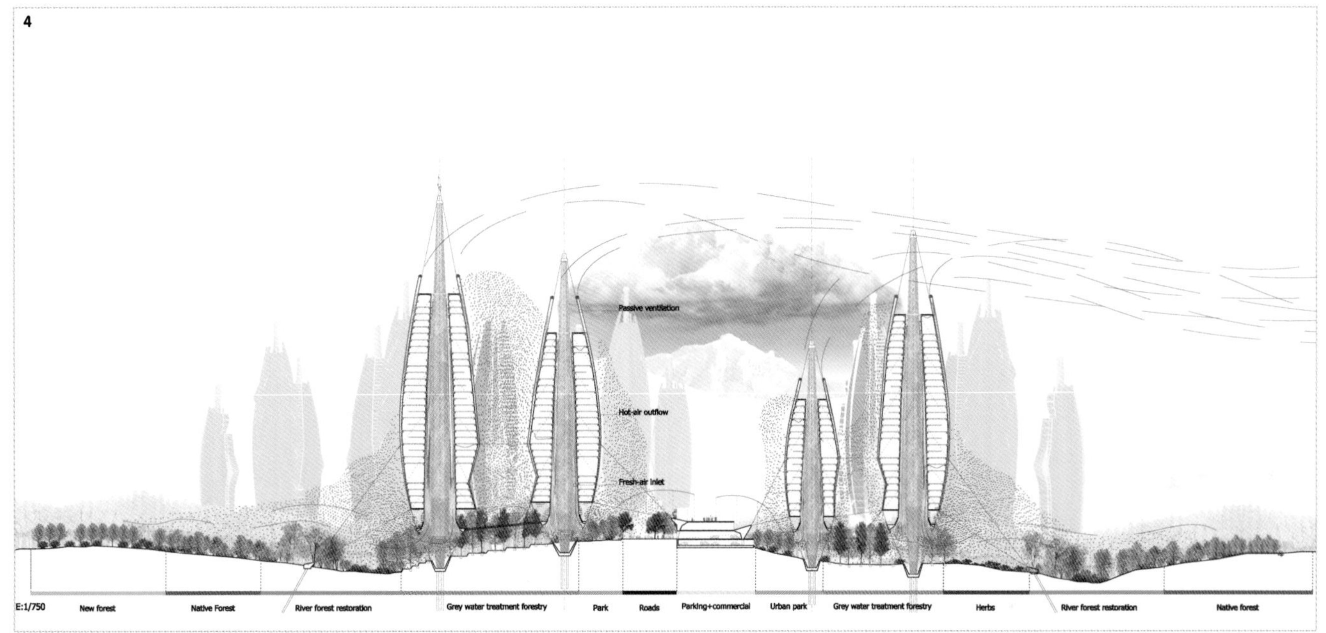

造林塔的设计思想反映出Urbanarbolismo公司的生态战略，在这个项目中他们设计了一系列的摩天大楼，用最小的占地面积最大化地减小了建筑对基地的影响，通过一系列技术措施加强了建筑与景观、水体、植被、空气和气候之间的联系，同时创造了具有标志性的建筑景观。项目研究能够与环境互动的建筑，通过犀牛和蚱蜢等数字化软件实现了建筑与景观之间互动关系的可视化，同时实现了气候条件对建筑景观作用力的模拟。这些摩天大楼的表面是种植绿色植物的可呼吸表皮，利用建筑中回收的中水灌溉，这种建筑表皮能够利用植物的蒸腾作用降低建筑内部的温度。温度的变化通过以下途径实现：

— 高塔下部的植被用于中水处理。建筑周边种植大面积白杨林，用雨水进行灌溉，并且以较高的速度进行蒸腾作用。在夏季，这种植物的蒸腾作用足以将环境温度从35℃（95华氏度）降至26℃（79华氏度），湿度从38%升至湿度82%。树种是根据植物蒸腾作用的效率和处理中水的能力进行选择和确定的。

— 建筑设计采用了降温策略，这非常利于建筑周边自然生态系统的恢复。建筑顶部和底部的空气压力差促使经植被冷却的空气进入建筑内部。经研究，建筑高度和植被冷却能力、抽吸范围存在一定的比值关系。

— 为了控制空气的流动过程，优化其运营方式，设计采用了流动的模拟器程序，对空气摄入量进行控制。选择植物时需要综合考虑植物自身的生长特点，以使其成为大厦有机的组成部分，成为控制生态运行的重要工具。

— 特定的植物具备一定的清除空气中污染物的能力，设计中根据不同植物的特性进行综合选择，以吸收不同位置的有害物质。

图1 造林塔整体效果图
图2 空气可以从空腔进入大楼
图3 建筑气流模拟分析图
图4 城市和自然之间的关系

37.2
生态运河

西班牙埃尔切

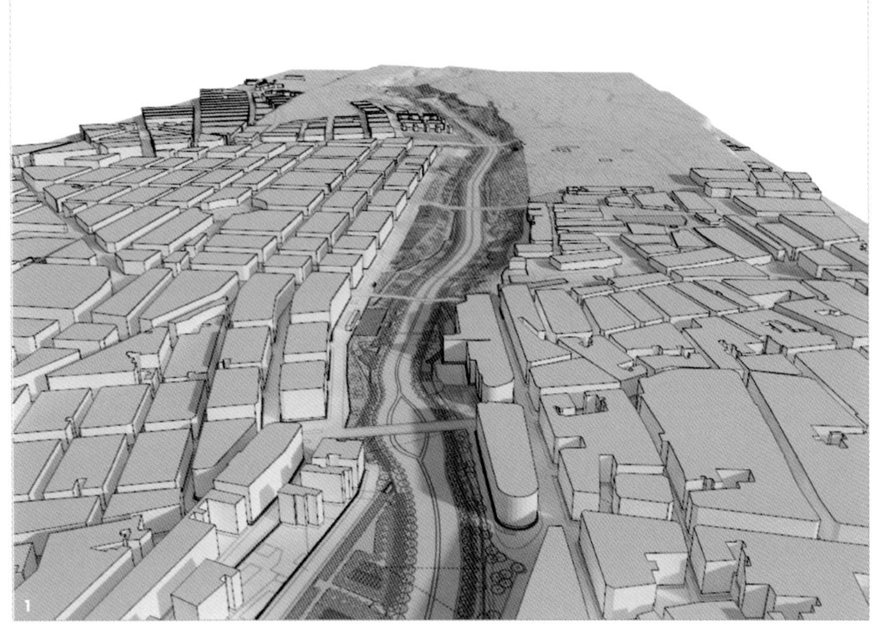

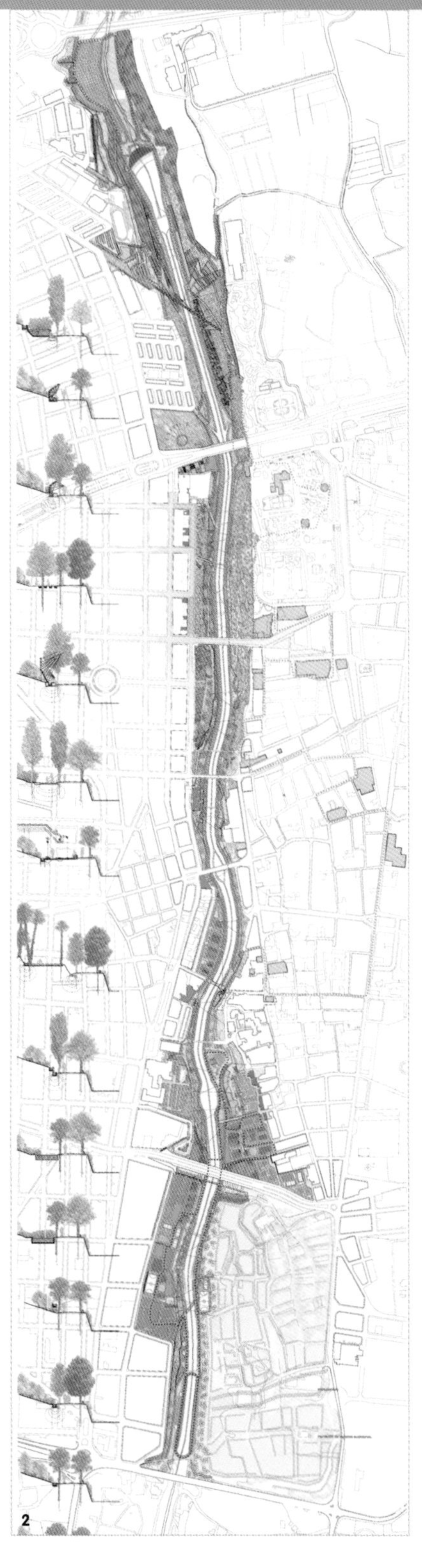

生态运河项目是Urbanarbolismo公司在西班牙埃尔切市的项目，其目的是为了恢复比纳洛波运河及其周边的生态棕榈林区域的生态状况。生态运河从城市中川流而过，有多种多样的作用于城市的生态方式，运河加强了使用者和水体之间的联系，成为市民休闲娱乐的好去处，而运河巨大的水量蒸发也为两岸带来了湿润的空气，令河岸上的植被欣欣向荣。在运河两岸沿途设置了若干个景观公园，为城市注入生机勃勃的生命力。在运河水位较低的位置，设计师增设了灯光系统、休闲座椅和生效扩大装置，这样就形成了一种"声学景观"环境，别有一种特殊的意境。在"水飘带"的周边还设置了一系列的自然池塘，以帮助当地的水生动物系统和水生植物系统的生长和修复，而池塘边种植的落叶乔木则在河岸上提供了能够遮阴乘凉的休闲场所，供人们散步或休息使用。

河水流经几个工业城市后进入埃尔切市，河水质量难免受到一定的污染，而生态运河项目最基本的设计目的就是恢复水体的质量。在运河流经埃尔切市的源头，设计师在河水里及河水周边种植了大量具有净化作用的水生植物群。同时设计师还在河岸的漫步路线上阵列设置了多个净水处理池，这些净水池掩映在本地植被下方，对河水进行进一步的净化处理。在净化过程的最后阶段设计应用了UV光照器，当河水流过时这些光照器能够利用射线将水中的有害物质杀死，另外，这些过滤器在夜里发出柔和的灯光，也能够为夜间散步的人们提供一定的光照，创造舒适的空间感受。

图1 生态运河的整体3D方案模型
图2 总平面图
图3 运河夜景
图4 露天电影院
图5 自然的废水处理区

37.3
VELO车站

西班牙阿利坎特

1

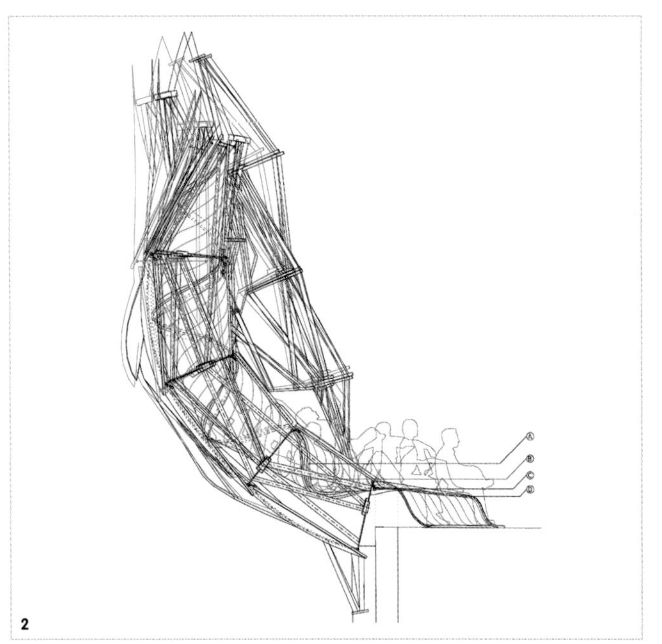
2

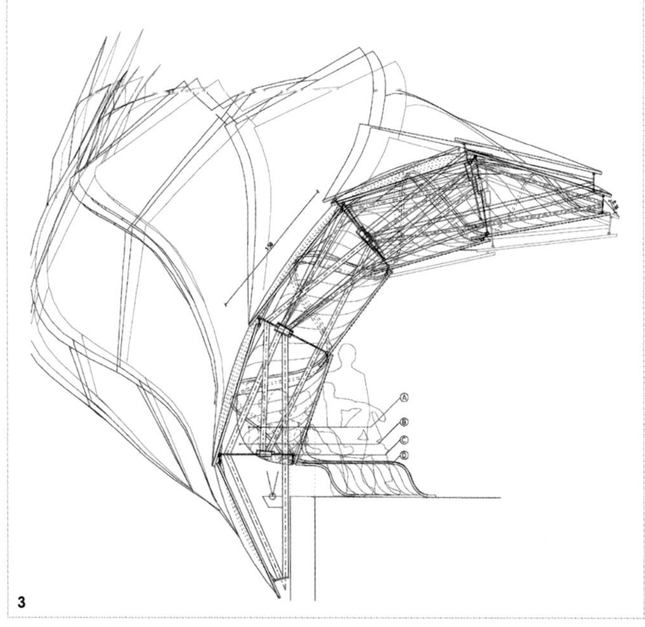
3

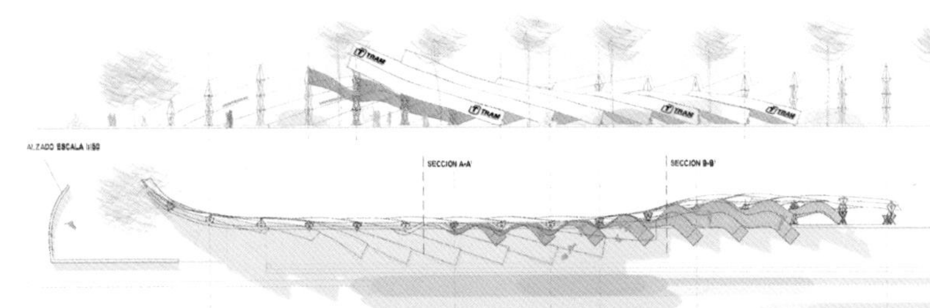

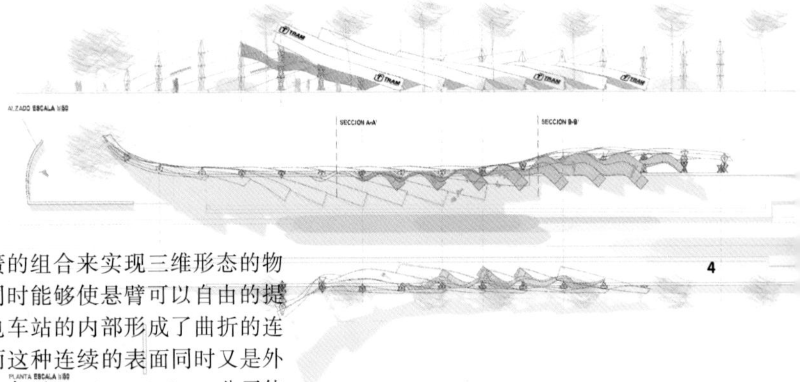

4

Velo项目是Urbanarbolismo公司为西班牙阿利坎特大学设计的电车站，设计对车站的形态进行了多种尝试，并对其表皮处理方式精心处理，使用数字化建模技术重点对形式和肌理进行推敲，用街道景观小品的设计手法来表达了“运动”的设计理念。结构设计的理念是将流动荷载（主要是风荷载）转化为一种力的静态表现，这样的外形不禁让人联想到荷兰艺术家泰奥·扬森所设计的雕塑——动感逼真，栩栩如生。结构的构成非常的精巧，形式精致而重量轻巧，同时它的样式象征了风的运动，其形态能够随着气候的变化而变化，还可以随着使用者的需求变化——例如，阴天时雨棚收起，晴天时雨棚遮阳，根据使用者的舒适度来变换其结构角度。

结构包括四个预制的四面体模型，这些模型按照不同的顺序进行组装后可以形成站台悬臂的形态。其连接点是通过氯丁橡胶片和弹簧的组合来实现三维形态的物质化表达，同时能够使悬臂可以自由的提升或降落。电车站的内部形成了曲折的连续性表面，而这种连续的表面同时又是外部座椅区的外表面。Urbanarbolismo公司使用结构模拟程序确定风荷载，计算结构如何抵抗外力带来的运动形变。设计的主要难点在于电车站的外表面皮肤，是用一系列活动板组成的，它们可以吸收不同的外力引起的运动形变，保证电车站充满创意的外形。

5

图1 电车站透视图（车辆进站时）
图2 阴天休息区剖面图
图3 晴天休息区剖面图
图4 电车站平面图
图5 电车站透视图（从大学方向）

38 VISIONDIVISION 视觉系公司

VisionDivision公司由建筑师安德斯·博瑞森（Anders Beresson）和乌尔夫·美杰格林（Ulf Mejegren）联合创办，于2005年成立于瑞典。视觉系以创新性的设计理念和梦幻般的设计概念著称，他们在建筑和景观领域的设计作品以其新颖和创意在业内获得了良好的口碑。公司的设计理念恰恰是项目不要有固定的设计理念，每一个项目都要因材施教，根据它自身的情况特点在设计中采用独特的设计概念。视觉系提倡前卫的设计思想，经常在设计过程中通过采用崭新的设计方式，通过具有实验性和创造性的思维过程而实现超现实的设计方案。

设计师认为，与传统设计方法相比，跨学科的设计方法能够更深刻地表达出建筑和景观背后所蕴含的理念和内涵。公司进行了大量的设计实践，除方案设计外他们还进行施工图及结构图纸的绘制，在设计过程中对各种构件进行实体制作实验，而在方案设计过程中则非常注重社会环境及城市文脉对项目的影响，通过大量的数字化设计手段辅助进行方案表达。他们常用3D MAX进行复杂空间的建模和不同光照条件下的渲染，采用Photoshop对不同设计方案进行视觉呈现和表达。

图 伊甸园瀑布，阿根廷布宜诺斯艾利斯

38.1 伊甸园瀑布

阿根廷布宜诺斯艾利斯

伊甸园瀑布项目是布宜诺斯艾利斯举办的“垂直动物园”(Vertical Zoo)设计竞赛中的参赛项目。科斯塔内拉是布宜诺斯艾利斯的一个生态保护旅游区，是该城在1970年至1980年间修建高速公路时修建的人工自然景区。设计师在方案中设计了一个超现实主义的巨型瀑布，为景区增加了一处人工自然景点，使景区看起来更拥有天堂般的梦幻感觉。

这个构筑物，用若干根巨大的水管相互连接制成，将水从河水中抽出来，通过一系列管道将水清洁之后并用水泵进行提升，运至屋顶的储水池。河水源源不断地被运送至储水池中，从而在构筑物的整个立面向下倾泻，形成了瀑布。当水流奔腾而下时，管道构筑物被水遮住，整个构筑物成为了一个水的长方体，非常壮观。动力系统设置在地下室，由涡轮机和发电机共同组成。当瀑布的水落至地下一层是通过涡轮机转化为能量，成为主发电机。整个结构能够实现能源的自给自足，还能够为生态保护区中未来的其他构筑物供电供水，并为现有的布宜诺斯艾利斯市的马德罗港海滨区供电供水。伊甸园瀑布还为周围的区域和河流提供了一个独特而引人注目的地标。不同的楼层具有不同的功能，其中最有创意的是从瀑布水帘中伸出的悬臂天桥，游客在这里能够欣赏到科斯塔内拉景区的全貌，还能够远眺布宜诺斯艾利斯的城市风光，欣赏运河的沿途景色。入口层设计非常富有戏剧性，令人过目难忘——游客从一座桥上到步行达入口，桥下的护城河中饲养了鳄鱼，入口附近茂密的丛林中还能看到猴子、热带鸟类在其中栖居，桥的尽端是气势恢宏的瀑布，游客从瀑布打开的裂缝中穿行进入建筑内部。

建筑内部不同楼层饲养了不同种类的动物，设计师还为它们设计了各自的“公寓”。多个大小不一的阳台从水幕中破水而出，每套公寓还都种植了与其动物种群相适应的植物和植被。瀑布为这个垂直景观建筑提供了自然降温系统，因此其内部非常舒适，将是非常受游客欢迎的景点所在。

图 伊甸园瀑布透视效果图

38.2 阿古瓦自由园

阿根廷布宜诺斯艾利斯

阿古瓦自由园（Agua Libre）是一个超现实主义的景观设计项目。西班牙帕拉西奥·德邮局是一座宏伟的历史保护建筑，在对它的改造设计中，设计师没有对其外立面进行任何的改变，而是在它前面设置了一个内容丰富的景观水池，连同周边环境制造了波状起伏的“水上公园”。这一设计手法保持了建筑原始的宏伟感未改变，而将外部空间转变成为具有魔力的趣味空间，吸引大量游人在此驻足玩耍。

帕拉西奥·德邮局坐落在布宜诺斯艾利斯市中心，随着集团总部的邮寄业务逐渐缩减，这栋建筑的功能也从邮局转化为文化研究所，因此，需要对整栋建筑进行改造。在设计中，事务所保留了建筑的历史风貌，留下人们的历史回忆，而成就了一个“美丽而动感”的水景公园。大水池中的水平面每年波动变化，在不同的季节变换不同的功能，为人们提供多种多样的空间体验。当水最为丰沛时，这是一个景观湖；当水处于中度水位线时，这里是一个巨大的戏水池，人们可以在此戏水玩耍，开泳池派对；而枯水期时池底起伏的地貌则成为一个美丽的地景公园。设计师使用3D MAX和Photoshop来进行方案的设计和渲染。

图1 最高水位线时——景观湖
图2 中度水位线时——戏水池
图3 枯水期——地景公园

38.3
快速宫殿

瑞典哥德堡

1

2

3

4

快速宫殿（Rapid Palace）是瑞典哥德堡近郊一个学校校园的景观设计项目。在设计之初，学校已经有了整体的沥青围护预算，因此设计师决定在其校园改造中尽量不突破预算，将之作为校园改造的主要工具。这是一个具有社会性的项目，它充分呼应了基地周边的环境，并且注重景观基础设施的设置和探索。在设计过程中设计师采用3D MAX和Photoshop来进行辅助设计，设计团队在有限的预算下创造了这个充满想象力的设计方案，营造了绿意盎然的校园空间。

设计首先收集了来自世界各地的宫殿园林平面图，并将校园原有的沥青场地进行局部移除（铺设新的沥青路面与剖开原有路面的造价基本相同）。在移除沥青后空出的场地上种植了快速生长和浓密的柳灌木。当孩子们再次开学时他们就可以在柳灌丛围合的“宫殿”中玩耍了，而且那时这些灌木的高度就可以达到4米（13英尺），这是它们成苗后最终高度的一半。这座如雕刻出来一般的丛林既可以为孩子们提供相对较为隐秘的静空间，供他们在这里休闲放松，也能提供较大的开放空间，天气好的时候孩子们甚至可以在这里上课。等这些柳灌丛长到最大高度后，人们可以将它们收割下来，用作附近供热厂的生态燃料，或者做成学校新建校舍里的家具，供给下一年来读书的孩子们使用。

图1 游戏空间鸟瞰图
图2 一期
图3 二期
图4 三期
图5 游戏空间近景透视

5

39

West 8 景观设计事务所

由阿德里安·戈伊奇（Adriaan Geuze）于1987年成的立West 8，总部在荷兰鹿特丹，是一家享有国际盛誉的景观建筑设计公司，目前在纽约、多伦多和比利时奥普韦克设有分支机构。1979至1987年在荷兰瓦赫宁根农业大学学习景观设计，并获得硕士学位，他在1990年获得了著名的法国国家艺术奖学金——罗马大奖，他的团队因其在景观规划与设计方面创造性和多学科的设计方法，获得了广泛的国际赞誉。

设计师认为景观设计所包含的内涵和外延非常广泛，需要多学科领域的参与。他们的设计理念包含人造的“第二个自然”高度工程化的满足特定的实际需要，与此同时还应具有一定的象征性和代表性。基于这些设计思想，West 8的设计作品既强调设计的功能性又注重方案的形式感。

West 8有一种独特的视觉表达风格，并且擅于精心制作的图像设计和写实风格的渲染效果。他们常用3D MAX来建模，结合功能强大的图像处理软件Photoshop和LightRoom来进行不同的景观表面的形式设计、气氛塑造和光照设计。

公司已经赢得了许多全球化的设计竞赛大奖，他们的作品包括大尺度的城市总体规划、景观设计、滨水区设计、公园设计、广场及花园设计。

图　光州植物大桥，韩国光州

39.1
光州植物大桥

韩国光州

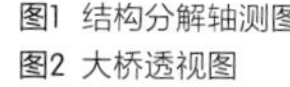

图1 结构分解轴测图
图2 大桥透视图

本项目位于韩国南端的光州市中心，城市中有一条10.8公里（6.2英里）长的铁路线已废弃，West 8被邀请对该区域进行改造设计，要将之转化为城市可用的绿色走廊。设计师将这一项目想象成为一条绿色巨蟒，未来将会把城市中20所公立学校联系起来，形成一条绿色的飘带。

为了使绿带跨越光州河，West 8设计了一座标志性的植物大桥，在桥上引入了各种各样韩国本土的植物。桥的形态仿佛两道抛物线，桥高35米（115英尺），上面可以容纳24个4米（13英尺）直径的水泥树盆，可以种植最高7米（23英尺）高的植物。整个大桥由于引入了多种多样充满异国情调的植物群，成为了光州地区重要的景观地表。

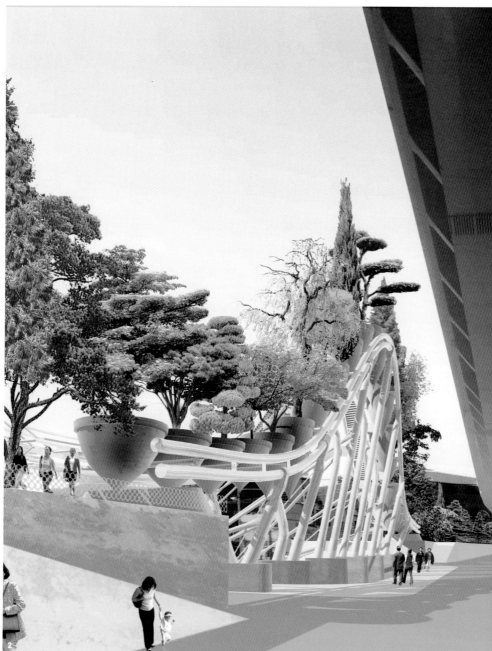

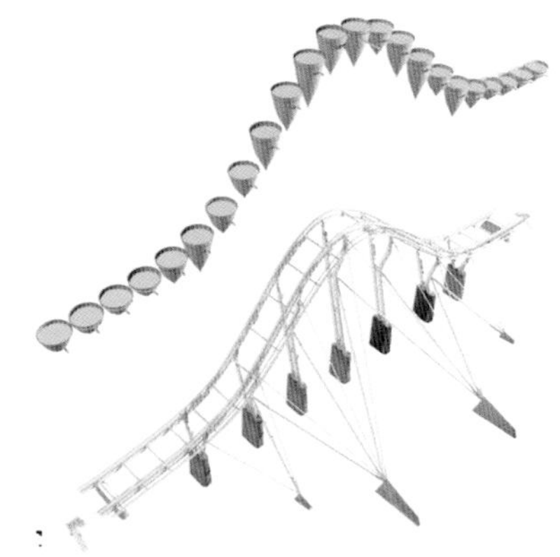

1

2

39.2
马克西玛公园

荷兰乌得勒支

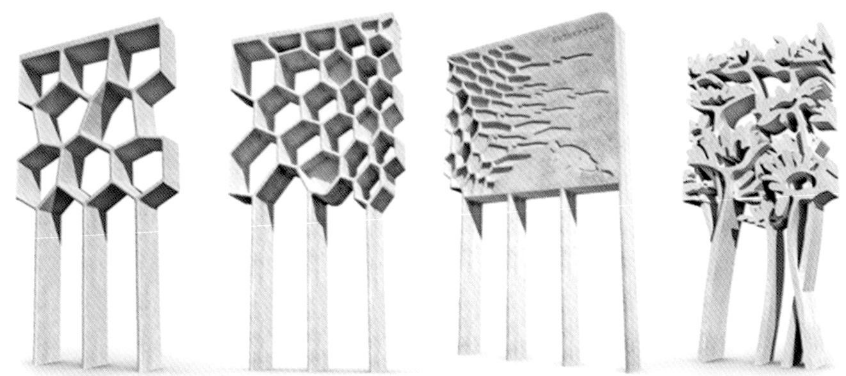

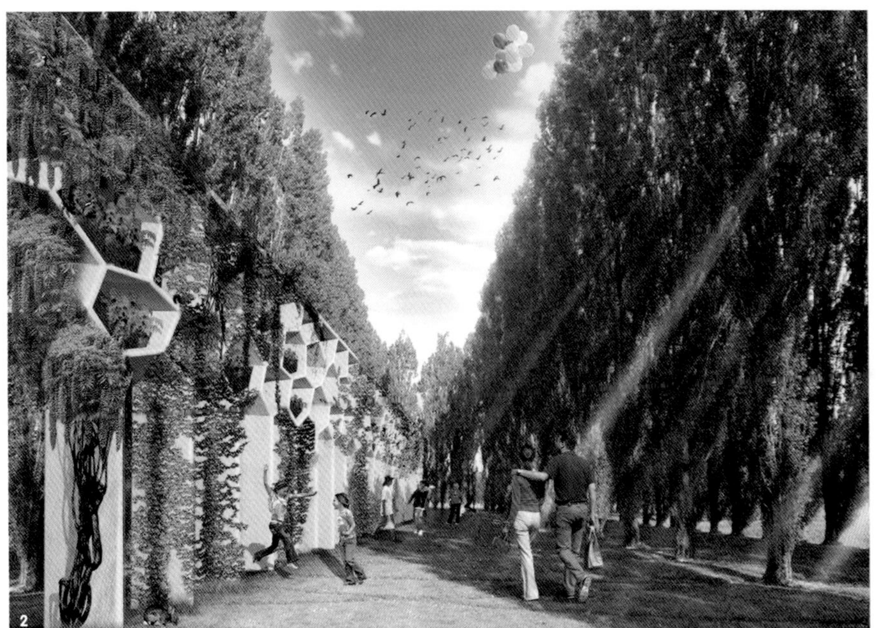

本项目位于乌得勒支市马克西玛公园，它曾被称为乐思彻日进公园，是荷兰最大的城市公园之一。West 8设计的主题元素之一是一个大的“公园藤架”，是一种多孔结构的透明花坛，种植绿色植物后就会形成立体的绿植景观，这种多维度绿色景观体系被称为植物庭院。

West 8设计的藤架将自然和文化很好地融合在一起，其概念来源于蜂巢结构的启发。巨大的藤架长4公里（2.5英里），高6米（19.5英尺），这种透空的类似于细胞般的空间结构允许阳光透过，种植大量植物后形成了一面巨大的生态绿墙。其蜂巢般的结构基础由耐用的混凝土制成，下部由柱子支撑，就像马克西玛公园的大门一样。蕨菜类植物、景天属植物、爬藤类植物将这个结构覆盖上，丰富的植被将藤架变成鸟类的天堂。

图1 藤架形式概念模型
图2 公园景观路透视图
图3 藤架植被覆盖示意图

1

39.3 银禧花园

英国伦敦

银禧花园位于伦敦市中心，是泰晤士河南岸上非常重要的视觉焦点，紧靠著名的“伦敦眼”。针对伦敦市公共空间情况，伦敦市长提出“伦敦户外活动”计划，对伦敦这座英国首府的主要街道、市中心、公园、河流、步行路等公共空间进行升级改造，并提出有利于伦敦交通运行的更好的街道设计举措。

West 8在设计过程中使用了3D MAX来建模，Photoshop来进行效果渲染配色，多种计算机数字化技术的应用保证了设计团队对景观形式的多方案比较，结合不同的灯光效果最终确定了实施方案。设计从2005年开始，2012年银禧公园正式向公众开放。

图1 银禧花园的整体鸟瞰，与周边城市的关系
图2 银禧花园数字模型

39.4 普恩特斯桥

西班牙马德里

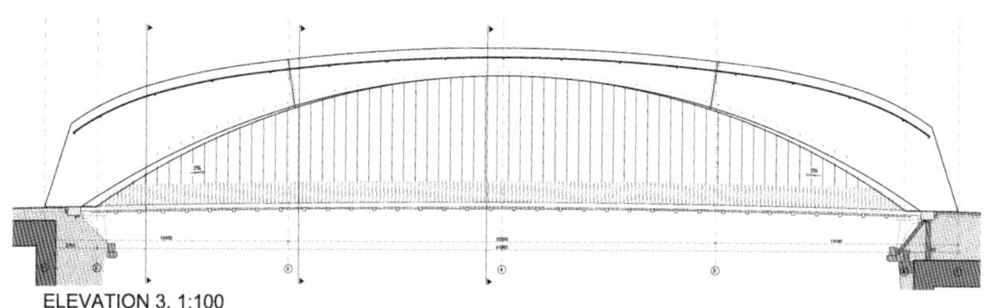

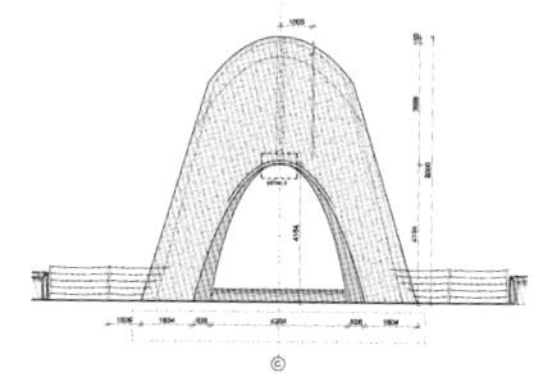

1

2

3

West 8与西班牙建筑设计公司MRIO合作进行了马德里M30公路周边区域的城市设计，与常见的高技派金属桥梁不同，这座人行桥运用有机形态创造了体验和感受河流的步行空间。它采用质地粗糙的混凝土穹顶，桥身两侧用100根钢缆将穹顶与下部的钢板桥身相连，形成一种类似“鲸鱼脊骨”的结构体系。当进入其内部空间后，桥精致的细节得以一一展现在行人面前，穹顶内部用动感现代的马赛克进行装饰，材质强烈的反差能为游客带来新的惊喜。

West 8通过先进的光照模拟软件Photoshop和LightRoom对普恩特斯桥的细部空间进行设计，以实现设计中细腻的局部表现。通过对图像修改软件的应用，他们在穹顶天花板上设计了精美的壁画，辅以特别的光照系统渲染出温馨艺术的空间氛围。

图1 大桥剖面图
图2 整体建成照片
图3 设计概念的计算机模型

39.5
城市的战火/绽放的城市
荷兰鹿特丹

鹿特丹在第二次世界大战中曾被战火洗礼，在六十七年后的2007年5月14日，“城市的战火/绽放的城市”（City on Fire/City in Bloom）在鹿特丹剧院广场亮相，以纪念城市被战争侵蚀过的历史，同时这也是鹿特丹2007年城市建筑展的参展项目之一。事务所设计了一座花的雕塑，由64000朵红色和紫色的花组成，成为剧院广场的巨大装饰，它在那里放置了六个星期，到六月底予以拆除。West 8曾在1996年为鹿特丹设计了剧院广场，这个公共开放空间非常受市民欢迎，在2007年West 8又用这个装置艺术为广场续写新篇。项目的名称是为了纪念曾被战火焚烧过的城市，同时寓意鹿特丹将从战争的痛苦中涅槃并重新绽放。

West 8的主创戈伊奇曾这样评论这个项目：“火焰般的花簇是否能够解释1940年5月14日发生了什么？用这种临时的装置能否替代传统的历史纪念碑呢？剧院广场是一个开放空间，人们在这里可以看到城市起伏的天际线。这是城市中人流最密集的所在。因此，花能够起到画龙点睛的作用。”设计团队使用数字建模软件来“提升”广场地面，通过计算机模拟来实现花团锦簇的效果图。

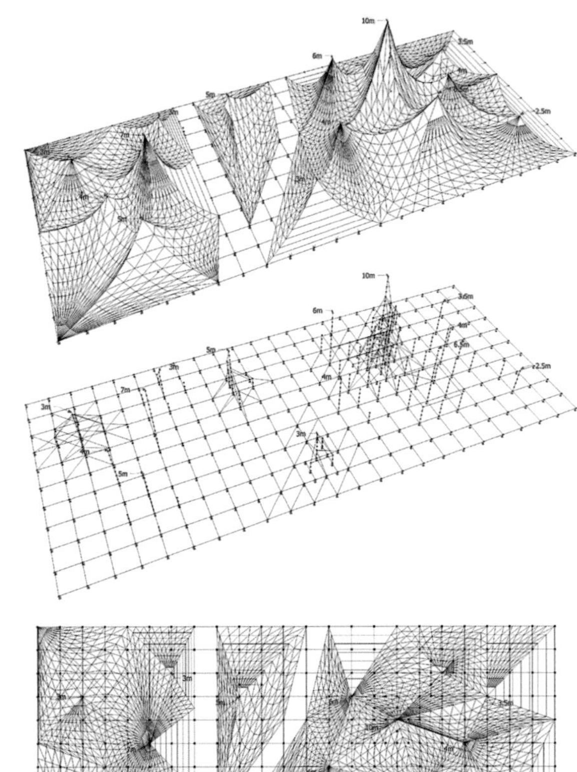

图1 正式的实践的数字模型
图2 项目装置效果图，剧院广场

后记

数字化景观建筑的反思，当前和未来

1

图1 弗莱彻工作室，马蹄湾，加利福尼亚马林岬角
图2 学生手绘，青年欧椋鸟训练营提供
图3 华金·马丁内斯，阵列的住所
图4 威廉姆斯·杰弗里·库克，扩大的环境，城市广场

随着先进的数字化工具日益完善，我们可以在设计教学中训练学生使用计算机手段来进行准确的基地建模，教他们运用多种数字技术来实现各种奇思妙想的设计形式。这些充满着创造力的年轻人承载着数字化设计的未来，他们不断地努力会将数字化设计推行得更为专业化，将会发展出新的技术和手段，并将之应用到建成环境的表达中去，使我们的设计更为优化，过程更为易操作。Photoshop在设计过程中已经成为主要的工具，我们可以通过它来实现更多“养眼的”景观透视图像，将设计成果更为精致地呈现出来。本书第58至63页所介绍的由弗莱彻工作室设计的加利福尼亚马蹄湾项目（第60页）即为一个大量使用Photoshop的项目实践。

作为建成环境的景观设计师、景观学者、设计实践者，我们一直致力于创造新的设计方法，并追求新方法的准确性。我们致力于设计出具有创新性的外部空间，将我们的奇思妙想通过引人注目的方式表达出来，正如《现代数字化景观建筑》一书中所介绍的许多项目一样。我们的学生充满了激情和创造力，他们发明了三种创新性的景观设计表达方式，这说明，年轻一代景观艺术家们正在他们的设计实践中大量地应用着数字化技术。图2是青年欧椋鸟训练营提供的一幅手绘风格的数码作品，它的作者是笔者从前在康奈尔大学的学生，他使用石墨作为绘图工具渲染出一种氛围，表达出石油工业景观。这幅作品充满着混乱感但却非常有针对性，那扭曲的、在灰色背景上凸显出来的明亮的筒状形式是用3D MAX首先建模，而后仔细地与手绘背景进行合成，以实现无缝连接。通过叠加呈现原子状的形式，这个景观设计描述一个潜在危险场景伪核环境与我们的时代太关联。

图3是由华金·马丁内斯设计的阵列住所，华金是本书第38至43页所介绍的布拉德利·坎特雷尔的学生，毕业于路易斯安那州立大学，图中所示的项目是华金对物体正反界面复合方式所进行的尝试。项目介绍了一种特殊的遮蔽装置及其演化过程，坎特雷尔曾对其加以如下解释：这些遮蔽装置在某种特殊的条件作用下会呈现出的景观现象，例如光，风以及背景。设计师就是通过数字技术手段建模，而后通过计算机模拟环境系统和遮蔽所之间的相互作用。

威廉姆斯·杰弗里·库克是笔者从前在多伦多大学的学生，图4是他的作品，详尽地表达出在城市环境中城市广场地形表面的变化。设计师在渲染中着重强调了光感、氛围和材质的真实感，因此表现图成功地表达了千变万化的城市环境中城市广场的景观设计方案。使用一系列视觉效果，库克描绘了一个夜晚的场景，并照亮广场的中心。这样库克完美地呈现出在媒体驱动的影响下商业环境与景观的互动关系。

Terreform ONE公司一大部分工作就是尝试具有创新性的、未来主义的景观设计，正如本书第242至247页所介绍的，在日常的设计工作中，该公司那些具有探索精神的建筑师、景观设计师、研究员和科学家们，在很大程度上依赖数字的以“科幻”为基础的设计方案。在2010年的一次公共讲座中，米切尔·约阿基姆曾提出这样一个问题：在城市设计我们如何预见城市未来发展将会应用到的各种技术？针对这个问题米歇尔这样说道：

> “150年来，电梯的发明对城市设计的影响要大于设计师。作为一个广泛的学科，技术对于城市的巨大潜力是不言而喻的。城市设计能够成功地预见自身未来宏观尺度的发展情况，并积极采用具有创新性的设备来完善自我的发展。Terreform ONE公司一个主要的理念是寻求技术和城市主义之间的交叉，尤其是在生态环境下。我们的项目范围从研究自足型城市所具有的类型特质和设计策略，到对簇群细胞形态及成因的相关研究（如图5、图6

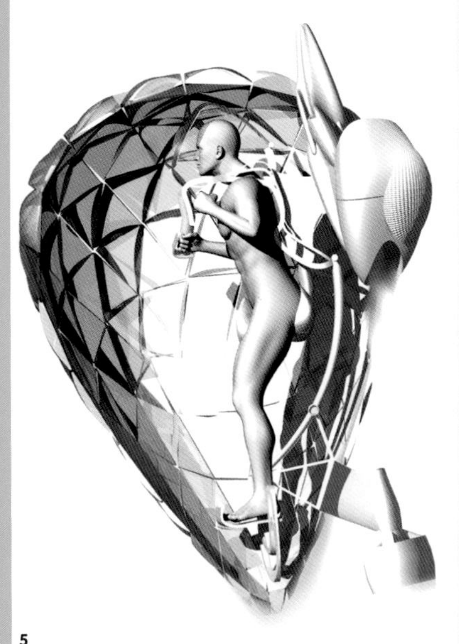
5

6

7

8

所示），这些构思过程使我们思维保鲜，令我们成为城市设计的研究者。我们假设未来的生态城市将会面临极端的困境，必须通过极端的方案来予以解决，当然这只是一种假设。我们的未来基本上依赖于解决方案的想法是否足够强大、足够开放。“构想”是通过视图或概念来定义的，它的进化超越了我们现有的知识边界。这种有远见的概念可以通过多种方式加以解释，每一种具有前景化的特殊构想和进程够都可以用来描述下一个事件……当前的研究尝试通过设计学、计算机科学、结构工程学、生物学等交叉领域的共同作用，来建立设计领域新的知识形式和实践过程。”

通过数字化手段，Terreform ONE的设计师们构建了未来城市环境可持续发展的关键所在。图7是Terreform ONE设计的MAT景观项目，这是一个精雕细琢的景观设计方案，是由多种多样的材料、部件和一定的空白空间镶嵌在一起组合而成的，它那三维而富有动感的形式源自景观矢量和气候矢量。网格的形式由多种原因决定，包括太阳光照的方向、风力强度、雨水量、环境温度，同时考虑人体对光、空气、水和能源的需求。而网格中间覆土的“口袋空间”成为了社区花园的种植场所，选用了本地植物进行种植，它们能够从水循环系统中吸收水分以进行自我供给。网格中间的纵横通道是用来进行雨水收集的，它们也是水循环系统中的重要组成部分。

当下和未来的景观设计趋势是观赏性的景观设计和具有适应性的景观环境。经我们设计的景观环境应该能够应对外界环境多种多样的环境变化，无论这种变化是积极的还是消极的，正面的还是负面的。现在很多的景观设计师都在设计中推行观赏性景观的设计思想和参数化设计的设计方法，例如本书第236页至241页所介绍的斯托斯·鲁事务所，他们在美国马萨诸塞州实现了一个非常具有创新性的设计——巴斯河公园（第238页至239页），他们设计了一系列起伏的绿毯般绿化，既允许人类亲近自然享受自然，同时这些绿化景观又能够适应环境的变化，是非常理想的观赏性景观设计实例，如图8所示。图9是Balmori事务所（本书第26至37页）的都柏林大学景观设计项目，他们也在设计中尝试了观赏性景观。在这一设计中，景观与建筑结合后形成了连续的、富有层次感的公共活动空间以及绿色的建筑表面，人行路结合景观地形设置，地表的开放空间分层次播种植物、设置铺装，创造了实用和宜人的休闲空间，将景观延伸至建筑的屋顶花园和露台上。

我们更多地使用、修改和纠正软件工具，使它们更加适合我们的需求。法国R&SIE(N)建筑实践小组（本书第222页至229页）的弗朗西斯·霍在实践中使用犀牛的脚本来建构地形模型并将其扩大，而智利的公司GT2P（本书第80至87页）则利用诸如蚱蜢等参数化软件来实现地理环境形态和地塑旷野形态的重塑。学生们也是渴望发展和探索数字化项目作为设计解决方案的先例。建筑景观设计的创新越来越注重技术进步的连续性，来处理复杂的形态，模拟不同的基地地形，帮助我们实现观赏性景观和适应性的设计方案，进行可持续发展的数码实验，实现不同项目的视觉刺激。本书提到的一系列学生作品，都是景观建筑学专业的硕士研究生们的设计作品，都是他们运动不同的数字化技术所进行的设计应用和技术尝试，充满了先锋精神和创新的意味。

另一位学生纳迪亚·D·阿尼奥，他曾设计过这样一个项目，如图10所示，通过这个项目他重点突出了景观艺术在现代社会中的重要角色，通过强调生态化理念并结合数字化技术的应用，获得了具有非凡

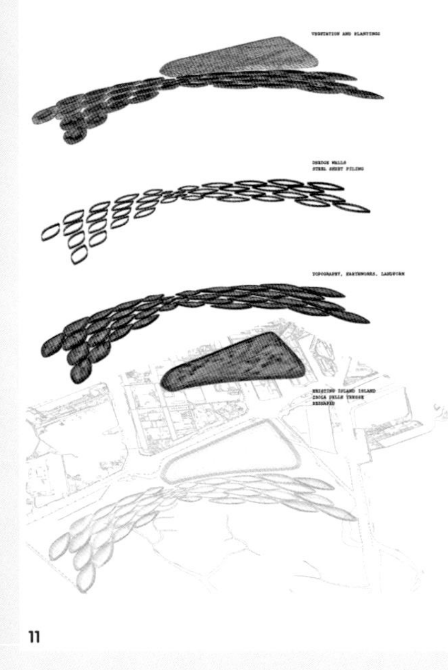

图5-6 Terreform ONE公司，软化，全方位的交通流，对簇群细胞的相关研究
图7 Terreform ONE公司，艺术种植空间
图8 司道思·鲁事务所，美国马萨诸塞州，贝思河公园
图9 Balmori事务所，都柏林大学景观设计项目
图10 纳迪亚·D·阿尼奥，项目整体效果图，上图鸟瞰，下图湖景
图11 纳迪亚·D·阿尼奥，项目形成概念图
图12 纳迪亚·D·阿尼奥，犀牛中的项目模型

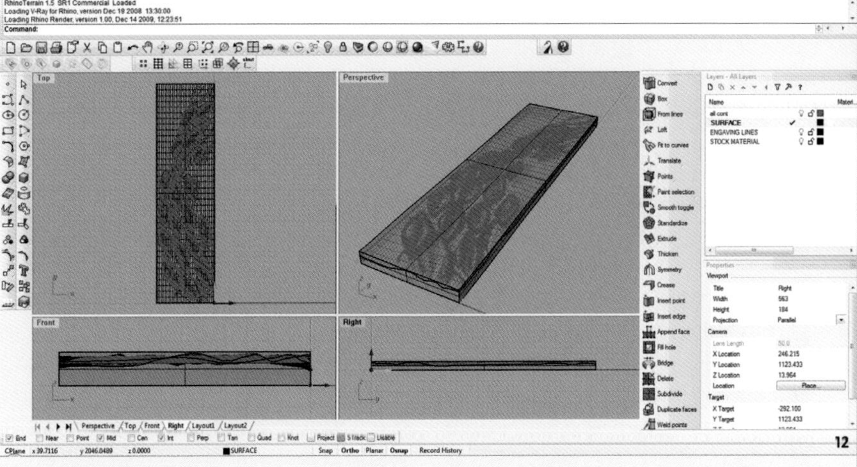

表现力的设计解决方案。意大利威尼斯附近有一个工业湖区，属于波尔图马尔盖拉港海岸周边的区域，艾索德里特雷斯是这一区域的一个完全用人工填土方式形成的一个岛屿，大约长为1.5公里（0.9英里），宽为0.5公里（0.3英里）。这一项目中创造性地提出了动态水流疏通倾倒系统，它是加强区域生物多样性的一种方法和手段，而暴露疏通湍流的过程也形成了具有观赏性的地貌形态，提供了一种从更深层次观赏景观环境的可能。景观方案被设计师精细地划分为几个阶段，包括正式的倾倒系统、自然的物种演替和专门的种植计划。设计首先建立了这样的一个宏观框架，在这个框架基础上项目保持着持续的变化，而这种变化又充满了不确定性，泻湖水在动力作用下的短暂形成过程创造了一种极富视觉表现性的地景景观，提供了观看生态地景艺术的新思路，如图11所示。D·阿尼奥使用了先进的诸如犀牛、蚱蜢等数字化工具，同时还使用了3D扫描和数控机床等实体模型辅助技术，对设计过程中的多个节点进行细致的推敲，如图12所示，最终形成了这个充满视觉冲击力的景观设计。

威廉姆斯·杰弗里·库克善于设计有张力的、能够与环境互动的景观方案，他在项目之初非常注重基地的自身地理特点，对基地环境带给使用者的空间感知特别看重，会通过计算机模拟技术建立人机交互的模型空间，对真实场景进行模拟，以便于实现呼应环境、尺度适宜的设计方案。库克认为城市广场的改造与以下元素息息相关：使用者、环境、事件，他将基地的相关信息进行收集整理，综合分类后输入计算机设备，对所有的信息进行编码处理后计算机会将景观转化成一种崭新的形式。某些元素属于基地的环境信息（光、温度、气候、周边环境颜色等），某些属于基地的触觉信息（触感、压力等），某些属于生物信息（人类行为习惯、人类肌体温度、使用者情绪等），某些属于空间信息，能够将基地上所有特殊点都囊括进来，如图13-15所示。库克设计了一种“气候盾”结构，场地上方的天蓬会根据天气的变化而开合，下雨的时候天蓬闭合，天晴的时候天蓬打开，如图16所示。他还设计了一种表面计算方法，当输入信息变化时系统可以自动调节表面的垂直和水平位置。

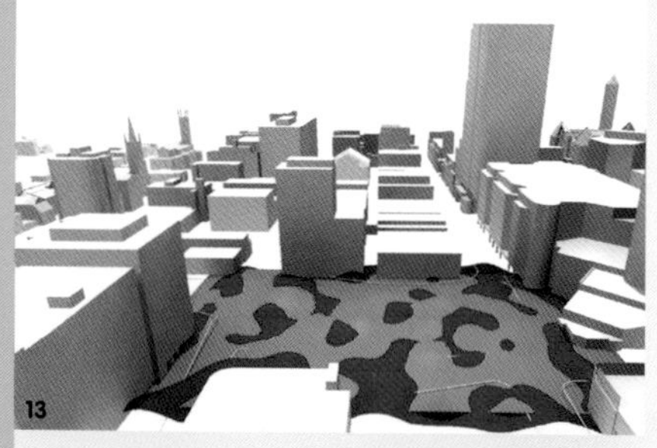

13

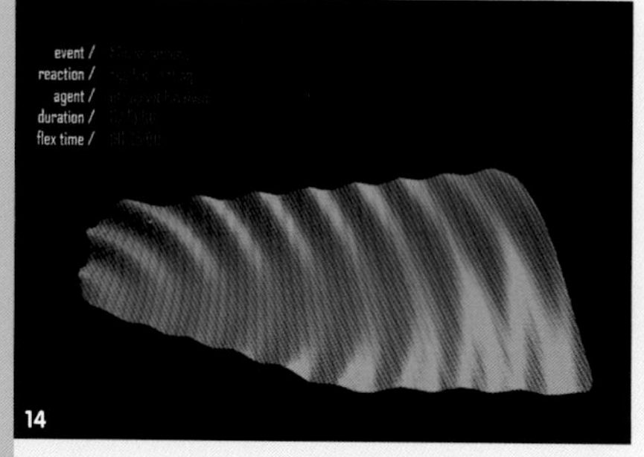

14

15

我们的学生们非常渴望能够获得更多景观建筑方面的数字化设计的知识，未来的景观建筑师正在用实际行动为未来的景观设计设定着新的设计标准，这些设计标准无疑是具有创新性的、激进的，这正是这些年轻的学生们追求和倡导的推进方向。AY设计事务所是一家位于巴黎的国际化设计机构，豪尔赫·阿亚拉是AY的合伙人之一，也是笔者从前在建筑联盟学院的学生。针对数字化技术在景观设计中的应用，他曾这样说道：

> "作为建筑联盟学院的年轻毕业生，我在校期间学到非常广博的知识，这种调色板般的替代路径理论使我受益匪浅，数字化技术的应用帮助我将很多奇思妙想变成了现实。在校期间，我因为在数字化技术方面的造诣被Plasma Studio Architects（参见本书第74至79页的Groundlab）公司选中，这家公司一贯追求设计项目的梦幻感，而我在公司参与的全部项目都处于建设中。Plasma在欧洲是追求设计实践的景观设计机构之一，倾向于将实验性的理论转化为现实中的建成项目，并且热衷于通过前卫的形式来体现背后的先进思想（如图17所示）。"

阿亚拉的研究以及相关工作室项目使他成为了数字化技术应用和研究领域的专家，并使他能够将数字化设计趋势在景观建筑领域具体化。这样丰富的知识。使阿亚拉进行了多种多样的设计实践，例如被称为"巴黎议程"的项目（如图18所示）中所有人造地形的设计。阿亚拉认为，从计算机模型到实体模型的转化有助于他更好地理解景观都市主义如何与手工物理条件相关联，而这些物理条件是与当代城市的动态息息相关。使用计算机建模能够对方案的人造地形进行充分的模拟，从而使新的空间形态与原有基地现状相融合，如图19所示。从程序截图中我们可以看出，起伏的大地表面已经不仅仅是提供植被的场所，更成为嵌入在宏观系统中的非常重要的组成元素。而对数字化技术的研究和应用则有助于阿亚拉以一种更高的程度探索地面条件。

总而言之，《现代数字化景观建筑》一书介绍了一系列应用数字化技术的景观设计和实践项目，既包括通过3D扫描技术和体验式景观的数字制图，又包括应用新软件新技术来实现地形建模、总图绘制、规划设计和大尺度园区规划的实践项目。当前景观设计实践领域大量应用了数字化工具和多媒体技术，本书所有罗列的项目仅仅是为相关的工程实践和科研项目的缩影和写照。本书概述了当代景观建筑的设计现状，并对景观建筑未来的发展进行关键性概述，揭示出数字化技术在扩展景观建筑学科外延、推动景观建筑实践发展中具有不可磨灭的作用，它是当下景观设计师创造独特的景观方案、进行复杂的成果表达所必备的重要工具。而后作者提出了景观设计师"生控体系统"的重要作用，我们应该通过数字化技术对自然进行评估，采用适应性设计的思想进行思考和生产。如果我们期待自己在景观建筑这个新兴的、不断发展而又充满着高科技的专业领域有所建树，成为领军人物，我们就必须充分掌握数字化设计这把利刃，并且保证我们的技术装备时刻处于持续发展的状态，数字化技术的发展壮大速度是与我们想象力允许的速度一样快的。

图13–15 威廉姆斯·杰弗里·库克，广场设计，计算机模型

图16 威廉姆斯·杰弗里·库克，广场设计，效果图

图17 Groundlab公司，流动的花园，中国西安

图18 豪尔赫·阿亚拉，巴黎议程，鸟瞰图

图19 豪尔赫·阿亚拉，人造地形，计算机模型

16

17

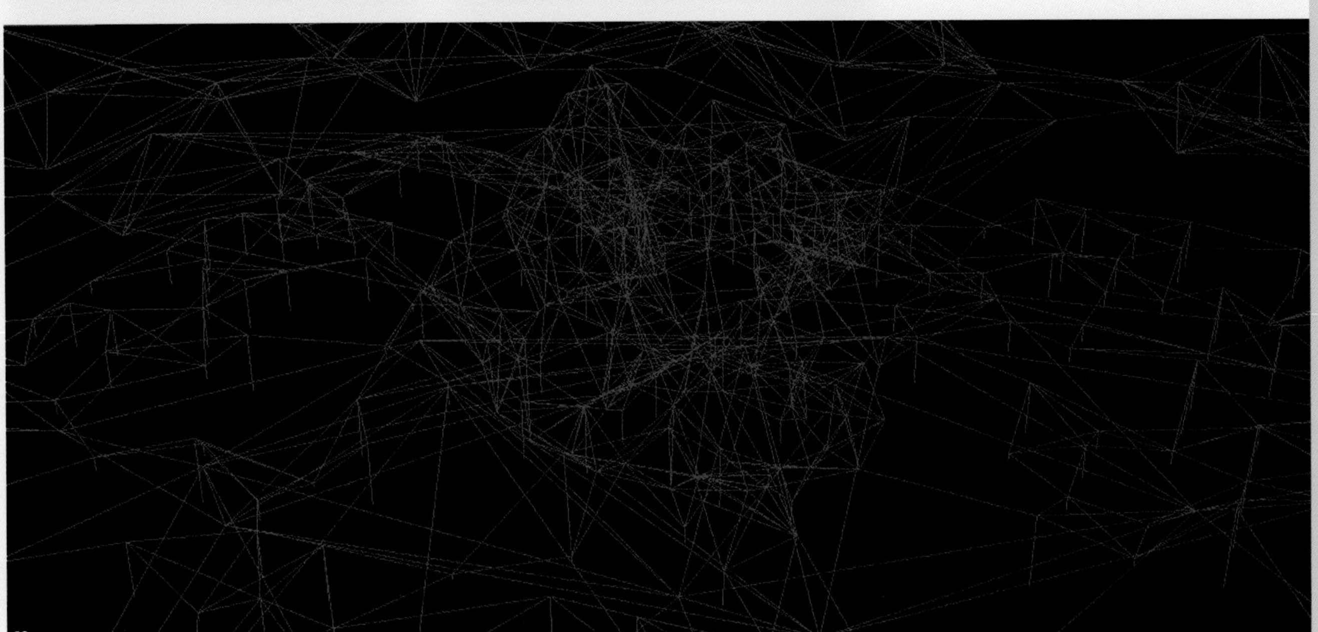
18

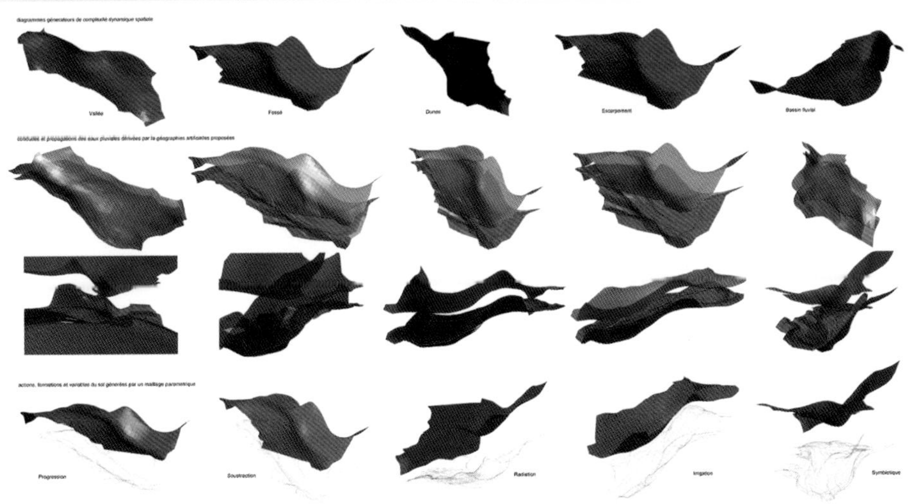

19

麦克·希尔福

利用先进数码绘图方式进行空感知间和形体测试

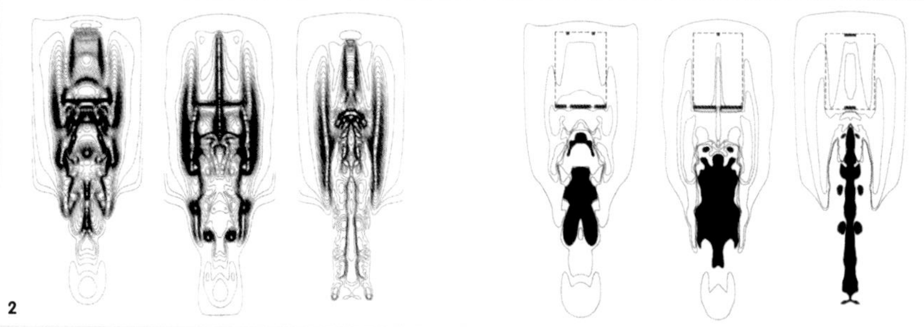

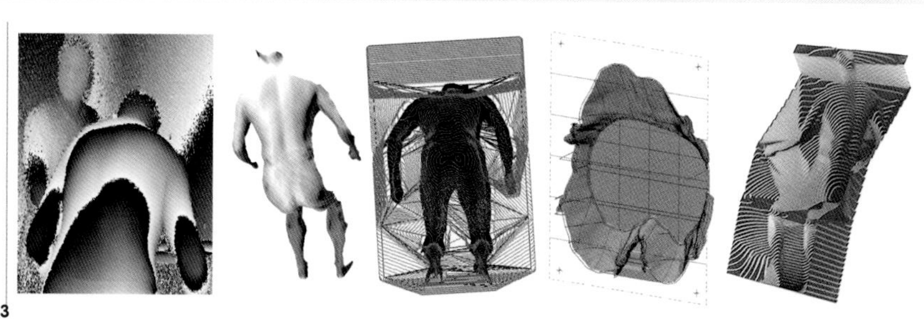

图1 人体形态的三维光学扫描

图2 三维光学扫描仪可以根据用户的身体形态来制作适用于特殊用户的定制家具

图3 三幅超级计算机集群模型，根据人体形态模拟的米歇尔山泥沙运输模型

从20世纪90年代早期，麦克·希尔福就开始了使用数码绘图进行景观设计的尝试，使用的工具包括3D扫描仪、雷达技术、数控机床、三坐标测量机，以及其他一些更为先进的设备。通过数字化和艺术化，麦克·希尔福不断对设计作品进行优化、修改和润色，使设计形成新的表面和形式，最终采用最为理想的设计样式。

最近有几种新型的光学扫描仪被发明出来，它们在景观设计中的使用正在逐步取代三坐标测量机的角色，光学扫描仪工作速度更快，分辨率更高，其原理是通过激光来进行物体扫描，或者通过数学偏振线来记录物体的变形程度，采用波纹等高线对物体的三维表面进行绘图，从而实现三维扫描的效果。这些设备能够通过安全的扫描过程实现快速的数据收集，因此希尔福在项目中利用这些技术对参加实验的人们进行人体扫描，他认为数码扫描“将复杂的人体形状看做是多重透视关系下的数据空间，这就远远超越了传统的图形及照片的视觉限制”。基于数码扫描是多重角度的复合透视，在进行数据采样时，希尔福会在不同的时间点对不同的个体进行光学扫描。通过数码绘图的使用，建筑组件的数据、家居陈设的数据、景观方案表面的数据实现了“前所未有的立体化程度”，并且可以转化为新的表面和空间形式，对进一步的设计创作提供了非常充分的基础数据储备。

麦克·希尔福正在使用的是最为先进的科学技术、数字化软件和数码绘图方式，他在引领着最为前沿的创造性研究。同时他还在协助开发一款新的数字化软件——AutomasonMP3——这是一款开放资源的软件，是由建筑师和软件运营商共同开发的，“既可以为建筑师服务，也可以为泥水匠服务”。

卡勒斯·恩·布兰德斯

德·德拉依的新规划

荷兰北部小镇海尔许霍瓦德一个名为德·德拉依的一个新的规划区，景观设计师卡勒斯·恩·布兰德斯获邀为其进行总体规划。卡勒斯对基地现状进行了充分的调研，并在设计中综合考虑了例如电源线、煤气管道、现有的私人住宅、风车，以及基地的景观特征包括公路、运河河道等多方面的因素，提出充分适合场地的设计方案。设计团队采用了一个多层次的设计系统，以实现具有灵活性的渐进式居住区规划体系。为了使这一灵活的设计方案付诸实践，设计团队使用了ETH Zurich（本书第296页进行了相关介绍）开发的地块划分软件进行辅助设计，这种软件能够对整体的设计框架输入数据进行反馈，整理后输出意料之外的工作框架，同时保持方案的“高效率性和参数化性”。

最基本的基地参数化数据是地块的尺度和比例，设计中往往还需要收集土质情况、水文情况、商业环境、商业增长状况等其他信息和数据。设计师认为，这些数据“与道路的布局情况密切相关，处于一种动态的模式中——当对数据进行分析时我们发现，它们存在递进性，往往处于一种循环模式下，通过优化的计算方式进行整理”。布兰德斯认为，“这一点非常重要，数据的信息化处理仅仅是数据整理的过程，我们必须清醒地认识到，软件得出的解决方案绝非是现成的城市设计，还需要大量的头脑风貌将之变为切实可行的设计方案。计算机不能取代人脑进行创造性的设计，但却可以帮助我们进行复杂的数据收集分析整理的过程，可以对我们的创新性思维起到辅助作用，替代我们进行不能手工进行的大量性数据工作。”总之，这种地块划分软件能够帮助设计师化繁为简，设计师能够非常迅速地获得空间高效的整体布局，是一种便捷实用的设计辅助软件。

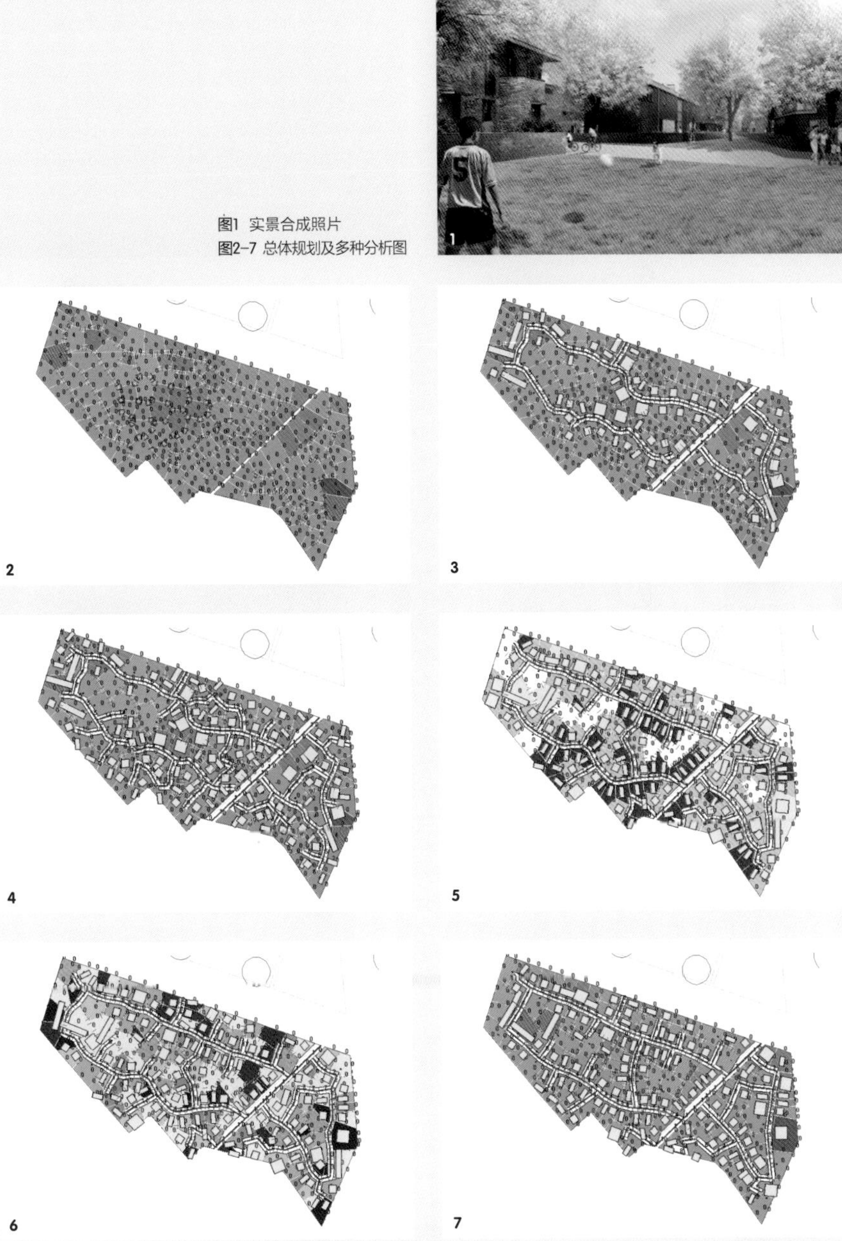

图1 实景合成照片

图2–7 总体规划及多种分析图

弗里兰·巴克

底特律超级区域

底特律城市中心存在着数量巨大的闲置用地，本项目的关注点正是如何将这些“空置无用”的城市土地通过富有意义的方式重新利用起来。建筑师认为这一设计提出了名为“超级区域”的一种“反向策略”：将城市中被占据但却未使用的土地和基础设置重新利用。他们认为城市基础设施若是为服务150万人而建造的，随着时间的推移它很快只能服务不到一半。项目没有采用建造新建筑的策略，其设计理念是“再地域化策略”，即打破原有的地域划分进行空间单元的二次分隔。

建筑师们认为灌木篱墙是景观分区的有效手段，它能够通过定义新的、与原有限定区域尺度不同的区域，来将原始地块进行重新划分，得到新的地块形态。设计团队提出了一套新的景观设计策略，通过公共绿植系统创造互动的景观空间，结合步行系统联通网络形成邻里单元最基本的分界界面。通过这样的方式就能够将原有城市街区的尺度扩大，改变了原有邻里单元的面积，以适应城市中人口下降的现状。“超级区域”的这种设计方案既顺应了底特律市中心人口数量下降的大趋势，逐步使目前邻里单元的人口密度达到一种相对稳定的状态，又提高了空间的舒适度。

作为一种城市设计方法，这个项目既有几何性，又有社会性，它涉及底特律城市中所有家庭的拥有者，利益相关者，银行，地方政府和新兴的乡村人口。它要求每年进行一定的拆除工作，其目的是逐步改变城市整体密度。设计在总图上制定了特定的位置用来种植灌木篱墙，将城市空间进行了重新划分，植入了新的区块功能，例如社区花园、商务农业、林木生长区等。这些仅仅是城市中的生态节点，而随着时间的推移这些植物慢慢长大，它们将互相连接组成庞大的网络体系，将城市中废弃的空地转变为具有崭新功能的新用地，进而带动周边的邻里单元复苏，最终振兴底特律市的整个城市中心。

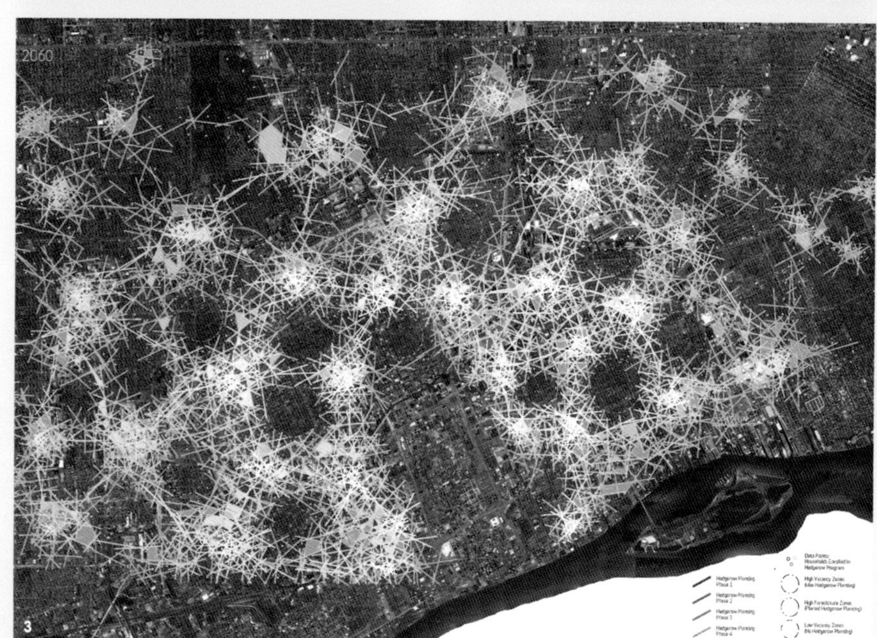

图1 2020年底特律“超级区域”邻里单元
图2 2040年底特律“超级区域”邻里单元
图3 2060年底特律城市范围的“超级区域”

戴维·利伯曼

炼金术士的花园

戴维·利伯曼是一位来自于多伦多的建筑师，他对于景观和绘画有很高的热情。利伯曼喜欢使用传统的绘画技巧和手绘渲染技术进行效果图绘制，而后使用数字化技术对原始作品进行加工，从而加强手绘作品的氛围感，使这些景观作品变得更加富有诗意。通过数字化技术的使用，利伯曼能够改变原始画作的光感、地形、色彩和氛围，能够在原作基础上做出时间改变、季节差异、气候变化等效果，模拟出一种沧桑的历史感，或者强调出一种未来感。其目的是向观察者传递每一个表现空间的内涵意向。

利伯曼认为："建筑是一门表现艺术，而不是美术，建筑的各部分构件都在不断被侵蚀，它们处于不断变化的过程中。"《炼金术士的花园》（The Alchemist's Garden）是一部大型作品的一部分，利伯曼绘制了多幅不同的景观表现图，用以组成大型的艺术作品。利伯曼和他的团队来自世界各地，他们采用Photoshop进行图像处理，通过数字化技术将经过处理的多层图像进行叠加。当多张图片叠加至一定程度后，图像会出现特殊的效果。建筑同事杰弗里·图恩曾提出"体验切片"的概念，利伯曼将其理解并运用到自己的创作中，认为所有"切片"都具有特别的意义。他会首先运用二维的AtuoCAD软件建模并绘制出16张具有雕塑装置的透视效果图，而后根据特定的时空条件，通过photoshop对这些图像进行后期处理，以实现想要的图片效果，并将喷涂处理过的图像作为photoshop的背景。接下来，利伯曼会将画作分为12个小尺度的分区，并分别进行图像处理，他将这一步称为"排版的旅程"。受数字软件的限制，这些小的分区板被切割成不同尺寸，条幅可以打印成19.5米（64英尺）长的喷绘，并形成了一个持续64分钟电影拍摄的背景，之后详细的渲染图作为主题的变化出现。

这一系列画作是一个较大项目的一部分，这包括1：50的实体模型，数字化生成的透视图、经丙酮定色后手工卷动卷轴，以及实现动态的影片效果。

图1 世界的边缘

图2 炼金术师的指南针能够导向冥河

图3 普罗米修斯和田地垄沟

何塞·拉莫尔斯、伊恩·约根森和保罗·法里纳·马克斯

地貌设计系统

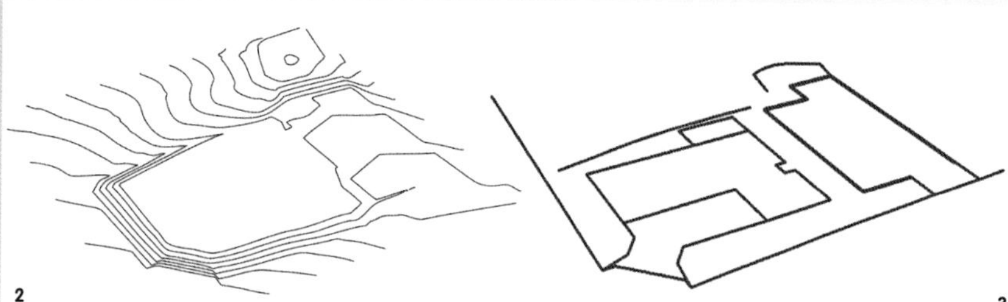

景观建筑项目的设计常常专注于有关地形表面的问题。一种新的地貌设计是景观设计师最为复杂的任务之一，它需要融合科学知识、工程技术和艺术创造的崭新地貌设计方法才能完成。三维几何建模需要高度抽象化，使其与基地的周边情况更好地结合，并具有一定程度的艺术性。

多年以来，景观设计师采用等高线法、高程点法、多媒体法、实体模型和数字模型等多种方法进行场地的地貌设计，这些方法有助于他们模拟各种不同的场地形态，同时推敲设计方案的所有细节和视觉效果。即使在今天，许多设计师们都认为当前的景观设计方法并不能充分反映出计算机三维建模技术所具有的潜力。针对这一现状，何塞·拉莫尔斯、伊恩·约根森和保罗·法里纳·马克斯共同开展了一项研究，研究关注如何能够改善地貌设计的过程，如何消除创作阶段和实施阶段的鸿沟，通过目前顶尖的三维建模技术和新的景观设计的整合需要较少的抽象化。这项研究在哥本哈根大学进行，最终的成果被称为“三维大地”（Land 3D），这是一套新的数字化景观设计场地建模系统，设计师们可以通过它更为直观地理解场地坡差变化，创造不同的场地方案。一个景观可以通过它的一系列元素来描述：山、丘、岭、路、墙、坡道，S形斜坡、平坦地区等。通过这些帮助，3名设计师开发了一种工作方法让用户可以将景观方案构件定义成为以上的元素，进而建成计算机模型，这些数字模型一般由三维线和轮廓线构成，可以通过若干种表面建模方法进行编辑。

利用这套系统最后建成的地形模型是单一表面的，在这一表面上所有的单体元素都是合并在一起的，这些元素的形态是彼此关联的，会被周边其他元素的形态所影响。这套系统能够帮助设计师们更好地控制自己的设计方案，他们可以通过两种方式对地貌模型进行编辑：一，对建成模型进行整体形态的自由操控；二，对斜面坡度、轮廓坐标、海拔高度等参数进行编辑。任何对景观元素的边界的改变都会使其周边的元素产生联动变化，从而对整体的地貌形态产生新的修改。所有的编辑、调整、修改都能够直观地体现在模型上，在建模过程中可以随时生成渲染小样，设计师就可以根据这些视觉效果、空间感受和形式分析直接调整方案，以得到最佳的方案效果，能够根据不同的方案比较，选取最为优化的设计方案。这套系统也允许设计师进行基地排水渠建模、边坡稳定性计算以及场地土方平衡，可以根据不同用户定义习惯性设置，还可以充分考虑不同场地的特殊性限制条件。

图1 地貌设计模型
图2 地貌等高线图像
图3 地貌建模线型图

尼古拉斯·德·蒙绍

本地代码：房地产

尼古拉斯·德·蒙绍来自伯克利市加利福尼亚大学，是一位优秀的建筑师和城市规划师。在本文介绍的项目中，蒙绍应用地理空间分析的方法向我们展示了美国大城市中成千上万块废弃的公共用地，包括纽约、洛杉矶、芝加哥、华盛顿等在内的城市均位列其中。在本项目中蒙绍主要研究如何赋予这些用地以新的功能，重新组织场地上的景观项目，使之形成一套新的城市系统。这些被忽视的空间通过分析试图提供设计的手段来改进，使之成为健康的社会环境。

在本项目中蒙绍采用了参数化设计方法进行景观设计，根据每一块废弃用地的当地条件提出具有针对性的个性化解决方案，改善用地的供热和供水情况，释放现存市政基础设置的压力，提升城市的生态水平，为周边地区提供效益最大化的生态策略。本项目使用量化式的数据将多种不同的雨水整治方案的效果进行综合类比，以便于实施中选用最为优化的方案，而不必依赖于造价最为昂贵的基础设施升级的方式来实现治理效果。

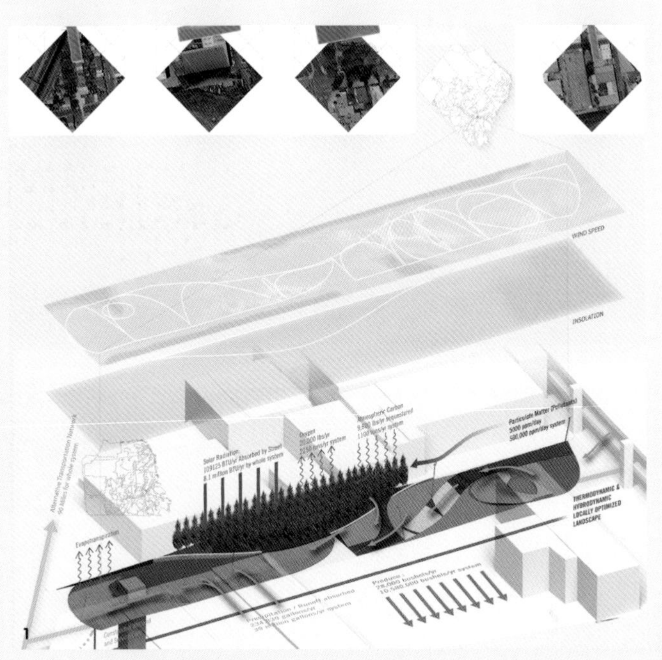

1

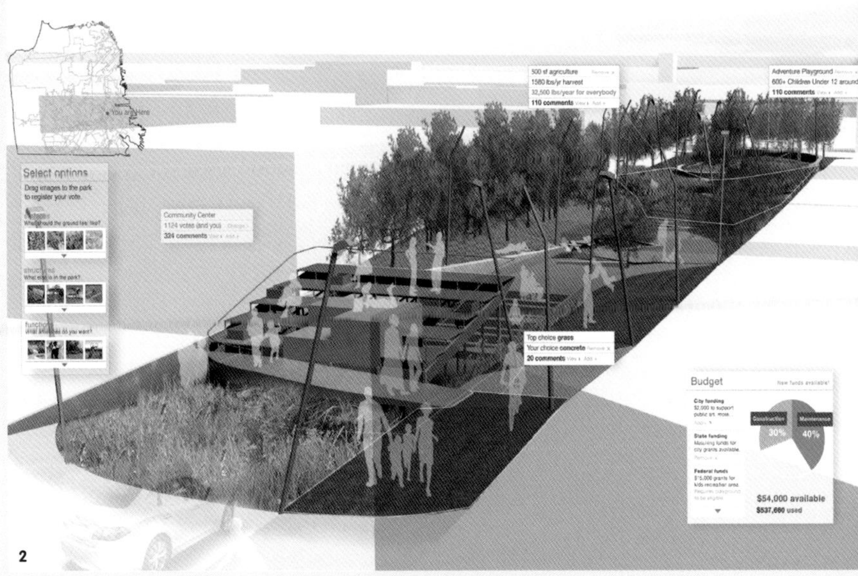

2

图1 参数化软件能够将场地的生态化特性充分地展示出来

图2 系统中所有共享的程序和表面均可以共同编辑

建筑联盟

景观都市主义

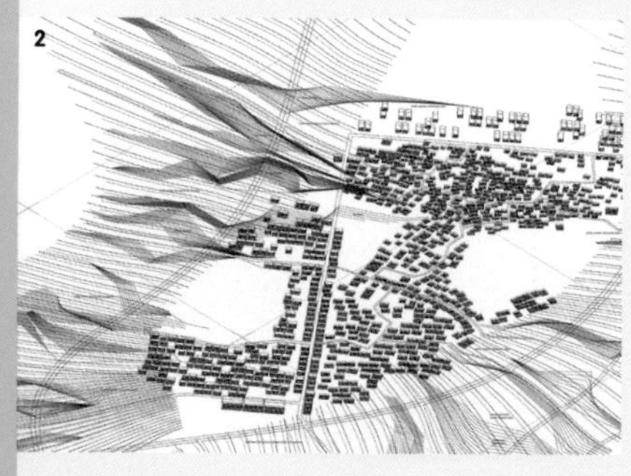

图1-2 总体规划开发系统和网络框架图，CAD绘制

伊娃·卡斯特罗是Groundlab（本书第74至79页有所介绍）的合伙人之一，也是伦敦建筑联盟（Architectural Association）开设的景观都市主义课程的导师之一。该课程的导师还有阿尔弗雷多·拉米雷斯和爱德华多·里科，他们几位导师都倡导当前形势下景观都市主义应采用跨学科的方法和理念进行设计，将来自城市规划、环境工程、景观生态学等多学科复杂的知识框架进行杂糅集成，综合运用以解决设计实践中所遇到的多种多样的问题。以新涌现的景观都市主义理论为基础和前提，卡斯特罗和她的团队将自然过程和社会网络中的散点理论进行整合，梳理组织并构建了该理论的理论思想框架，将设计过程进行了系统的整合。

数字化设计技术是该学科所采用的前沿设计手法，具有流动性、柔软性和不确定性。常用的软件和程序包括脚本、玛雅、欧特克、犀牛、地景桌面、空间句法和蚱蜢，当然也包括那些应用更为普遍的计算机软件，例如AutoCAD, Photoshop, Illustrator等，在建筑联盟的所有工作室和短学期中都大量地使用了这些软件。索引、先进的图表、参数化建模、快速模型制造都是景观都市主义应用研究的一部分。这里展示的图片展示了部分数字化景观设计项目，摘录了是该课程教学过程中部分学生的设计作品和科研项目，能够充分说明景观都市主义课程的教学情况。

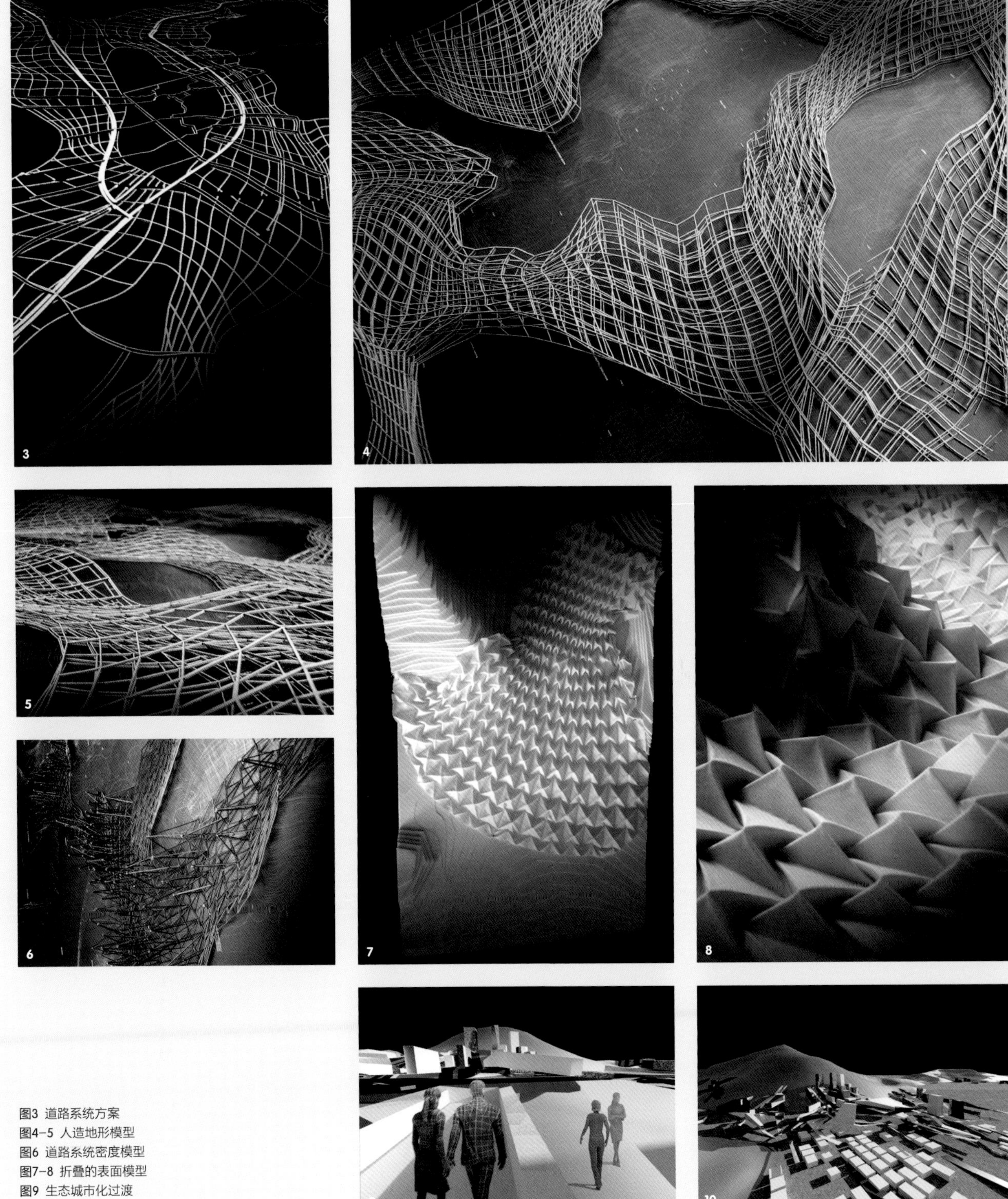

图3 道路系统方案
图4–5 人造地形模型
图6 道路系统密度模型
图7–8 折叠的表面模型
图9 生态城市化过渡
图10 整体模型

苏黎世联邦理工学院

水景

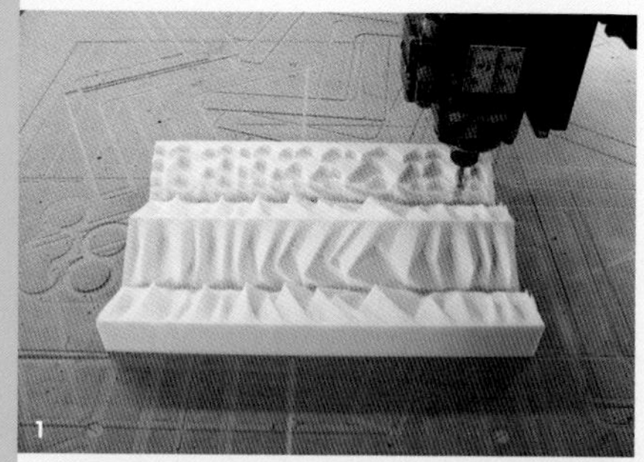

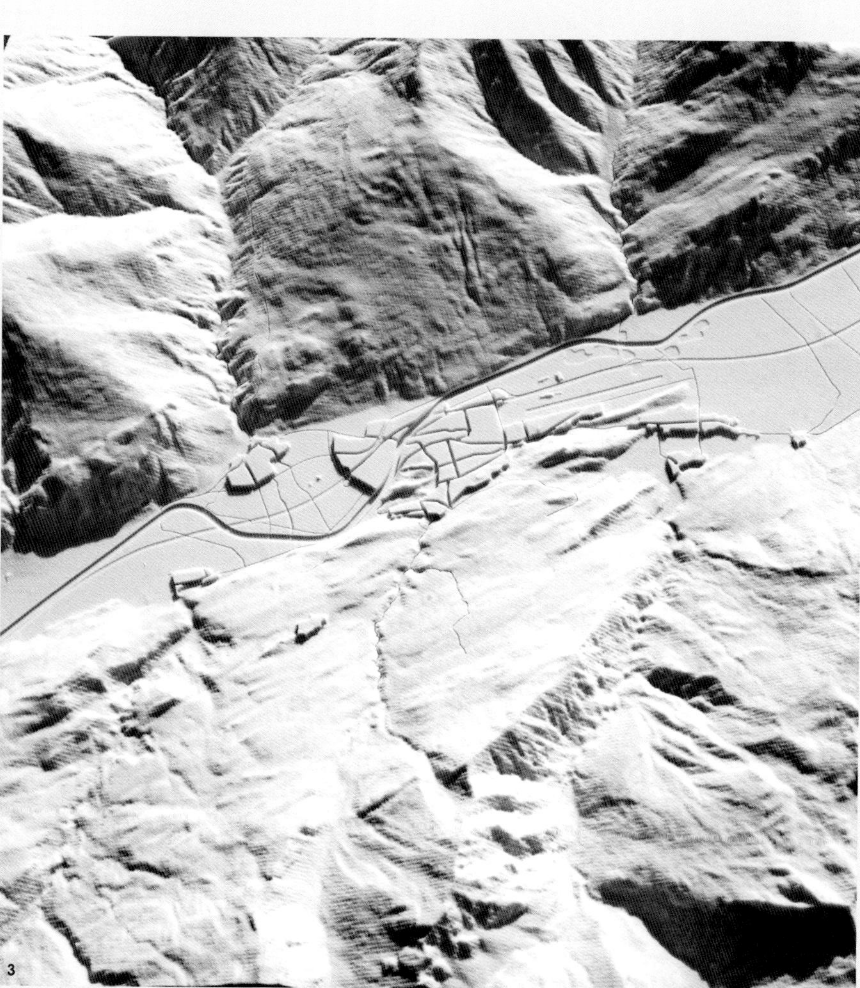

“水景”（Waterscapes）是苏黎世联邦理工学院的一个研究项目，它重点关注瑞士境内江河湖泊的水平面变化，记录水平面的剧烈波动情况，并针对不同的气象情况提出解决方案，通过这一项目的过程让学生们掌握大尺度地形的策略和设计手法。

学生们采用犀牛进行地形概念的数字建模，而后利用数控机床制作了大量实体模型。模型采用泡沫块材，在数字化软件精确控制的基础上，模型形态呈现连续的、流畅的体量变化，具有丰富的细部，非常精致。因为实体模型是三维的，它能够通过体量的折叠、扭转、变形和张拉来表现设计概念。在设计过程中，学生们还对不同材料与概念表达的关系进行了对比试验，他们采用塑料、木材等多种材料对方案的剖面、平面进行了多种形式的表达。设计的最终成果以一系列不同的实体模型呈现，这些模型的发展变化过程忠实地反映出方案推敲演绎的整个过程。

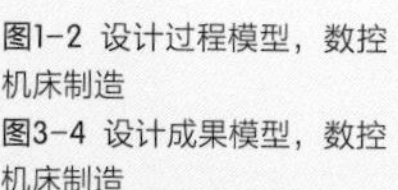

图1-2 设计过程模型，数控机床制造

图3-4 设计成果模型，数控机床制造

景观研究中心

都市景观

景观研究中心是多伦多大学的研究机构，他们关注于景观设计、技术和可持续性等问题。约翰·达纳是该机构的创立者和领导人，他一直致力于研究如何通过数字化技术将人类的智慧和感知进行延伸和扩大。心理学家J·吉布森曾在自己的生态知觉理论中提出“光纤阵列”的概念，达纳将这一概念引入到景观设计的领域中。

“都市景观”（Capital Views）项目重点关注在文化因素和自然因素的双重作用下，如何实现重点景观和标志性景观的形象塑造和标志性营造。景观设计中心的设计者们收集整理了数以百万计的图像，对这些图像进行系统性的模拟，对所提取的数字信息进行整理，形成了“都市景观”这一视觉对话研究项目。其研究结果促成了区划法律《国家首都景观保护法》的实施，旨在制约城市高速发展的负面影响，形成首都发展的指导性文件。研究中通过数字化技术建立了都城的动态模型，并且从不同的角度对这些模型进行整体分析，采取与人眼平行的视角进行“光线追踪”，从公众的视角观察国会山的整体景观，并且观察周边环境与国会山之间视觉联系，分析其交通可达性和景观的互动性。

本文列出了一组项目中的不同角度的图片，展示出研究者在项目研究过程中对景观效果控制的关键视点，同时从侧面印证了都市景观的发展应注重平衡多个利益相关者的需求，既要关注城市的经济发展，又要保证首都至关重要的标志性视觉形象的形成，是一项综合性的研究课题。

图1 多角度人视点透视图，计算机软件的过程透视

图2 全景视图

资料来源
（RESOURCES）

DIRECTORY OF ARCHITECTS

Nadia Amoroso
University of Guelph, 50 Stone Road East, Guelph, Ontario, N1G 2W1
nadiaamoroso.com / dataappeal.com

Architectural Association [294]
School of Architecture, 36 Bedford Square, London WC1B 3ES
aaschool.ac.uk

Ballistic Architecture Machine [20]
22 International Art Plaza, Building 1-005
No. 32 Baiziwan Road, Chaoyang District, Beijing 100022
bam-usa.com

Balmori [26]
833 Washington Street, 2nd floor, New York, New York 10014
balmori.com

Bradley Cantrell [38]
Louisiana State University
311 Design Building, Baton Rouge, Louisiana 70808
reactscape.visual-logic.com

Centre for Landscape Research [297]
John Danahy
University of Toronto, 230 College Street, Toronto, Ontario M5T 1R2
clr.utoronto.ca

Nicholas de Monchaux [293]
nicholas.demonchaux.com

EcoLogicStudio [44]
6 Westgate Street, London E8 3RN
ecologicstudio.com

Emergent [50]
2404 Wilshire Boulevard, Suite 8D, Los Angeles, California 90057

Fletcher Studio [58]
2339 3rd Street, Suite 43R, San Francisco, California 94107
fletcherstudio.com

Freise Brothers [64]
freisebrothers.com / freisebros.blogspot.com

Groundlab [74]
Unit 51, Regents Studios, 8 Andrews Road, London E8 4QN
groundlab.org

GT2P [80]
gt2p.com

Paulo Guerreiro [88]
genscapes.blogspot.com

Kathryn Gustafson [94]
Linton House, 39-51 Highgate Road, London NW5 1RS
gustafson-porter.com
Pier 55, 1101 Alaskan Way, Floor 3, Seattle, Washington 98101
ggnltd.com
www.kathryngustafson.com

Zaha Hadid Architects [100]
10 Bowling Green Lane, London EC1R 0BQ
zaha-hadid.com

Hargreaves Associates [108]
398 Kansas Street, San Francisco, California 94103
hargreaves.com

Hood Design [116]
3016 Filbert Street, #2, Oakland, California 94608
wjhooddesign.com

Institute of Landscape Architecture [296]
ETH Zürich, Wolfgang-Pauli-Straße 15, 8093 Zürich Hönggerberg
girot.arch.ethz.ch

Andrés Jaque Arquitectos [122]
Calle de Otero, 3, 28028 Madrid
andresjaque.net / oficinadeinnovacionpolitica.blogspot.com

Laboratory for Visionary Architecture [126]
72 Campbell Street, Sydney, New South Wales 2010
l-a-v-a.net / l-a-v-a.blogspot.com

LAND [132]
Via Varese, 16A, Milan 20121
landsrl.com

Land-I Archicolture [138]
archicolture.com

Landworks Studio [144]
112 Shawmut Avenue, #6B, Boston, Massachusetts 02118
landworks-studio.com

Lateral Office [150]
242 Concord Avenue, Toronto, Ontario M6H 2P5
lateraloffice.com

David Lieberman [291]
University of Toronto, 230 College Street, Toronto, Ontario M5T 1R2

Metagardens [156]
69 Shalimar Gardens, London W3 9JG
metagardens.co.uk

Meyer & Silberberg [166]
1443 Cornell Avenue, Berkeley, California 94702
mslandarchitects.com

MLZ Design [170]
mlzdesign.com

MVRDV [176]
Dunantstraat 10, 3024 BC Rotterdam, Netherlands
mvrdv.nl

Nox [184]
nox-art-architecture.com

O2 Planning & Design [192]
255 17th Avenue SW, Suite 510, Calgary, Alberta T2S 2T8
o2design.com

Philip Paar [198]
Laubwerk, Kurfürstenstraße 141, 10785 Berlin
laubwerk.com

Paisajes Emergentes [206]
Cr33 n 5g 13 Edificio el Atajo, int 402, Medellín, Colombia
paisajesemergentes.com

PEG Office of Landscape & Architecture [212]
614 South Taney Street, Philadelphia, Pennsylvania
peg-ola.com

PYO Arquitectos [218]
Calle San Vicente Ferrer 20, 3° Izquierda Exterior, 28004 Madrid
pyoarquitectos.com

R&Sie(n) [222]
24 rue des Maronites, 75020 Paris
new-territories.com

Jörg Rekittke [198]
National University of Singapore, 4 Architecture Drive
Singapore 117566

Chris Speed [230]
Edinburgh College of Art, Lauriston Place, Edinburgh EH3 9DF
fields.eca.ac.uk

StossLU [236]
423 West Broadway, #304, Boston, Massachusetts 02127
stoss.net

TerreformONE [242]
33 Flatbush Avenue, 7th Floor, Brooklyn, New York 11217
terreform.org

Topotek1 [248]
Sophienstraße 18, 10178 Berlin
topotek1.de

Turenscape [254]
Innovation Centre, Room 401, Peking University Science Park
127–1, Zhongguancun North Street, Haidian District, Beijing 100080
turenscape.com

Urbanarbolismo [260]
C/ Gabriel Miró nº18, 03001 Alicante, Spain
urbanarbolismo.es

VisionDivision [268]
Granits väg 2, 171 65 Solna, Sweden
visiondivision.com

West 8 [274]
Schiehaven 13M, 3024 EC Rotterdam, Netherlands
west8.nl

PROJECT CREDITS

1.1 Velopark, London 2012 [22]
London, UK
Client: London 2012 Olympic committee
Design: Ballistic Architecture Machine, in the office of Martha Schwartz
Architectural design: Heatherwick Studio
Stadium consultant: FaulknerBrowns Architects
Structural engineer: Structural: Adams Kara Taylor

1.2 22 Art Plaza [23]
Beijing, China, 2011
Design: Ballistic Architecture Machine

1.3 Biornis-Aesthetope [24]
Manhattan, New York, 2009
Design: Ballistic Architecture Machine, in the office of Martha Schwartz
Structural engineer: Büro Happold
Ornithology consultant: Scott Edwards, Harvard University; Viviana Ruiz-Gutierez, Cornell University
Green-roof technology: Christian Werthmann, Harvard University

2.1 Shenzhen Cultural Park [28]
Shenzhen, China, 2003–7
Client: Shenzhen Municipal Planning and Land Information Centre
Design: Balmori Associates
Design team: MAD Office

2.2 Puerto de la Luz [30]
Gran Canaria, Spain, 2005
Client: Ayuntamiento de Las Palmas de Gran Canaria
Design: Balmori Associates
Design team: Cesar Pelli & Associates

2.3 Equestrian venue, NYC 2012 [31]
Staten Island, New York, 2004
Client: NYC 2012
Design: Balmori Associates
Design team: Mark Thomann, Karen Tamir, Kathleen Bakewell, Adrienne Cortez, Cecilia B. Martinic, Sangmok Kim, Jason Holtzman

2.4 Amman Performing Arts Centre [32]
Amman, Jordan
Client: Darat King Abdullah II
Landscape design: Balmori Associates
Lead architect: Zaha Hadid

2.5 University College Dublin [33]
Dublin, Ireland, 2007
Client: UCD Gateway Project
Landscape design: Balmori Associates
Architect: Zaha Hadid

2.6 Governors Island [34]
New York, New York
Design: Balmori Associates, with studioMDA

2.7 Water (Works) [36]
Seoul, South Korea
Design: Balmori Associates, with studioMDA

3.1 Abstraction Language: Digital/Analogue Dialogues [40]
2009
Design: Bradley Cantrell, with Natalie Yates, Washington University in St Louis, Missouri

3.2 Ambient Space [42]
Manhattan, New York, 2007
Design: Bradley Cantrell

3.3 Thresholds [43]
Baton Rouge, Louisiana, 2008
Design: Bradley Cantrell

4.1 Tropical Playgrounds [46]
Linz, Austria
Design: EcoLogicStudio
Design team: Claudia Pasquero; Oliver Bertram, Different Futures, University of Applied Arts Vienna
Curator: Sandrine von Klot
Assistant: Ebru Kurbak
Workshop participants: Nizar Aguir, Florian Aistleinter, Nina Bammer, Miha Cojhter, Ramona Ehrle, Gita Ferlin, Vytautas nGecas, Mignon grube, Christine Gunzer, Desiree Hailzl, Dominique Holzl, Thomas Huemer, Daniel Mandel, Wolfgang Novotny, Anna Pech, elisabeth Pfeffer, Sonja Pizka, Sarmite Polakova, Eva-Maria Pribyl, Marija Puipaite, Tatjana Schinko, Elena Silaeva, Felix Vierlinger, Stephanie Wolf

4.2 EcoMachines [47]
Venice, Italy, 2008
Design: EcoLogicStudio
Design team: Claudia Pasquero, Marco Poletto

4.3 CyberGardens [48]
London, UK
Design: EcoLogicStudio
Workshop tutors: Claudia Pasquero, Marco Poletto
Workshop technical assistants: Neil Grant, Manuele Gaioni, Justin Iszatt
Jurors: Brett Steele, Giorgio Jeronimidis, Maria Arcero
AAInter10 students: (CyBraille) Alessandro Bava, Leila, Michalis, Noam, Lola; (Photosythesis-Sense) Wesley, Katie, Zach Fluker, LiWei, YuWon; (Fish and Chips) Simon, Wei, LiWei, Masaki

5.1 Garak Fish Market [52]
Seoul, South Korea, 2009
Client: Oh Se Hoon, Mayor of Seoul
Design: Emergent/Tom Wiscombe
Executive architect: Chang-jo Architects, Seoul
Project architect: Eui Sung Yi
Design team: Chris Eskew, Bin Lu, Ryan Macyauski, Cody Derra

5.2 Prototypes I-III [56]
Los Angeles, California, 2009
Design: Emergent/Tom Wiscombe

5.3 Perth Photobioreactor [57]
Perth, Australia, 2009
Client: Department of Culture and the Arts, Perth
Design: Emergent/Tom Wiscombe
Design team: Bin Lu, Chris Eskew, Gabriel Huerta, L. J. Roxas, Ryan Macyauski

6.1 Horseshoe Cove [60]
Marin Headlands, California, 2009
Design: Fletcher Studio, with Matsys
Design team: Andrew Kuddless, Haley Waterson, Lora Martens, Eustacia Brossart, Sarah Donato, Nenad Katic

6.2 Polish History Museum [62]
Warsaw, Poland, 2009
Design: Fletcher Studio, with WROAD Architects
Design team: Haley Waterson, Sarah Donato, Lora Martens, Eustacia Brossart

7.1 Unseen Realities [66]
2006
Design: Nathan Freise, Adam Freise

7.2 Fallen Silo [67]
2009
Design: Nathan Freise, Adam Freise
Design team: Shiouwen Hong

7.3 Virtual Reality Topology [68]
Design: Nathan Freise, Adam Freise
Design team: Rebecca Nordmann

7.4 Megatourism [70]
Saemangeum, South Korea
Design: Nathan Freise, Adam Freise
Design team: Dwayne Dancy, George Quavier, John Cerone, Matthew Pauly, Jeffrey Inaba, Darien Williams, Andrew Kovaks, Glenn Cummings, Tatiana von Preussen, Junhong Choi

7.5 Scapegote [72]
Design: Nathan Freise, Adam Freise

8.1 Flowing Gardens [76]
Xi'an, China, 2009–11
Client: Chan Ba Ecological District
Design: Groundlab, with Plasma Studio
Design team: Eva Castro, Holger Kehne, Sarah Majid, Alfredo Ramirez, Eduardo Rico, Jorge Ayala, Hossein Kachabi, with Nadia Kloster, Steve De Micoli, Elisa Kim, Filipo Nassetti, Rui Liu, Kezhou Chen, Clara Oloriz
Architecture design team: Eva Castro, Holger Kehne, Ulla Hell, Mehran Gharleghi, Evan Greenberg, Xiaowei Tong, with Tom Lee, Ying Wang, Nicoletta Gerevini, Peter Pichler, Benedikt Schleicher, Katy Barkan, Danai Sage
Structural engineering: Arup; John A. Martin & Associates

8.2 Deep Ground: Longgan Masterplan [78]
Shenzhen, China, 2009
Design: Groundlab
Design team: Eva Castro, Eduardo Rico, Alfredo Ramirez, Holger Kehne, Sarah Majid
Competition team: Alejandra Bosch, Maria Paez, Brendon Carlin
Collaborators: Clara Oloriz, Arturo Lyon, Enriqueta Llabres
Consultants: Arup ILG; InGame

9.1 Furrow Fields [82]
2009
Design: GT2P
CNC machining: Benjamin Leyton, LabFAU
Thermoforming: SYP Ltd

9.2 Wave Interference [84]
2009
Design: GT2P

9.3 Velo Catalyst [85]
Santiago, Chile, 2007
Design: GT2P
Design team: Juan Cristobal Caceres, Jaime Baeza

9.4 Grapevine Vibrational [86]
Rancagua, Chile, 2009
Client: Nemesio Antúnez Commission
Design: GT2P
Design team: Guillermo Parada, Sebastián Rozas, with Tamara Pérez.
Structural engineer: Jorge Tobar.
Construction: Héctor Díaz Montajes
Hilam specialist: Héctor Jofré
Governmental inspection: Carolina Pelegri, Alicia Alarcón
Local clinic assistance: Roberto Mayorga

10.1 Biotope [90]
Design: Paulo Guerreiro

10.2 Fractal Grid [91]
Design: Paulo Guerreiro

10.3 Skinning Steel [92]
Design: Paulo Guerreiro

10.4 Digital Waterfront [93]
Design: Paulo Guerreiro

11.1 Gardens by the Bay [96]
Marina East, Singapore
Client: National Parks Board
Design: Gustafson Porter
Design team project manager: Confluencepcm
Client project manager: PM Link
Engineer: Arup
Architect: Hamiltons
Quantity surveyor: Davis Langdon
Local engineer: CPA

11.2 Lurie Garden [97]
Chicago, Illinios, 2004
Client: Millennium Park
Design: Gustafson Guthrie Nichol
Plantsman: Piet Oudolf
Theatre set designer: Robert Israel
Structural and civil engineers: KPFF
Fountain consultants: CMS Collaborative
Plant sourcing, construction observation: Terry Guen Design Associates

11.3 Diana, Princess of Wales Memorial Fountain [98]
London, UK, 2004
Client: Department of Culture, Media and Sport
Design: Gustafson Porter
Sponsor: The Royal Parks
Engineers: Arup
Surface design consultant: SDE
Surface texture consultant: Texxus
Water feature specialist: OCMIS

12.1 Abu Dhabi Performing Arts Centre [102]
Abu Dhabi, United Arab Emirates, 2007–
Design: Zaha Hadid with Patrik Schumacher
Project director: Nils-Peter Fischer
Project architects: Britta Knobel, Daniel Widrig
Project team: Jeandonne Schijlen, Melike Altisinik, Arnoldo Rabago, Zhi Wang, Rojia Forouhar, Jaime Serra Avila, Diego Rosales, Erhan Patat, Samer Chamoun, Philipp Vogt, Rafael Portillo
Structural, fire, traffic and building services consultant: WSP Group, with WSP (Middle East): Bill Price, Ron Slade
Acoustics consultant: Sound Space Design: Bob Essert
Façade sample construction: King Glass Engineering Group
Theatre consultant: Anne Minors Performance Consultants
Cost / QS: Gardiner & Theobald: Gary Faulkner

12.2 Dubai Opera House [104]
Dubai, United Arab Emirates, 2006–
Design: Zaha Hadid with Patrik Schumacher
Project director: Charles Walker
Project architect: Nils-Peter Fischer
Project team: Melike Altinisik, Alexia Anastasopoulou, Dylan Baker-Rice, Domen Bergoc, Shajay Bhooshan, Monika Bilska, Alex Bilton, Elizabeth Bishop, Torsten Broeder, Cristiano Ceccato, Alessio Constantino, Mario Coppola, Brian Dale, Ana Valeria Emiliano, Elif Erdine, Camilla Galli, Brandon Gehrke, Aris Georgiadis, Pia Habekost, Francis Michael Hill, Shao-Wei Huang, Chikara Inamura, Alexander Janowsky, DaeWha Kang, Tariq Khayyat, Maren Klasing, Britta Knobel, Martin Krcha, Effi e Kuan, Mariagrazia Lanza, Tyen Masten, Jwalant Mahadevwala, Rashiq Muhamadali, Monica Noguero, Diogo Brito Pereira, Rafael Portillo, Michael Powers, Rolando Rodriguez-Leal, Federico Rossi, Mireia Sala Font, Elke Scheier, Rooshad Shroff, William Tan, Michal Treder, Daniel Widrig, Fulvio Wirz, Susu Xu, Ting Ting Zhang
Project director (competition): Graham Modlen
Project architect (competition): Dillon Lin
Competition team: Christine Chow, Daniel Dendra, Yiching Liu, Simone Fuchs, Larissa Henke, Tyen Masten, Lourdes Sanchez, Johannes Schafelner, Swati Sharma, Hooman Talebi, Komal Talreja, Claudia Wulf, Simon Yu
Engineering consultant: Ove Arup & Partners: Steve Roberts
Acoustics consultant: Arup Acoustics: Neill Woodger
Theatre consultant: Anne Minors Performance Consultants
Lighting consultant: Office for Visual Interaction

12.3 Olabeaga and San Mamés Masterplans [106]
Bilbao, Spain, 2005–
Client: Bilbao City Council
Design: Zaha Hadid with Patrik Schumacher
Project architect: Manuela Gatto
Project team: Atrey Chhaya, Fabian Hecker, Dipal Kotari, Fernando Perez, Diego Rosales
Engineer: Ove Arup & Partners
Urban strategy: Larry Barth

13.1 Governors Island [110]
New York, New York
Design: Hargreaves Associates
Design team: George Hargreaves, Mary Margaret Jones, Glenn Allen, Gavin McMillan, Kirt Rieder, Catherine Miller, Ken Haines, Jacob Petersen, Brian Jencek, Alan Lewis, Matthew J. Tucker, Bernward Engelke, Andy Harris, Misty March, Lara Rose

13.2 One Island East [111]
Hong Kong, China
Design: Hargreaves Associates
Design team: George Hargreaves, Mary Margaret Jones, Glenn Allen, Gavin McMillan, Kirt Rieder, Catherine Miller, Ken Haines, Jacob Petersen, Brian Jencek, Alan Lewis, Matthew J. Tucker, Bernward Engelke, Andy Harris, Misty March, Lara Rose

13.3 Allergan Headquarters [112]
Irvine, California
Design: Hargreaves Associates
Design team: George Hargreaves, Mary Margaret Jones, Glenn Allen, Gavin McMillan, Kirt Rieder, Catherine Miller, Ken Haines, Jacob Petersen, Brian Jencek, Alan Lewis, Matthew J. Tucker, Bernward Engelke, Andy Harris, Misty March, Lara Rose

13.4 American Indian Cultural Center [113]
Oklahoma City, Oklahoma
Design: Hargreaves Associates
Design team: George Hargreaves, Mary Margaret Jones, Glenn Allen, Gavin McMillan, Kirt Rieder, Catherine Miller, Ken Haines, Jacob Petersen, Brian Jencek, Alan Lewis, Matthew J. Tucker, Bernward Engelke, Andy Harris, Misty March, Lara Rose

13.5 Olympic Park, London 2012 [114]
London, UK
Design: Hargreaves Associates
Design team: George Hargreaves, Mary Margaret Jones, Glenn Allen, Gavin McMillan, Kirt Rieder, Catherine Miller, Ken Haines, Jacob Petersen, Brian Jencek, Alan Lewis, Matthew J. Tucker, Bernward Engelke, Andy Harris, Misty March, Lara Rose

13.6 Mission Rock Seawall 337 [115]
San Francisco, California
Design: Hargreaves Associates
Design team: George Hargreaves, Mary Margaret Jones, Glenn Allen, Gavin McMillan, Kirt Rieder, Catherine Miller, Ken Haines, Jacob Petersen, Brian Jencek, Alan Lewis, Matthew J. Tucker, Bernward Engelke, Andy Harris, Misty March, Lara Rose

14.1 Garden Passage [118]
District Hill, Pittsburgh, Pennsylvania, 2009
Design: Walter Hood, Hood Design Studio
Project manager: Kelley Lemon
Collaborator: The Hill House Association
Consultant: Arup

14.2 Timber Crossing: Damming I-5 [119]
Vancouver, Washington, 2008
Client: Vancouver Community Connector
Design: Walter Hood, Hood Design Studio, with Diller, Scofidio + Renfro
Project manager: Chelsea Johnson
Consultant: Buro Happold; Atelier Ten

14.3 Airport Gateway [120]
San Jose, California, 2007
Design: Walter Hood, Hood Design Studio
San Jose Public Art Program coordinator: Mary Rubin

15.1 Landscape Condenser [124]
Yecla, Spain, 2010
Design: Andrés Jaque Arquitectos
Design team: Ondrej Laciga, Alejandro Martín, David Segura, Juliana Gutierrez

16.1 Municipal Office District [128]
Hanoi, Vietnam, 2007
Client: People's Committee of Hanoi
Design: Laboratory for Visionary Architecture
Design team: Chris Bosse, with PTW Architects

16.2 Oasis of the Future [130]
Masdar, United Arab Emirates, 2008
Client: Abu Dhabi Future Energy Company
Design: Laboratory for Visionary Architecture
Design team: Chris Bosse, Tobias Wallisser, Alexander Rieck
Partners: Kann Finch Group: Bob Nation; Arup Sydney; SL Rasch; Transsolar; EDAW

17.1 Duisburg Bahnhofsvorplatz [134]
Duisburg, Germany, 2009
Client: Innenstadt Duisburg Entwicklungsgesellschaft
Design: LAND
Design team: Andreas Kipar, Kornelia Keil, Laura Pigozzi, Susanne Günther, Melanie Müller, Roberta Filippini, Erika Cormio, Piera Chiuppani, Caterina Gerolimetto, Sebastian Rübenacker
Architects: Kiparlandschaftsarchitekten

17.2 Econovello Cesena [136]
Cesena, Italy, 2007
Client: Municipality of Cesena
Design: LAND
Design team: Andreas Kipar, Giovanni Sala, Mauro Panigo, Dong Sub Bertin, Laura Pigozzi, Giuseppe Anastasi, Erica Cormio, Piera Chiuppani, Andrea Jungers, José Acosta, Lorenza Crotti, Ugo Perillo, Anna Bocchietti, Simone Marelli, Matteo Pedaso
Collaborators: Studio GAP Associati (team leader), Bruno Gabrielli, Benedetto Camerana, Hermann Kohlloffel

18.1 Ombre [140]
Montreal, Quebec, Canada, 2002
Design: Land-I Archicolture

18.2 Orange Power [141]
Ponte de Lima International Garden Festival, Portugal, 2006
Design: Land-I Archicolture

18.3 Tracce [142]
Festival di Arte Topiaria, Lucca, Italy, 2001
Design: Land-I Archicolture
Organizers: Grandi Giardini Italiani
Sponsor: Martini e Rossi

19.1 200 Fifth Avenue [146]
New York, New York
Client: L&L Holding Company
Design: Landworks Studio
Project management: Gardiner & Theobald
Architect: Studios Architecture
Lighting: Johnson Light Studio
Precast concrete fabrication: Concreteworks Studio

19.2 AIA Headquarters Renewal [148]
Washington, DC
Client: American Institute of Architects
Design: Landworks Studio
Architect: Studios Architecture

19.3 Square 673 [149]
Washington, DC
Client: Archstone-Smith
Design: Landworks Studio
Architects: Studios Architecture; Davis Carter Scott

20.1 Water Economies/Ecologies [152]
Imperial Valley, California, 2009–10
Design: Lateral Office
Design team: Lola Sheppard, Mason White, Daniel Rabin, Fei-Ling Tseng, Kristin Ross, Joseph Yau

20.2 IceLink [154]
Bering Strait, between Russia and Alaska, 2009
Design: Lateral Office
Design team: Lola Sheppard, Mason White, Matthew Spremulli, Fei-Ling Tseng, Sandy Wong, Ghazal Jafari

21.1 Hyde Park [158]
London, UK, ongoing
Design: Metagardens
Fabricators: Fineline; Seamless Industries
Plants: Norfield Nurseries
Water irrigation: Watermatic

21.2 Electronic Dreams [160]
2006
Design: Metagardens

21.3 Evoterrarium [161]
2006
Design: Metagardens

21.4 Filigrana [162]
London, UK
Design: Metagardens

21.5 Monstruosa [163]
Hampton Court Flower Show, UK, 2009
Design: Metagardens
Fabricator: Metropolitan Works
Suppliers: Fineline; Isothane; CED Ltd; Colorite Paint Co
Plants: South West Carnivorous Plants

21.6 Parasitus_Imperator [164]
2006
Design: Metagardens

21.7 Pulsations [165]
Hampton Court Flower Show, UK, 2008
Design: Metagardens
Fabricator: Fineline
Suppliers: Addaqrip; PSCo Ltd; CCE Surfacing
Plants: Cactusshop; Amulree Exotics

22.1 Courthouse Square [168]
Santa Rosa, California
Client: City of Santa Rosa
Design: Meyer & Silberberg Land Architects
Architect: Jim Jennings Architecture; Brito Rodriguez Arquitectura

22.2 Daze Maze [169]
Montreal, Quebec, Canada, 2008
Design: Meyer & Silberberg Land Architects

23.1 Terra+Scapes [172]
Portland, Oregon, 2008
Design: MLZ Design
Modelling and rendering: Matt Zambelli
Studio professors: Barry Kew, Larry Gorenflo, Penn State University

23.2 Digital Landscape Architecture in Practice [174]
Design: MLZ Design
Modelling and rendering: Matt Zambelli, with Cosburn Associates
Design and facilitation: Cosburn Associates

23.3 Porta Latina [175]
Rome, Italy
Design: MLZ Design
Modelling and rendering: Matt Zambelli
Studio professors: George Dickie, Luca Peralta, Penn State University

24.1 Gwanggyo Power Centre [178]
Gwanggyo, South Korea, 2007
Client: Daewoon Consortium and DA Group
Design: MVRDV
Design team: Winy Maas, Jacob van Rijs, Nathalie de Vries, with Youngwook Joung, Wenchian Shi, Raymond van den Broek, Paul Kroese, Naiara Arregi, Wenhua Deng, Doris Strauch, Bas Kalmeijer, Simon Potier, Silke Volkert, Marta Pozo, Francesco Pasquale
Engineer: Arup
Local architect: DA Group

24.2 Almere 2030 [180]
Almere Hout, Netherlands, 2008–
Client: Municipality of Almere
Design: MVRDV
Design team: Winy Maas, Jacob van Rijs, Nathalie de Vries, with Jeroen Zuidgeest, Klaas Hofman, Martine Vledder, Sabina Favaro, Hui Hsin Liao, Francesco Pasquale, Fokke Moerel, Paul Kroese, Johannes Schele, Stefan de Koning, Oana Rades, Silke Volkert, Fabian Wagner, Wouter Oostendorp, Marta Pozo,Naiara Arregi, Jaap van Dijk, Marta Gierczynska, Daniel Marmot, Pablo Munoz Paya, Di Miao, Manuel Galipeau
Sustainability: Arup
Model: Made by Mistake
Artist's impressions, 3D modelling: MVRDV, with Luxigon
Animation: Wieland & Gouwens
Graphic design: Stout/Kramer

24.3 Eco City Montecorvo [181]
Logroño, Spain, 2008
Client: LMB Grupo
Design: MVRDV
Design team (competition phase): Winy Maas, Jacob van Rijs, Nathalie de Vries, with Martine Vledder, Raul Lazaro Santamaria, Aser Giménez Ortega, Gijs Rikken and Philipp Keiss
Design team (design phase): Winy Maas, Jacob van Rijs, Nathalie de Vries, with Fokke Moerel, Maria Lopez, Adelaida Riveira, Wouter Oosterdorp, Jose Ignacio Velasco, Marta Pozo
Co-architect: GRAS: Guillermo Reynes
Facilitary office: Why Factory
Environmental engineer: Arup

24.4 Floriade 2012 [182]
Rotterdam, Netherlands, 2004
Client: Municipality Of Rotterdam
Design: MVRDV
Design team: Winy Maas, Jacob van Rijs, Nathalie de Vries, with Marc Joubert, Jeroen Zuidgeest, Guillermo Reyes, Youngwook Joung, Martin Larsen, Kamilla Heskje, Chris Hei-shing Lai, Esther Rovira

Landscape: Tedder & Keus: Katie Tedder, Corine Keus, Nanne Verbrugen, Henkie Claassen

25.1 Eye Bridge [186]
Aachen, Germany, 2007–10
Client: City of Aachen
Design: Nox
Design team: Lars Spuybroek, Thomas Wortman, Florian Dubiel, Yang Wang
Engineer: Bollinger + Grohmann

25.2 Seoul Opera House [188]
Seoul, South Korea, 2005
Client: City of Seoul
Design: Nox
Design team: Lars Spuybroek, Marcus Leinweber, Hanna Stiller, Hartmut Flothmann, Florian Brillet, Mehdi Kebir
Engineer: Buro Happold

25.3 Whispering Garden [190]
Kop-van-Zuid, Rotterdam, Netherlands, 2005
Client: City of Rotterdam, CBK
Design: Nox
Design team: Lars Spuybroek, Hanna Stiller, Beau Trincia
Sound artist: Edwin van der Heide

25.4 Silk Road [191]
Xi'an, China, 2006
Client: City of Xi'an
Design: Nox
Design team: Lars Spuybroek, Hanna Stiller, Stephen Form, Karl Rosenvinge Kjelstrup-Johnson, Li Peng, Mehdi Kebir, with OKRA Landscape Architects

26.1 Corporate Campus Urban Design [194]
Design: O2 Planning & Design

26.2 Landscape Planning for Agroforestry [195]
Embu, Mt Kenya
Design: O2 Planning & Design
Concept: Douglas Olson, PhD thesis, Harvard University

26.3 Petro-Canada Sullivan Gas Field Development [196]
Alberta, Canada
Client: Petro-Canada
Design: O2 Planning & Design

26.4 TELUS Spark [197]
Calgary, Alberta, Canada
Client: City of Calgary, TELUS World of Science
Design: O2 Planning & Design
Architects: Cohos Evamy Integrated Design

27.1 Parametric Geotypical Landscapes [200]
2009
Design: Philip Paar

27.2 Digital Botany [201]
2006
Design: Philip Paar, Laubwerk

27.3 Biosphere3D [202]
2007
Design: Philip Paar
Design team: Malte Clasen, Steffen Ernst
Kimberley Climate Change Adaptation project:
Modelling and interactive visualization: Olaf Schroth, University of Vancouver
Virtual reconstruction of King Herod's third winter palace and oasis:
Modelling: Jochen Mülder, Agnes Kirchhoff
Interactive visualization: Philip Paar

27.4 Gleisdreieck Berlin [204]
Berlin, Germany, 2006
Client: City of Berlin
Design: Jörg Rekittke
3D modelling and visualization: Philip Paar

27.5 Future Energy Landscapes [205]
Welzow, Germany, 2006
Design: Philip Paar, Lenné3D
Recultivation design: HochC Landschaftsarchitektur, with Horst Schumacher, Büro für Gartenkunst und Kultur der Energie, on behalf of IBA-Fürst-Pückler-Land

28.1 Clouds [208]
Ituango, Colombia, 2009
Design: Paisajes Emergentes
Design team: Juan Esteban Gomez, Farid Maya, Sebastián Monsalve, Juan Carlos Aristizabal

28.2 Parque del Lago [209]
Quito, Ecuador, 2008
Design: Paisajes Emergentes
Design team: Luis Callejas, Seastian Mejia, Edgar Mazo

28.3 Aquatic Complex [210]
Medellin, Colombia, 2008
Design: Paisajes Emergentes
Design team: Luis Callejas, Edgar Mazo Sebastian Mejia
Architectural consultants: Juanita Gonzales, Andres Zapata, Sebastian Betancourt, Eliana Beltran, Clara Arango, Adriana Tamayo, Farid Maya, Sebastián Monsalve, Juan Esteban Gomez
Landscape consultant: Andres Ospina
Structural engineering consultant: Ing. Jorge Aristizabal

29.1 Ripple Effect [214]
Manhattan and the Bronx, New York, 2010
Design: PEG Office for Landscape & Architecture
Team: Karen M'Closkey, Keith VanDerSys, Marisa Bernstein, Young Joon Choi, Marguerite Graham
Competition sponsor: Emerging New York Architects Committee

29.2 Not Garden, Not Again [216]
Philadelphia, Pennsylvania, 2009
Design: PEG Office for Landscape & Architecture
Design team: Karen M'Closkey, Keith VanDerSys, Aaron Cohen, Marguerite Graham, Tiffany Marston, Sahar Moin, Elizabeth Rothwell, Steven Tucker, Jordan Gearhart, Seean Williams
Collaborators: Redevelopment Authority of the City of Philadelphia; Urban Tree Connection

29.3 Joie de Vie(w) [217]
Montreal, Quebec, Canada, 2008
Design: PEG Office for Landscape & Architecture
Design team: Karen M'Closkey, Keith VanDerSys, Elizabeth Rothwell

30.1 Urban Procedures [220]
La Sagrera, Barcelona, Spain, 2004–6
Design: PYO Arquitectos
Design team: Paul Galindo Pastre, Ophélie Herranz Lespagnol

30.2 Dynamic Transformations in Border Conditions [221]
Rijnhaven, Netherlands, 2003, 2006–7
Design: PYO Arquitectos
Design team: Paul Galindo Pastre, Ophélie Herranz Lespagnol

31.1 He Shot Me Down [224]
Heyri, South Korea, 2006–7
Client: Julieta and J. J. Lee
Design: R&Sie(n)
Design team: François Roche, Stephanie Lavaux, Jean Navarro, with Marion Gauguet, Leopold Lambert, Andrea Koning, Igor Lacroix, Daniel Fernandez Flores
Robotic design: Stephan Henrich

31.2 Green Gorgon [226]
Lausanne, Switzerland, 2005
Client: Ville de Lausanne
Design: R&Sie(n)
Design team: François Roche, Stéphanie Lavaux, Jean Navarro, with Miguel-Angel Munoz, Quck Zhong-Yi, Kika Estarellas, Maud Godard, Julien Jacquot
Artists: Philippe Parreno, Mark Dion
Engineer: Guscetti et Tournier
Façade engineer: VP & Green
Thermal engineer: Klaus Daniels, HL Technik
Landscape: Michel Boulcourt
GPS designer: Mathieu Lehanneur
Botanist: Sergio Ochatt
Museographer: Ami Barak

31.3 Olzweg [227]
Orléans, France, 2006
Client: Fonds Regional d'Art Contemporain
Design: R&Sie(n)
Design team: François Roche, Stéphanie Lavaux, Jean Navarro, with Alexander Römer, Agnes Vidal, Daniel Fernández Florez
Artist: Pierre Huyghe
Furniture design: Mathieu Lehanneur
Robotic design: Stephan Henrich
Façade engineer: Nicholas Green
Engineer: Sibat
Script programmer: Julien Blervaque

31.4 Symbiosis Hood [228]
Seoul, South Korea, 2009
Clients: Julieta and J. J. Lee, and Pablo Lee
Design: R&Sie(n)
Design team: François Roche, Stéphanie Lavaux, Toshikatsu Kiuchi, with Leopold Lambert

32.1 Digital Explorations in Architectural Urban Analysis [232]
Edinburgh, UK, 2008
Design: Chris Speed
Design team: Chris Lowry, Dermot McMeel, Mark Wright

32.2 CoMob [234]
2009
Design: Chris Speed, with Jen Southern
Software: J. Ehnes, H. Ekeus, with Chris Lowry, William Mackaness

32.3 Yamaguchi Valley Section [235]
Yamaguchi, Japan, 2009
Design: Chris Speed
GPS parsing: Dermott McMeel
3D modelling: Klas Hyllen

33.1 Bass River Park [238]
West Dennis, Massachusetts, 2006–10
Client: City of West Dennis
Design: StossLU
Design team: Chris Reed (principal), Jill Desimini (project manager), Scott Bishop, Steve Carlucci, Adrian Fehrmann, Julia Hunt, Susan Fritzgerald, Kristin Malone, Chris Muskopf
Site and civil engineering: Nitsch Engineering
Marine engineering: Childs Engineering
Cost estimate: Davis Langdon

33.2 Erie Plaza [240]
Milwaukee, Wisconsin, 2010
Client: City of Milwaukee
Design: StossLU
Design team: Chris Reed (principal), Scott Bishop (project manager), Adrian Fehrmann, Kristin Malone, Chris Muskopf, Graham Palmer, Meg Studer
Engineering and wetland ecology: GRAEF
Urban design: Vetter Denk Architects

34.1 Fab Tree Hab: Living Graft Dwellings [244]
Design: TerreformONE
Design team: Mitchell Joachim, Lara Greden, Javier Arbona

34.2 New York 2106: Self-Sufficient City [246]
Design: TerreformONE
Volunteers: Mitchell Joachim, Makoto Okazaki, Kent Hikida, Serdar Omer, Andrei Vovk, Noura Al Sayeh, Byron Stigge, Nathan Leverence, Oliver Medvedik, Lukas Lenherr, Matt Kipilman, Adam Watson, Craig Schwitter
Part-time salaried critic: Michael Sorkin

34.3 Rapid Re(f)use: Waste to Resource City 2120 [247]
Design: TerreformONE
Design team: Mitchell Joachim, Maria Aiolova, Melanie Fessel, Emily Johnson, Ian Slover, Philip Weller, Zachary Aders, Webb Allen, Niloufar Karimzadegan, Lauren Sarafan

35.1 Superkilen [250]
Copenhagen, Denmark
Client: City of Copenhagen
Design: Topotek1
Collaborators: Bjarke Ingels Group, Superflex, with Help, Lemming Eriksson

35.2 Broderie Urbaine [252]
Berlin, Germany, 2006
Client: Bayer-Pensionskasse
Design: Topotek1
Architects: NPS Tchoban Voss

35.3 KAiAK MarktParkPlatz [253]
Köpenick, Germany, 2007

Client: StadtKunstProjekte
Design: Topotek1

36.1 Chicago Art Field [256]
Chicago, Illinois, 2009
Client: Design & Construction Administration Services
Design: Turenscape, with JJR
Design team: Kongjian Yu, Deb Mitchell, Si Cun, Alex Camprubi
Animation team: Turenscape Mulimedia Studio

36.2 Shanghai Expo-Park [258]
Shanghai Expo 2010, China, 2007–10
Client: Shanghai World Expo Land Development Co
Design: Turenscape, with the Peking University Graduate School of Design
Design team: Kongjian Yu, Lin Shihong, Fang Wanli, Liu Xiangjun, Malte Selugg, Pan Yang, Niu Jing, Yuan Tianyuan
Rendering: Turenscape Multimedia Studio

37.1 Reforesting Park [262]
Benidorm, Spain
Design: Urbanarbolismo
Design team: Jordi Serramía Ruíz, Luis Alberto Hernández Calvarro

37.2 Eco.Acequia [264]
Elche, Spain
Design: Urbanarbolismo
Design team: Jordi Serramía Ruíz, Luis Alberto Hernández Calvarro, Enrique Pérez Manzano, Pedro Rodenas Caparros

37.3 Velo [266]
Alicante, Spain
Design: Urbanarbolismo
Design team: Jordi Serramía Ruíz, Luis Alberto Hernández Calvarro, Jorge Toledo García, Jose Carrasco Hortal

38.1 Eden Falls [270]
Buenos Aires, Argentina, 2009–11
Design: VisionDivision

38.2 Agua Libre [271]
Buenos Aires, Argentina, 2005–6
Design: VisionDivision

38.3 Rapid Palace [272]
near Gothenburg, Sweden, 2008
Design: VisionDivision

39.1 Botanic Bridge Gwangju [276]
Gwangju, South Korea, 2001
Client: Gwangju Biennale
Design: West 8
Design team: Adriaan Geuze, Jerry van Eyck, Pieter Rabijns, Sabine Müller, Yoon-Jin Park
Consultant: Prof. Oh Koo-Kyoon

39.2 Máximapark [277]
Utrecht, Netherlands, 1997
Client: Project Development Leidsche Rijn
Design: West 8
Design team: Adriaan Geuze, Edzo Bindels, Robert Schütte, Ard Middeldorp, Cyrus Clark, Edwin van der Hoeven, Esther Kruit, Freek Boerwinkel, Fritz Coetzee, Gaspard Estourgie, Jacco Stuy, Jeroen de Willigen, Joost Koningen, Joost Emmerik, Joris Hekkenberg, Kees Schoot, Maarten Buijs, Martin Biewenga, Nigel Sampey, Perry Maas, Pieter Hoen, Ronald van Nugteren

39.3 Jubilee Gardens [278]
London, UK, 2005
Client: South Bank Employers' Group
Design: West 8
Design team: Adriaan Geuze, Edzo Bindels, Jerry van Eyck, Alyssa Schwann, Freek Boerwinkel, Joris Weijts, Karsten Buchholz, Maarten van de Voorde, Matthew Skjonsberg, Perry Maas
Consultants: AKT engineers; BDSP Partnership (mechanical/electrical); Soil and Land Consultants, Buro Happold (security)

39.4 Puentes Cascara [280]
Madrid, Spain, 2006–11
Client: Municipality of Madrid
Design: West 8
Design team: Adriaan Geuze, Christian Dobrick, Edzo Bindels, Alexander Sverdlov, Claudia Wolsfeld, Enrique Ibáñez González, Freek Boerwinkel, Joost Koningen, Juan Figueroa Calero, Karsten Buchholz, Lennart van Dijk, Luna Solas, Mariana Siqueira, Marta Roy, Martin Biewenga, Matthew Skjonsberg, Michael Gersbach, Perry Maas, Riccardo Minghini, Sander Lap, Shachar Zur, Silvia Lupini
Partners: MRIO arquitectos, a joint venture of three firms: Burgos & Garrido Arquitectos Asociados, Porras La Casta Arquitectos, Rubio & Álvarez-Sala

39.5 City on Fire/City in Bloom [281]
Rotterdam, Netherlands, 2007
Client: Rotterdam City of Architecture 2007
Design: West 8
Design team: Adriaan Geuze, Gaspard Estourgie, Jerry van Eyck, Gaspard Estourgie, Perry Maas

De Draai [289]
Heerhugowaard, Netherlands, 2000–11
Client: Gemeente Heerhugowaard
Design: Karres en Brands
Design team: Bart Brands, Marco Broekman, Marijke Bruinsma, Tijl Dejonckheere, Kristian van Schaik, Paul Portheine, Lucy Knox Knight, Lieneke van Campen, Marc Springer, Jan Martijn Eekhof
Software advisor: ETH Zürich

Detroit Super Division [290]
Detroit, Michigan, 2009
Design: FreelandBuck
Design team: David Freeland, Brennan Buck
Collaborator: Fletcher Studio

The Alchemist's Garden [291]
Toronto, Ontario, Canada, 2007
Design: David Lieberman
Design team: Fiona Lim Tung

Local Code: Real Estate [293]
Design: Nicholas de Monchaux
Design team: Natalia Echeverri, Benjamin Golder, Elizabeth Goodman, Sha Hwang, Sara Jensen, David Lung, Shivang Patwa, Thomas Pollman, Kimiko Ryokai, Matthew Smith, Laurie Spitler

Capital Views [297]
Ottawa, Canada, 2002
Design: Centre for Landscape Research
Design team: John Danahy, Shannon McKenzie, Rodney Hoinkes, Stephen Bohus, Robert Wright
Collaborators: DuToit Allsopp Hillier: Robert Allsopp; National Capital Commission: John Able, Renata Jentus

PHOTO CREDITS

Nathan Freise, Adam Freise 66, 68, 70, 72; Nathan Freise, Adam Freise, Shiouwen Hong 67; Sebastián Rozas, desbastando.blogspot.com 86 (photos of the construction process); Nicolas Saieh, nicosaieh.cl 86 (photos of the completed project); Paulo Guerreiro 90, 91, 92, 93; Jason Hawkes, Hélène Binet 98; Mir, mir.no 130 (top and middle); Laboratory for Visual Architecture 131 (top left); CJ Williams Contemporary Photography 163; K. C. Man 165; O2 Planning & Design 194, 196, 197 (rendered images; Philip Paar, Lenné3D, 2006 204 (top); Jörg Rekittke, Philip Paar, 2006 204 (bottom); Hanns Joosten 252, 253

ACKNOWLEDGMENTS

This book would not be possible without the effort and support of key individuals. I would like to acknowledge my colleagues and friends who have immersed themselves in digital design experimentations and novitiates. I offer a special thanks to all the contributors and support staff who provided the means and material to help shape this publication, including, but not limited to: Eva Castro and the group from the Architectural Association and Groundlab; Daniel Gass/Ballistic Architecture Machine; Diana Balmori, Monica Hernandez/Balmori; Bradley Cantrell; John Danahy, Rob Wright, Centre for Landscape Research; Chris Reed/StossLU; Claudia Pasquero/EcoLogicStudio; Tom Wiscombe/Emergent; Alexandre Kapellos/ETH Zürich; David Fletcher and team/Fletcher Studio; David Freeland and Brennan Buck/FreelandBuck; Adam and Nathan Freise/Freise Brothers; Alexy Narvaez/GT2P; Paulo Guerreiro; Kathryn Gustafson and team; Davide Giordano/Zaha Hadid Architects; Hood Design and staff; Andrés Jaque; the team at Karres en Brands; Chris Bosse, Erik Escalante/Laboratory for Visionary Architecture; José Lameiras; Piera Chiuppani/LAND; Raffaella Sini/LAND-I Archicolture; Luis Callejas/Paisajes Emergentes; Michael Blier, Kris Lucius/Landworks Studio; Mason White, Lola Sheppard/Lateral Office; David Lieberman; Fernando Gonzalez/Metagardens; David Meyer and team/Meyer & Silberburg; Matt Zambelli/MLZ Design; Nicholas de Monchaux; Lars Spuybroek, Bart Lans/NOX; Douglas Olson and team/O2 Planning & Design; Karen M'Closkey, Keith VanDerSys/PEG Office for Landscape & Architecture; Philip Paar; Ophélie Herranz Lespagnol/PYO Arquitectos; François Roche/R&Sie(n); Mike Silver; Chris Speed; Mitchell Joachim/TerreformONE; Jordi Serramia Ruiz/Urbanarbolismo; Ulf Mejergren, Anders Berensson/VisionDivision; Adriaan Geuze and team/West 8; Kongjian Yu, Yansheng Yang, Turenscape; the team at Topotek1; Charles Waldheim; Jason King from the Landscape+Urbanism blog; and to the many other friends and colleagues who have helped shape this much-needed book on the current and future research and endeavours about digital design of the environment and visual communications.

Thank you to my former students Jordan Martin and Justin Miron for their assistance and time. I would like to especially acknowledge Nadia D'Agnone for her time, dedication and efforts in producing additional research, reviewing the work and overall assistance. I am also grateful for the compelling foreword provided by George Hargreaves, which sets the tone of the overall discussion of the book, and to Alan Lewis for the continual back-and-forth discussion on the topic of digital design in the profession. I would like to thank my colleagues at the University of Guelph and the University of Toronto, my team at DataAppeal and Carlo for the ongoing discussions on the digital-design trends in landscape architectural practices. I would like to especially thank Lucas Dietrich, Elain McAlpine, Adélia Sabatini, and the team at Thames & Hudson who have made this publication a reality. And thanks to my future design innovators – Vincent, Jacob, Monica, John, Julia, Daniel, Michael, Alex, Julia, Isabella, Alyssa, Sofia, Siena, Giuliano and Serena – who are growing up in the digital world, and embrace the digital platform as a positive medium for design experimentation.

Finally, I am grateful to my parents, my family and close friends for their ongoing support, and to Haim, for his devotion and patience, which has made this publication process a rewarding experience.